OpenStack Trove

深入理解
OpenStack
Trove

[美] Amrith Kumar [加] Douglas Shelley 著

党明 雷冬 王少辉 译   李田清 陈迪豪 审校

电子工业出版社·

Publishing House of Electronics Industry

北京•BEIJING

内 容 简 介

本书由Tesora团队的CTO Amrith Kumar和研发副总裁Douglas Shelley联合编写，深入介绍并研究了OpenStack中Trove项目的架构及工作原理。Trove项目作为一个DBaaS（数据库即服务），可以方便地为用户提供关系型和非关系型数据库，并在数据库生命周期内提供各种便捷的管理操作，例如复制、备份、扩容等。本书首先介绍了Trove的相关概念，以及如何下载并安装Trove；接着以实际操作为示例，讲述了Trove的基础架构和一些典型的操作方法，以及如何调试Trove并进行一系列故障排查；最后介绍了如何构建Trove guest镜像，以及在生产环境中操作Trove时需要注意的事项。

本书适用于对OpenStack生态圈有所了解，并对数据库和开源事业有兴趣的开发者。

OpenStack Trove

By Amrith Kumar, Douglas Shelley,ISBN:978-1-4842-1222-6

Original English language edition published by Apress Media.

Copyright©2015 by Amrith Kumar,Douglas Shelley

Simplified Chinese-language edition copyright©2016 by Publishing House of Electronics Industry

All rights reserved.

本书中文简体版专有版权由 Apress Media. 授予电子工业出版社。专有出版权受法律保护。

版权贸易合同登记号 图字：01-2016-1367

图书在版编目（CIP）数据

深入理解OpenStack Trove /（美）艾姆瑞斯·库马尔（Amrith Kumar），（加）道格拉斯·雪莱（Douglas Shelley）著；党明，雷冬，王少辉译.—北京：电子工业出版社，2016.11

书名原文: OpenStack Trove

ISBN 978-7-121-30303-6

Ⅰ.①深…　Ⅱ.①艾…②道…③党…④雷…⑤王…　Ⅲ.①计算机网络—研究　Ⅳ.①TP393

中国版本图书馆CIP数据核字（2016）第269459号

策划编辑：张国霞
责任编辑：徐津平
印　　刷：三河市双峰印刷装订有限公司
装　　订：三河市双峰印刷装订有限公司
出版发行：电子工业出版社
　　　　　北京市海淀区万寿路173信箱　　邮编：100036
开　　本：787×980　　1/16　　印张：23.75　　字数：420千字
版　　次：2016年11月第1版
印　　次：2016年11月第1次印刷
印　　数：3 000册　　定价：79.00元

凡所购买电子工业出版社图书有缺损问题，请向购买书店调换。若书店售缺，请与本社发行部联系，联系及邮购电话：（010）88254888，88258888。

质量投诉请发邮件至zlts@phei.com.cn，盗版侵权举报请发邮件至dbqq@phei.com.cn。

本书咨询联系方：010-51260888-819，faq@phei.com.cn。

推荐语

　　作为最流行的开源云计算平台之一，OpenStack 日渐成熟，为众多行业参与者提供了强大的支撑。而在作为 IT 基础资源之一的数据库云化管理方面，OpenStack 同样给我们带来了设计优雅的 Trove 作为其 DBaaS 服务。Trove 是 OpenStack 的一部分，基于 OpenStack 的核心基础服务而构建，很好地诠释了云平台的强大能力。Trove 所支持的底层数据库非常广泛，并且具有强大的扩展性。

　　本书作为学习 Trove 的难得资料，为你 360°讲述 Trove 的前世今生，带你领略 OpenStack DBaaS 的精彩实践。

绿星云科技 CTO 及联合创始人　黄明生

目 录

关于作者

Amrith Kumar 是 Tesora 公司的 CTO 和创办者，这家公司拥有超过 20 年为专门从事企业存储应用、高性能容错系统和大规模并行数据库的公司生产业界领先产品的经验。Amrith kumar 是 OpenStack Trove（数据库即服务项目）的活跃技术贡献者，也是该项目核心审查团队的一员。在那之前，他曾在 Dataupia 公司担任技术副总裁和产品经理，也是 Satori Data Warehousing 平台的创办者及 Sepaton 的董事长兼总经理，负责核心虚拟磁带库产品的开发。他拥有多项专利，这些专利涉及高性能数据库和算法，在分布式计算中有着广泛的适用性。

Douglas Shelley 是 Tesora 的产品开发副总裁，也是第 1 名加入 Tesora 的员工。他组建了一支经验丰富的企业级软件专业团队，致力于发布 Tesora DBaaS 平台，并且在 OpenStack 社区有着积极的贡献。他在 IT 界和软件产品开发领域工作超过 20 年，致力于应用交付、数据管理和集成，是 OpenStack Trove 项目的活跃技术贡献者。在加入 Tesora 之前，他负责软件的产品开发超过 10 年，并带领各个团队应对了有关数据同步、集成和转换方面的挑战。

关于技术评论员

Nikhil Manchanda 是惠普云的核心工程师之一。他从 OpenStack Trove 的 Juno、Kilo 和 Liberty 发布伊始就一直是该项目的技术负责人（PTL）。他设计并编写了 OpenStack Trove 项目的重要部分，并在项目开始时就成为 Trove 的核心贡献者之一。他的专长在 OpenStack、Python 和数据库领域，但也偶尔涉足 C++ 和机器学习领域。他之前从事软件更新智能、本地地理系统和移动应用相关工作。

在工作之余，他会经常趴在桌子上，刻苦钻研他的树莓派或 NAS4Free 盒子，或者写诗歌和短篇小说。

鸣谢

我们要感谢整个 OpenStack Trove 社区，感谢社区成员对 Trove 版本的提交和贡献，以使得 OpenStack 的数据库服务成为现实。如果没有这么多开发者、审阅者和运营商在数年里对项目的贡献，我们不会有如此丰富的话题进行写作。

特别感谢 Tesora 的整个团队，他们通过评论、回答技术问题和提供有创意的内容来支持本书。

感谢 Apress 团队，Mark Powers、Louise Corrigan、Christine Ricketts 和 Lori Jacobs 都很棒。

特别感谢 Laurel Michaels，他在社区里做了很多改善 Trove 文档的工作，在本书初稿完成后精心审阅了每个章节，并提供了宝贵的改进建议。

——Amrith & Doug

第 1 章
关于 DBaaS 的介绍

DBaaS（Database as a Service，数据库即服务）不但是一个相对较新的项目，而且有着很好的通用性。不同的公司、产品和服务都声称提供 DBaaS，很容易引起人们的困惑。

实际上，DBaaS 是一个非常特别的项目，有着非常明显的优势。在本章中，我们将介绍 DBaaS 并讨论以下议题：

- 什么是 DBaaS；

- IT（信息技术）组织面对的数据库挑战；

- DBaaS 的特性；

- DBaaS 的优势；

- 其他相似的解决方案；

- OpenStack Trove；

- OpenStack 生态系统中的 Trove；

- Trove 的一段简要历史。

1.1 什么是 DBaaS

顾名思义，DBaaS 是以服务的形式向用户提供数据库，但是这意味着什么？

例如，是否意味着 DBaaS 参与了数据的存储与检索，以及查询的处理？是否意味着 DBaaS 就是执行一系列操作，比如数据验证、备份和查询优化？或提供某些能力，比如高可用、复制、故障转移和自动缩放？

要回答这些问题，可以将 DBaaS 拆分成两个部分：数据库和服务。

1.1.1 数据库

曾经有一段时间，数据库和 RDBMS（关系型数据库管理系统）同义。现今这个术语同样用于表示 RDBMS 和 NoSQL 数据库技术。

数据库管理系统是一项技术，有时只是软件，有时是专业的定制硬件，允许用户存储和检索数据。在免费在线计算机词典上数据库管理系统的定义是"管理大量的结构化集合持久数据，并为许多用户提供查询设施的一类程序"。

1.1.2 服务

服务的本质是服务的交付，而不是交付的服务。

换句话说，将某种事物作为服务，可以使运营商将某种事物作为消费品提供给用户，并使用户快速访问。

例如，将电子邮件作为服务提供给多个供应商，包括谷歌的 Gmail 和微软的 Office365，用户就很容易接受电子邮件服务，而减少了安装、管理服务器和电子邮件软件的挑战。

1.1.3 服务类别

软件作为服务（Software as a Service，SaaS）的流行，促进了"as a Service"一词的普及和应用。该词通常用于指将应用作为服务，例如 Salesforce.com 用户关系管理（CRM）软件既是一个托管平台，提供在线服务，也提供基础设施即服务（IaaS）产品如 AWS，以及平台即服务（PaaS）解决方案如 Cloud Foundry 或 Engine Yard。

DBaaS 是 SaaS 的一个特例，并继承了 SaaS 的一些属性。事实上 DBaaS 主要提供托管服务并面向用户使用，用户只需在使用时支付相应的费用。

1.1.4 DBaaS 的定义

DBaaS 可以被广义地定义为一种技术。

- "按需"提供数据库服务器。
- 规定服务器的规格。
- 在复杂的拓扑结构中配置数据库服务器或者数据库服务组。
- 自动化管理数据库服务器和数据库服务器组。

- 在系统负载响应时自动提供缩放数据库的能力，并动态优化配套基础设施资源的利用率。

显然，这些都是很宽泛的定义，不同的产品可以提供不同程度的服务。

亚马逊在提供 EC2 作为其 AWS 公有云的一个计算服务的同时，也提供了一些 DBaaS 产品。尤其是，它提供了关系数据库的关系数据库服务（RDS）如 MySQL 或 Oracle，并提供了 Redshift 的数据仓库服务，以及 DynamoDB 和 SimpleDB 这两个 NoSQL 方案。

OpenStack 是一个软件平台，允许云运营商和公司为自己的用户提供云服务，包括 Nova（类似亚马逊的 EC2 计算服务）、Swift（类似亚马逊的 S3 的对象存储服务）及众多其他服务。其中的一个服务 Trove，是 OpenStack 的 DBaaS 解决方案。

不像亚马逊的 DBaaS 产品有指定的数据库，Trove 允许你从流行的关系型数据库和非关系型数据库中选择一个数据库。对于每个数据库，Trove 提供了多种便利，包括在整个数据库的生命周期内简化管理、配置和维护。

1.2　IT 部门面对的数据库挑战

数据库及运行它们的硬件，是成本的一个重要部分，也是操作 IT 基础设施的负担。数据库服务器通常是数据中心里最强大的机器，它们依赖几乎所有计算机的子系统的高性能。

与用户端应用程序的交互是网络密集型的，查询处理是内存密集型的，索引是计算密集型的。检索数据需要极快地进行随机磁盘访问和数据加载，批量更新意味着快速处理磁盘写入。传统数据库不倾向于大规模的跨机器扩展，这意味着资源必须被集中到单个计算机上，或有大量的资源冗余。

当然，新的数据库技术如 NoSQL 和 NewSQL 正在改变这些，但也带来了新的挑战。它们可以更容易地在计算机之间进行扩展，减少了对超大硬件的需求，但对分布式处理的协调会使网络资源的负担加大。

这些新的数据库技术的普及也带来了另一个挑战，管理任何特定的数据库都可能需要大量的专业技术知识。所以，IT 部门通常只在一种特定的数据库技术或某些情况下，在一些数据库技术方面有专业知识，并且，这些 IT 部门通常只提供其用户支持的有限的数据库技术。在某些情况下，这是合理的，或者成为企业标准。

然而近年来，开发团队和终端用户已经意识到，不是所有的数据库都是相同的。现在的数据库有着特定的访问模式，比如键 - 值查询、文档管理、图的遍历或者时间序列索引。这样一来，人们对新技术有了越来越多的需求，相关经验却有限。

从 2000 年年末开始，NoSQL 数据库呈现爆发式增长。虽然这些技术可能会被抵制，但是它们的优势和流行程度使人们慢慢接受它们。

然而，IT 组织应该怎样支持所有的 NoSQL 和 SQL 数据库，而无须深入了解每个数据库的细节呢？

亚马逊的方法是使计算无处不在，人们可以方便地通过点击几个键和使用信用卡来消费。然后，它将数据库的一些复杂操作变得自动化，并将其作为一种服务提供给用户。这就迫使 IT 部门做出改变。但是，如果想达到目标，就需要构建专业的团队去熟悉亚马逊的这些技术，而且就像以前的 IT 团队一样，只有为数不多的选项可以选择。

OpenStack Trove 可以让 IT 组织在企业内部操作一个完整的 DBaaS 平台。IT 组织可以为其用户提供丰富多样的数据库，与亚马逊用其 AWS 云和 RDS 产品所提供的服务有相同的易用性。Trove 的用户可以享受其好处，而不需要同等规模的或需要大规模投资的有着专业数据库技术的亚马逊专家团队。

1.3 DBaaS 的特性

考虑到 *DBaaS* 这个术语的广泛应用，我们需要理解 DBaaS 的一些特点，这可以帮助我们快速评估每个候选解决方案，并将其根据意义分组。

一些共同特点如下。

- 操作平面：数据平面 vs 管理、控制平面。

- 租户：单租户 vs 多租户。

- 服务定位：私有云 vs 公有云 vs 托管云。

- 交付模式：服务 vs 平台。

- 支持的数据库：单个 vs 多个，SQL vs NoSQL。

1.3.1 管理平面和数据平面

DBaaS 解决方案的一个重要特点是它会执行多种操作，我们大体可以把这些活动分为两组。

　　数据库操作有提供、安装和配置、备份和还原、配置复制（或镜像或群集）、调整依附在实例上的存储大小及其他管理操作。这些大致可归入系统管理类，被认为是管理平面的一部分，其所操作的数据的实际内容对发出命令的用户是不透明的。

　　当然，还有其他完全独立但是同样重要的操作，比如插入、查询和修改数据，创建表、命名空间、索引、触发器和视图，检查查询计划。这些可大致归入数据管理类，被认为是数据平面的一部分，其所存储的数据是用户实际访问和处理的。

　　被管理的数据库实例在管理平面提供给操作员和管理员一组接口，而在数据平面提供给最终用户和数据库分析师一组接口。

　　不同的活动和用户在不同的平面参与，如图 1-1 所示。

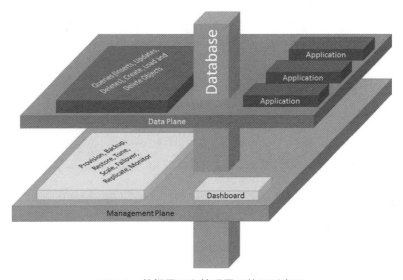

图 1-1　数据平面和管理平面的图形表示

　　数据库在两个不同的平面即数据平面和管理平面操作。OpenStack Trove 几乎完全在管理平面操作。亚马逊的 RDS 提供数据库和相应的编排工具来管理数据库，其编排工具同样处于管理平面，与此类似的如 SQL Server（数据库）和管理 SQL Server 的 Azure SQL（编排工具）。其他 DBaaS 产品（如亚马逊的 DynamoDB）处于数据平面。

　　因此，Trove 使应用程序完全透明地访问数据 API（应用编程接口），这些 API 由经过自动化和简化的管理方面的数据库提供并暴露在外。例如，当用户使用 Trove 来提供

MySQL 时，其数据库服务器是一个标准的未进行修改的 MySQL 服务器的副本，用户在该服务器上查询和更新数据等都是直接与底层服务器交互的，而不是与 Trove 本身。

1.3.2　租赁

租赁是 DBaaS 解决方案的一个非常重要的属性。通常有两种租赁模式：单租户和多租户，我们依次分析这两种模式。

图 1-2 有助于我们理解这两种模式的概念，其中单租户在左边，多租户在右边。

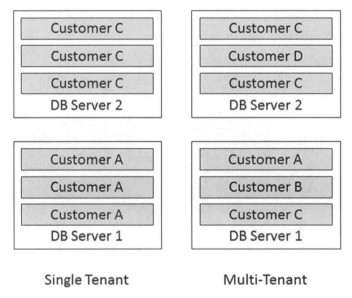

图 1-2　用两个数据库服务器来说明单租户和多租户

1. 单租户解决方案

单租户 DBaaS 解决方案是一种对每个租户提供的数据库依赖于特定的专用资源（数据库、计算、存储、网络等）的解决方案。在某些情况下，这意味着一个请求两台数据库实例的用户获得两个实例，每个实例都有自己的专用资源；而在其他情况下，这两个实例也许共享相同的资源，但是这些资源不与任何其他租户共享。

亚马逊的 RDS、Redshift 和 OpenStack 的 Trove 是单租户解决方案的示例。每个用户对数据库的请求将会生成一个单一实例（可能在虚拟机上有一个数据库实例）。虽然在计算基础设施级别上它们可能被认为是多租户解决方案，但在 DBaaS 级别它们是单租户解决方案。

单租户架构的好处是，每个用户的活动比较孤立。由于每个用户在各自运行的数据库上有一个专用的资源池，所以一个用户在特定的时间内执行许多查询或更新，不会影响到系统中的其他用户访问他们的数据。但是请注意，如果是多租户模式，则会因为在基础设施级缺乏隔离而受到影响。

2. 多租户解决方案

多租户 DBaaS 解决方案是一种由不同的租户配置的可以共享相同资源的数据库，共享的范围可以是一个单一的物理机或虚拟机或跨机器的群集。

Oracle 12c 是将数据库作为服务提供时可以构成多租户 DBaaS 解决方案的一个例子。一个单一的数据库服务器实例将承载一个或多个容器数据库。每个容器数据库将对每个用户、租户、用户提供一个可插入的数据库，并且这些可插入的数据库将容纳每个用户的数据。另一个例子是亚马逊的 DynamoDB，它将一个用户的数据与其他用户的数据存储在底层的共享硬件的一个大集群上。

多租户系统可能导致隔离更少，并使得用户之间的资源有更多的潜在冲突，它通常对总体资源利用更有效，因为一个用户未使用的资源可以更容易地被其他用户使用，并被相同的基础设施共享。

1.3.3　服务位置

DBaaS 解决方案可以在不同的场景下（例如公有云、私有云或托管云）应用。

1. 公有云

在公有云中，一些第三方拥有、管理并操作计算基础设施，允许其他人和企业购买、使用基础设施中的服务。

亚马逊 AWS 是公有云模型的最常见的例子。其他类似的解决方案包括微软的 Azure、谷歌的云平台和惠普（HP）的 Helion 公有云。

对普通用户来说，公有云通过服务级别协议（SLA）和担保响应时间或对所提供的服务进行控制等方式提供。

公有云的一个常见的问题是，它们大多是多租户模式，所以会共享基础设施。例如一个用户的计算实例，不会受到相同物理服务器上其他租户的计算实例的影响，这种影响通常被称为邻近噪声（noisy neighbor）。

一些公有云对基础设施上资源的一些更细粒度的操作可能比较困难。例如部署在 Amazon 上的实例，你可以选择可用性区域（粗控制），但不能保证在同一个可用性区域的两个实例不在同一台物理机上，这可能会导致可用性的问题。如果机器托管的这两个实例出现故障，则这两种服务将停止运行。

公有云的一个主要驱动是用户只需为其所消费的内容支付费用。这缓解了一些问题，例如资源利用率、容量规划和转变私有云中的资本费用为一个可变的运营费用。除此之外，在公有云上非常容易建立和运行其他程序，不需要设置机器和网络就能工作，如果出现故障，则公有云的实施者将负责修复。

2. 私有云

许多大型企业将其内部的 IT 基础设施作为云，并使用工具来提供和管理这些基础设施的各个组成部分。

在许多方面，私有云是企业数据中心的自然演变。这些私有云提供计算、存储和网络基础设施及企业身份管理等服务。

此外，一些企业允许最终用户提供和消费数据库服务，其数据在私有云内由 IT 组织提供的基础设施存储和处理。

私有云通常为用户提供 SLA，比如对响应时间及服务参数如中断时间和停机时间的保证。

私有云也经常为用户提供更大的控制权，比如布局和基础设施的运作，而这通常是在其他模式如公有云中没有的。

通常情况下，数据的隐私、安全性和成本因素，会使得更多人选择私有云。对风险的规避和一些习惯也是人们选择私有云的重要因素。

3. 托管云

托管云是公有云和私有云的混合体，因此资源由一方所有，而由另外一方运营。通常，这些资源是全部归用户所有的。

提供托管云服务的公司有 RackSpace、BlueBox、Peer1 和 Contegix 等。许多公有云运营商也提供托管云产品，例如亚马逊的 GOV 云和惠普的托管云服务。

私有云是由企业数据中心演变而来的，托管云则是由外包数据中心演变而来的。

用户可以享受私有云带来的好处（服务水平协议、担保、专用资源等），而不必管理基础架构本身。托管云提供商通常运营大型数据中心，可以使用户节省开支。

在某些情况下，用户可以选择在物理上隔离基础设施（如带锁的机架），用于提高安全性和保护隐私。

1.3.4　服务 vs 平台

用户在使用亚马逊的数据库服务时，很明显是在与一个服务进行交互，是无法访问提供 RDS 服务的后台系统的。服务就是用户能购买和消费的软件，而用户在购买和消费时是不会关心也不能访问提供这些软件的背后的系统的。

企业可以从 openstack.org 下载并安装 OpenStack，也可以安装 OpenStack Trove 及可以在自己的基础设施上进行操作的软件。这不是一个 DBaaS，用户仍然需要安装、配置和操作它并做各种各样的事情（这将在后面的章节中讨论），例如构建 guest 镜像、创建配置组、创建安全组，等等。OpenStack Trove 代表了操作 DBaaS 的平台。

同样，企业可以创建和提供功能齐全的 DBaaS 产品平台，包括在自己的基础设施上管理完整的 DBaaS。以 Tesora 的 DBaaS 平台为例，该平台基于 OpenStack Trove 提供了完整的 Trove 功能和一些扩展，以及许多常用的数据库 guest 镜像。

1.4　DBaaS 的好处

DBaaS 解决方案试图将许多复杂、容易出错的步骤及涉及数据库的一些重复操作自动化，同时提供给应用开发人员和用户端应用程序访问可扩展的、可靠的数据管理基础设施的权限。

使用 DBaaS（和其他 as a Service 产品一样），用户能够访问他们所选择的数据库，而无须关心底层的复杂操作。

1.4.1　易于提供

DBaaS 的一个直接好处是提供了一个数据库实例。在过去的 IT 行业中，这需要数周甚至数月，现在可以在几秒或几分钟内完成。用户可以选择数据库的类型、版本和其他一些基本属性。该数据库实例可以快速配置好并返回用于连接的信息。

1.4.2　一致性的配置

提供数据库实例的复杂性经常会导致前后两个实例之间的差异难以检测。不幸的是，这种细微的差异往往会在半夜转化为一个严重的问题，常见的是数据的丢失或损坏。

自动化 DBaaS 解决方案的提供机制保证了所提供的每个数据库实例有完全相同的配置。

这也意味着，对配置的改变，可以很容易地应用到所有数据库实例，也更容易检测到任何偏差。

1.4.3　自动化操作

在数据库的生命周期内，许多操作需要被执行，包括生成备份、更新配置参数、升级到新的数据库版本、重建索引、回收未使用的空间。

可以设置自动化地来执行这些操作，或者基于一个特定的时间表（基于时间的，比如周五进行全备份，每天进行增量备份），或者基于特定的事件或阈值（当删除的记录空间超过 $X\%$ 时、当自由空间低于 $Y\%$ 时）。

这些操作的自动化大大减少了 IT 运营团队的工作，还可以确保这些操作的一致性并避免失败。

1.4.4　自动缩放

数据库需要应对不断变化的负载及在峰值时的资源调配，这会导致在非高峰时段对资源的利用不足。自动缩放功能可以根据工作的负载调整并分配给数据库合理的资源。

许多数据库都可以无须停机进行缩放，这是云操作的一个非常有吸引力的地方。这是一个精细化的处理过程，自动化大大简化了这个操作。

1.4.5　提高开发的灵活性

自动化配置可以更容易、更快地创建一个可用的数据库实例，还可以提高开发的灵活性。在许多领域如数据分析，分析师的分析思维是迭代的。一个人通常不知道正确的问题是什么，然而第一个问题的答案可帮助解决下一个问题。

快速配置可以帮助人们快速轮询数据库实例，当不再需要一个数据库实例时，删除配置或者销毁实例是非常重要的。

如果 DBaaS 只是使提供数据库更容易，那么长生命周期的数据库不会有助于灵活性。DBaaS 的好处是，当数据库已经使用完毕后，可以迅速销毁，从而释放所分配的资源到资源池中。

1.4.6　更好的资源利用和设计

通过使用 DBaaS 平台，IT 部门可以监测内部的整体数据库需求和发展趋势，可以定期扩大和更新云基础设施，也可以根据行业的发展趋势来调整。调整的原因可能是有更新的体系结构，或者所选的硬件配置有了更好的价位。最后也可以根据内部不断变化的需求做出调整。

IT 部门的目标之一是最大限度地提高资源的利用率，同时在内部根据趋势和需求提供最灵活的服务。

实现这一目标的一种方式是操作可在部门内共享的资源池，并允许用户在使用基础设施时，配置、消费并按时间支付费用。IT 部门也可以在面对意外的需求时，合理地使用配置。

这不仅提高了 IT 部门的最低承受能力，也可以让 IT 部门更加满足用户的需求。

1.4.7　对于提供者或操作者简化角色

在一个不提供 DBaaS 的企业里，IT 部门必须对数据库允许其用户使用的各个方面都有全面了解。用户需要有一些 DBA（数据库管理）知识和技能，并且在 IT 部门内有很好的管理技能。

从本质上讲，这意味着 IT 部门只允许非常专业的用户使用其数据库技术。这通常是所谓的企业标准限制对数据库技术的选择的基本原理。

随着按需服务和体现最佳实践的 DBaaS 的演变，软件也需要自动化并简化最常见的工作流程和管理行为。这减轻了 IT 部门的负担，并降低了 IT 部门在每个数据库技术领域都拥有深厚的专业知识的要求，用户也可以选择更多的合适的数据库技术来解决问题。

1.5　其他 DBaaS 的提供者

这里有一些提供类似 OpenStack Trove 功能的 DBaaS 解决方案。

1.5.1　亚马逊 RDS

亚马逊 RDS 是保护性产品，它提供运行 MySQL、Oracle、PostgreSQL、SQL Server 或亚马逊自己的兼容 MySQL 的数据库 Aurora 的可管理的数据库实例。

所有这些配置、包括多可用性区域在亚马逊 AWS 云上都是可用的。亚马逊 RDS 包括一些有用的功能，例如自动缩放、实例监控和维修、按时间点恢复、生成快照、自我修复、数据加密。

1.5.2　亚马逊 Redshift

亚马逊 Redshift 是基于 ParAccel（现 Actian）技术开发的完全托管的 PB 级数据仓库解决方案。它采用标准的 PostgreSQL 前端连接，这使得它很容易使用标准的 SQL 用户端和工具来部署 Redshift 并理解 PostgreSQL。它集成了亚马逊许多解决方案，例如 S3、DynamoDB 和弹性 MapReduce（EMR）。

1.5.3　微软 Azure SQL Database

微软将其流行的关系数据库 SQL Server 的一个版本作为服务，这项服务作为微软的 IaaS 的一部分来提供微软的 Azure。

1.5.4　Google Cloud SQL

Google Cloud SQL 是另一款 MySQL 兼容的 DBaaS 产品，类似于亚马逊的 RDS 提供 MySQL。它是谷歌云平台的一部分，其前身为谷歌应用程序引擎。

1.5.5　亚马逊 DynamoDB

亚马逊的 DynamoDB 是一种快速、灵活的 NoSQL 数据库服务，是一个完全托管的数据库服务，同时支持文件和键值对的数据模型。DynamoDB 也是多租户设计的，并拥有透明的可扩展性和弹性。用户可以享受 DynamoDB 可扩展性带来的优势，而不需要做任何事情。这全部由基础服务管理。

出于这个原因，DynamoDB 能够保证应用程序在任何规模下都保持一致（单位为毫秒）。

1.6　OpenStack Trove

OpenStack Trove 项目的使命如下。

提供可扩展和可靠的云数据库作为服务；提供关系型和非关系型数据库引擎的功能，并继续完善其各项功能和可扩展的开源框架。

因此，和前面提出的其他 DBaaS 解决方案不同，Trove 尝试提供一个 DBaaS 平台，可以让用户消费关系型数据库引擎和非关系数据库引擎。

该使命被反映到 OpenStack Trove 的架构中（会在后面的章节中讨论）。Trove 旨在提供一个平台，让用户使用与技术无关的方式来管理他们的数据库，同时提供了一些与众不同的数据库技术。

正是由于这个原因，Trove 几乎只在管理平面工作并管理应用程序（由所选择的数据库技术所支持的本地协议）的数据存取。而 DynamoDB 提供了数据的 API。

Trove 提供了各种数据库技术、数据库类型的相关实现。Trove 的用户可以自由地修改这些数据库类型，并提供额外的类型，修改 Trove 操作特定的数据库类型的方式。

一些用户可以拓展 Trove 以达到自己的目的，并实现一些额外的不可用的功能。

1.7　Trove 的一段简要历史

Trove 项目于 2012 年由 Rackspace 和惠普发起。当时，该项目被称为 RedDwarf，有些变量现在还出现在代码中的许多地方，例如 `redstack` 工具或变量前的神秘前缀 `rd_prefix`。

作为 Grizzly 和 Havana 版本的一部分，Trove 的初始代码是可用的（孵化期间）。Trove 被正式纳入 OpenStack 作为 Icehouse 版本的一部分。

OpenStack 每 6 个月发布一个新版本，并按字母顺序排列。

Trove 的最初版本在 2014 年 4 月作为集成项目在 OpenStack 的 Icehouse 版本中发布，支持 MySQL、MongoDB、Cassandra、Redis 和 CouchBase。每个数据库类型的功能有些许不同。它也包括一个基本策略框架，使得 Trove 易于扩展，并简化了新功能在后续版本中的添加。

于 2010 年 10 月发布的 Trove Juno 版本，首次发布了两款新的框架：一款用于复制；

一个用于集群。在这个版本中包含了 MySQL 复制和 MongoDB 集群的基本实现。

Kilo 版本扩展了这些框架，并推出了 MySQL 复制的附加功能。此外，该版本还增加了对许多新的数据库的支持，包括 DB2、CouchDB 和 Vertica。

1.8 OpenStack Trove 中的租约

在结构上，OpenStack Trove 默认是单租户 DBaaS 平台。这意味着，每个由一个租户请求的一个新的 Trove 数据库会提供一个（在某些情况下是一个以上）Nova 实例，每个实例都有自己专用的存储器和网络资源。这些实例不会被来自该用户或其他用户的任何数据库请求共享。

这并不意味着一个租户请求创建的数据库实例将有自己的专用硬件。Nova 默认是一个多租户系统，但操作者可以配置策略或插件，这可以有效地保证不同的实例不会共享相同的硬件。Trove 并不控制这些。

如前所述，Trove 是一个 DBaaS 平台，如在后面的章节中所讨论的，这意味着提供商或操作者实际上可以改变 Trove 的租户模型。

1.9 OpenStack 生态系统中的 Trove

OpenStack 是一系列服务的集合。每个 OpenStack 服务暴露了各自的公共 API，其他服务可以使用公共 API 与其交互。

如图 1-3 所示为一个服务的简化表示。

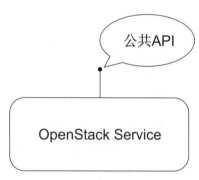

图 1-3　一个简单的 OpenStack 服务

OpenStack 服务拥有一个基于 REST 的公共 API。Trove 就是这样的一个服务，并提供了 DBaaS 功能。

在 OpenStack 里，Keystone 服务管理身份，Neutron 管理网络，Cinder 管理块存储，Swift 管理对象存储，Nova 管理计算。

Horizon 是仪表盘服务，并提供了 Web 界面。其他 OpenStack 服务有 Heat（编排）、Ceilometer（事件管理）和 Sahara（Hadoop 的服务）。

一个简单的 OpenStack 部署通常包括至少四个服务：Keystone、Neutron、Cinder 和 Nova。许多部署也包括 Swift。

图 1-4 显示了一个典型的 OpenStack 部署。

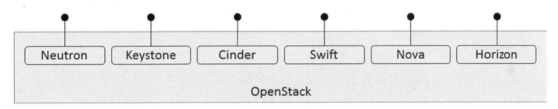

图 1-4　一个简单的 OpenStack 安装示意图

用户端应用程序和其他 OpenStack 服务都使用它们的公共 API 访问这些服务。

Trove 是某个服务的用户端，并且可以消费其他核心服务的服务，你可以按照图 1-5 将它添加到该结构中。Trove 在图 1-5 的左上方，暴露了自己的公共 API，通过调用其他 OpenStack 核心服务各自的公共 API 来提供服务。

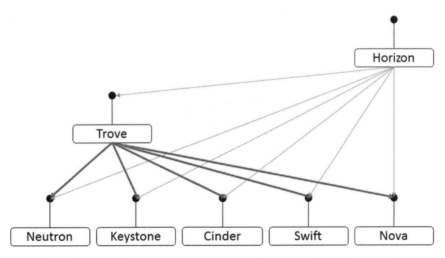

图 1-5　Trove 作为其他服务的用户端的一个简单的 OpenStack 部署

Keystone 执行的一个重要任务是身份管理，即用户对各种服务的公共 API 访问的凭据。但是，它还有另一个非常重要的任务，那就是作为所有的 OpenStack 服务的唯一入口。

所有 OpenStack 服务都需要用 Keystone 注册，注册完成后，这些服务可以被有权访问 Keystone 的用户访问。

Trove 作为数据库服务被注册。因此，一个用户如果知道 Keystone 的 end point，并且已获得使用 Keystone 的权限，就可以通过 Keystone 查询到 Trove 注册的 DBaaS end point。

在后面的章节中，我们也将深入研究有关 Trove 运作的更多细节。然而，从一个较高的层面来看，当 Trove 接收到一个请求（例如，一个拥有 300GB 的存储空间和 m1.large flavor 的新的数据库实例的请求）时，Trove 将验证（使用 Keystone）用户端，然后检查它自己的默认数据库类型来核实用户端的配额，如果请求是有效的，则执行以下操作（不一定按此顺序）。

- 请求 Cinder 创建 300GB 的卷。

- 请求 Nova 创建 m1.large 类型的一个实例。

- 请求 Neutron 创建网络接口。

- Trove 通过公共 API 和其他服务交互来完成这些事情，公共 API 可以通过 keystone 中的服务目录来选择。

不失一般性，你可以看到每个服务都可以操作自己的专用机器（硬件），每个服务需要注册一个可以公开访问的 IP 地址作为 keystone 中的 end point。

OpenStack 的这种架构使得它特别适合大规模部署。例如，一个企业想要提供一个高可用的 OpenStack 服务，则其配置可能如图 1-6 所示。

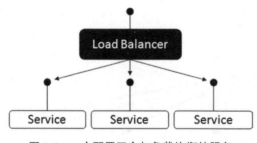

图 1-6　一个配置冗余与负载均衡的服务

服务的三个副本在三台不同的机器上运行，并且负载均衡被置于这三台机器的前面。

在这种配置下，服务将在 Keystone 的服务目录中注册负载均衡器的公共 IP，因此任何和该服务通信的用户端将被告知与负载均衡器连接，然后负载均衡器负责转发请求到合适的机器上。

1.10　总结

我们用本章开头的问题来结束本章：什么是数据库服务？

从广义上来说，DBaaS 可以被定义为一款软件，它允许用户简化和自动化使用数据库技术时进行的运营和管理活动，其中的功能涉及配置、用户管理、备份和恢复、确保高可用性和数据恢复能力、自我修复、自动缩放、修补能力和管理升级。

一些 DBaaS 解决方案通过抽象数据库和管理活动，并在数据路径（数据平面）中插入这些操作来达到这个目的。其他解决方案通过提供管理和行政活动（管理平面）的抽象，并完全或几乎完全保留数据路径来做到这一点。

某些功能是数据库特定的（例如微软的 Azure 云数据库和 Cloudant），其他产品则在一个统一的产品集（例如亚马逊的 RDS）上提供特定数据库的功能，然而 OpenStack Trove 在这方面是不同的，它不依赖特定的数据库。

许多 DBaaS 解决方案是单租户架构的。OpenStack 可以作为一个用户在私有云中部署的软件，也可以作为一个托管云或公有云被服务提供商部署并提供。

OpenStack Trove 架构实现了单租户模式，并且扩展策略可以使用户提供多租户数据库。例如 Tesora 的 DBaaS 产品 Oracle 12c。

OpenStack Trove 是一个开源的 DBaaS 平台，是 OpenStack 项目的一部分。因此，OpenStack Trove 可以在共有云、私有云及托管云中形成 DBaaS 解决方案的基础。

在下一章中我们会深入研究 Trove，从如何下载、安装和配置开始学习。

第 2 章
下载和安装 OpenStack Trove

本章介绍如何下载和安装 OpenStack Trove。你将学到安装 OpenStack Trove 的两种方法，并得到一个带有 MySQL 数据库镜像的运行中的 Trove 环境。

- 部署一个单节点的开发环境。
- 部署 OpenStack 的多节点环境。

2.1 部署一个单节点的开发环境

到目前为止，学习 Trove 最简单的方法是部署一个单节点的开发环境。你需要一台运行所需操作系统的机器。在本书中，我们使用来自 Canonical 公司的 Ubuntu 操作系统（版本为 14.04 LTS）来进行大多数的安装和配置步骤。

2.1.1 配置 Ubuntu 环境

这里从安装了 Ubuntu 14.04 LTS 的系统开始，并假设你已经为这台机器配置了一个名为 *ubuntu* 的单用户账户。

在许多情况下，Ubuntu 作为用户操作系统，自带一些虚拟化软件。请确保你已经配置了主机操作系统及管理程序，这将确保你的用户操作系统的虚拟机可以高效运行。这种配置有时指的是 *nested hypervisor*。

OpenStack 将要求你启动内置的虚拟机。因此，要确保虚拟化的扩展如 Intel VT 或 AMD-V 在 BIOS 中启用。如果你正在使用 VMware，则你必须确保你正在启动的虚拟机（VM）里的这些都在设置中启用。在 2.1.3 节"验证已启用虚拟化"部分的内容中，你需要确保内置的管理程序可以高效运行。

图 2-1 显示了一个典型的开发环境。在这种情况下，VMware 中运行的 Ubuntu 虚拟机是开发机器，用户将在其上安装 OpenStack 和 Trove。

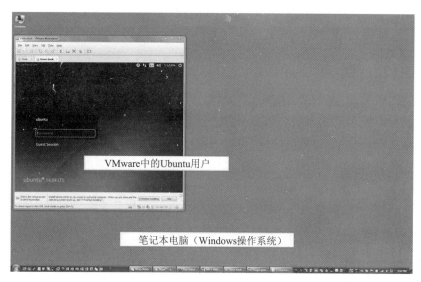

图 2-1　虚拟机中的 Ubuntu 开发环境

注意　请确保你的 Ubuntu 机器（物理或虚拟的）有一个静态的 IP（互联网协议）地址绑定在主（eth0）接口。通过在 Ubuntu 的 eth0 接口进行配置或使用管理程序设置 DHCP（动态主机配置协议）预订都可以做到这一点（如果你选择使用虚拟机）。

在计算机上安装 Ubuntu 后，用户可以使用一个简单的 ssh 用户端连接到虚拟机，如图 2-2 所示进入命令行提示符界面。在安装时执行的大部分操作是通过这个命令行来完成的。

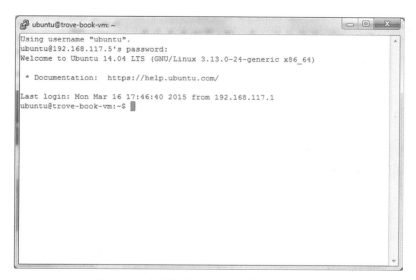

图 2-2　一个连接到 Ubuntu 用户虚拟机的 shell

2.1.2　安装一些基础包

除了你喜欢的编辑器，请确保安装了 git-core、ntp、openssh-server 和其他一些有用的安装包。

```
root@trove-book:~# apt-get update
root@trove-book:~# apt-get install emacs git-core ntp openssh-server
cpu-checker -y
```

2.1.3　确认你的配置

接下来，请确保你的机器配置正确，以防在之后出现更严重的问题。

1. 验证静态 IP 地址

你可以通过在文件 /etc/network/interfaces 中指定地址（或使用 Network Manager 小程序）配置静态 IP。

```
root@trove-book:/etc/network# more interfaces
# interfaces(5) file used by ifup(8) and ifdown(8)
auto lo
iface lo inet loopback
auto eth0
iface eth0 inet static
address 192.168.117.5
netmask 255.255.255.0
gateway 192.168.117.2
dns-nameservers 8.8.8.8 8.8.4.4
root@trove-book:/etc/network# ifconfig eth0 | grep 'inet addr'
          inet addr:192.168.117.5  Bcast:192.168.117.255
Mask:255.255.255.0
```

2. 验证已启用虚拟化

因为你将在自己的 Ubuntu 机器上运行 OpenStack（和 Trove），所以你需要确保机器的配置已启用虚拟化功能。

```
root@trove-book:~# kvm-ok
INFO: /dev/kvm exists
KVM acceleration can be used
```

你可能需要安装 cpu-checker 包，因为 kvm-ok 命令是这个包的一部分。

注意　如果你在一个虚拟机中使用 Ubuntu，则将你的虚拟机在已知状态定期生成快照是一个好习惯。存储比较廉价，快照可以帮助你在失误的地方快速恢复，或者在一些测试出错的地方回滚！在写本书时，我们使用了一个虚拟机（VMware），图 2-3 显示了某个点上的快照页面。

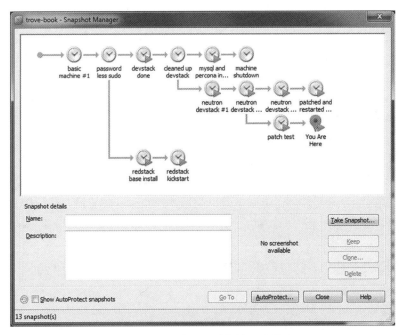

图 2-3　显示在不同时期的一些快照

2.1.4　给"ubuntu"用户赋予免密码 sudo 权限

在安装过程中执行的许多命令必须由 root 用户来执行。另外，一些 OpenStack 命令需要通过 root 用户运行，这些命令需要免密码的 root 权限，接下来你需要启用这个权限。

```
root@trove-book:~# visudo
root@trove-book:~# tail -n 4 /etc/sudoers

# this line gets added to the end of the file, /etc/sudoers
ubuntu ALL=(ALL) NOPASSWD: ALL
```

注意　一旦你使用了 visudo 来更改 sudo 的配置，则必须重启会话以使更改生效。关闭当前的 shell 会话，重新连接到计算机，然后验证用户 ubuntu 已经拥有免密码 sudo 权限。

如果你的更改生效，则你应该可以看到以下内容：

```
ubuntu@trove-book:~$ sudo -s
root@trove-book:~#
```

如果由于某种原因更改并未生效，则会看到如下内容：

```
ubuntu@trove-book:~$ sudo -s
[sudo] password for ubuntu:
root@trove-book:~#
```

2.1.5 使用 devstack 工具安装 OpenStack

在连接到 shell 后，可以使用 devstack 工具安装一个单节点的开发环境。

注意 在本书中，我们提供了命令、源代码列表及系统如何工作的描述。所有这些都和 Kilo 版本的 Trove 有关。下面的命令可以让你从 OpenStack 的源代码库下载源代码，但我们不限定你下载 Kilo 版本，你可以下载开发版本（master）的最新代码。因此，该系统的表现和代码行号可能和本书中所示不同。

在下面的交互会话中，执行命令的用户名称如下所示（这里是 *ubuntu*）。

```
ubuntu@trove-book:~$
```

从 openstack.org 克隆 devstack 仓库。

```
ubuntu@trove-book:~$ git clone http://git.openstack.org/openstack-dev/
devstack
    Cloning into 'devstack'...
    remote: Counting objects: 26464, done.
    remote: Compressing objects: 100% (12175/12175), done.
    remote: Total 26464 (delta 18846), reused 21351 (delta 14033)
    Receiving objects: 100% (26464/26464), 5.28 MiB | 896.00 KiB/s, done.
    Resolving deltas: 100% (18846/18846), done.
    Checking connectivity... done.
```

接着，为 devstack 创建一个基础配置文件，该文件被称为 localrc，是在 devstack 目录中创建的。下面的代码显示了一个 localrc 示例文件：

```
ubuntu@trove-book:~/devstack$ more localrc
# Sample localrc file
```

```
# For use in installing Trove with devstack
# The various passwords below are just 20 character random passwords
# produced with makepasswd. The SWIFT_HASH is a unique string for a
# swift cluster and cannot be changed once established.
MYSQL_PASSWORD=07f1bff15e1cd3907c0f
RABBIT_PASSWORD=654a2b9115e9e02d6b8a
SERVICE_TOKEN=fd77e3eadc57a57d5470
ADMIN_PASSWORD=882f520bd67212bf9670
SERVICE_PASSWORD=96438d6980886000f90b
PUBLIC_INTERFACE=eth0
ENABLED_SERVICES+=,trove,tr-api,tr-tmgr,tr-cond

enable_plugin trove git://git.openstack.org/openstack/trove
enable_plugin python-troveclient git://git.openstack.org/openstack/
python-troveclient

# Trove also requires Swift to be enabled for backup / restore
ENABLED_SERVICES+=,s-proxy,s-object,s-container,s-account
SWIFT_HASH=6f70656e737461636b2074726f766520627920616d7269746820202620
6f7567
```

现在可以通过调用 stack.sh 来运行 devstack 工具。

注意　当运行一些需要长时间运行的命令如 stack.sh 时（第 1 次调用时这可能需要一段时间），把它们放在一个 screen 会话中运行是一个好主意。你可能需要安装 screen。

```
ubuntu@trove-book:~$ cd ~/devstack
ubuntu@trove-book:~/devstack$ ./stack.sh

[. . . and a while later . . .]

This is your host ip: 192.168.117.5
Horizon is now available at http://192.168.117.5/
Keystone is serving at http://192.168.117.5:5000/
The default users are: admin and demo
The password: 882f520bd67212bf9670
2015-04-08 15:37:14.759 | stack.sh completed in 3186 seconds.
```

注意 如果你是在一个虚拟机中运行 Ubuntu，那么现在正是生成快照的好时机。我们通常将正在运行的虚拟机生成快照，然后停止所有的 OpenStack 服务，关闭 Ubuntu 操作系统，并在这种状态下生成虚拟机的另一个快照。

1. 显示 devstack screen 会话列表

当使用 devstack 配置系统时，它将在一个 screen 会话中启动所有的 OpenStack 进程。你可以使用 screen -ls 命令列出所有当前正在运行的 screen 会话。

注意 screen 命令的每次调用被称为一个 screen 会话。你可以在你的机器上同一时间运行多个 screen 会话，每个会话可以有多个窗口，每个窗口是一个独立的 shell 调用。

```
ubuntu@trove-book:~/devstack$ screen -ls
There is a screen on:
        58568.stack      (04/08/2015 11:06:11 AM)        (Detached)
1 Socket in /var/run/screen/S-ubuntu.
```

你可以从之前的命令输出中看到，devstack 启动了一个 screen 会话 58568.stack，而且你现在可以进入那个 screen 会话。图 2-4 显示了你的 screen 会话，在它显示的窗口中运行着 Trove Conductor 进程。

```
ubuntu@trove-book:~/devstack$ screen -dr 58568.stack
```

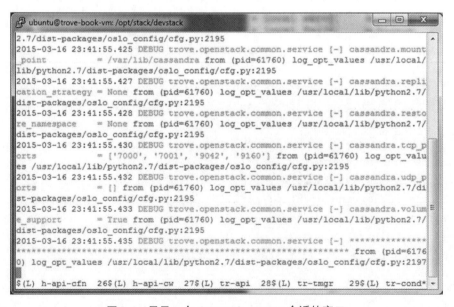

图 2-4　显示一个 devstack screen 会话的窗口

在单个 screen 会话内，你可以使用列表命令（通常使用 Ctrl-a- " 键）获取可用窗口的列表。图 2-5 显示了一个 screen 窗口列表。

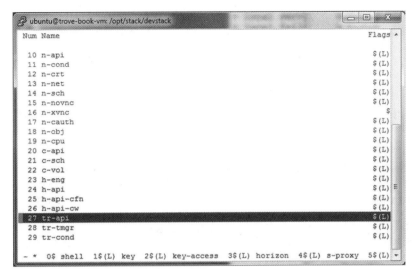

图 2-5　显示 devstack screen 会话的可用窗口列表

注意　此处引用的列表命令用于列出一个 screen 会话中的可用窗口。这和列表命令（screen -ls）不同，后者用来列出机器上的 screen 会话。

你可以使用箭头键，然后按 Enter 键来选择这些列出来的 screen 窗口中的任何一个。图 2-5 中高亮显示的是 Trove API 窗口。

2. 停止和重启 devstack

当 devstack 启动时，所有 OpenStack 服务在 screen 会话中被启用（如上节所述）。

停止 devstack 仅仅需要关闭该 screen 会话和里面的所有服务。

可以通过执行命令做到这一点：

```
screen -X -S 58568.stack quit
```

-X 选项允许你提供要执行的命令（在这个例子里是 quit），-S 选项用于标识 screen 会话。你需要用你的机器上的 screen 会话的名称替换 58568.stack，可以使用 screen -ls 命令来获取名称。

如果你碰巧对一些服务进行了配置更改，并且想重启它，那么你需要在 devstack

screen会话中找到正确的窗口，并在那里重启该服务。

可以通过连接到 screen 会话做到这一点（screen -dr 58568.stack），然后列出 screen 窗口（使用 Ctrl-a- " 键），并使用箭头键指向你想要重启的服务（tr-api、tr-tmgr 和 tr-cond）的窗口。

在每个窗口中，你将可以通过按 Ctrl-C 键终止正在运行的服务，可以通过重新运行刚才的命令（通过向上箭头键得到之前的命令）重启该服务。

如果关闭了运行 devstack 的机器，则重启 devstack 的最简单的方法是使用 rejoin-stack.sh命令。

```
ubuntu@trove-book:~/devstack$ ./rejoin-stack.sh
```

3. 重置 devstack 环境

现在学习如何重置 devstack 中已经启动的 OpenStack 环境。

```
ubuntu@trove-book:~/devstack$ ./unstack.sh
```

在执行 unstack.sh 命令时你还会注意到，该 devstack 设置的 screen 会话被销毁，并且所有的 OpenStack 进程被终止。

在关闭机器并重新安装 devstack 之前，清理你的设置是另一种明智的做法。可以使用 clean.sh 命令来清理环境：

```
ubuntu@trove-book:~/devstack$ ./clean.sh
```

现在可以快速地通过执行 stack.sh 命令重启 devstack。

```
ubuntu@trove-book:~/devstack$ ./stack.sh
```

2.1.6　启用默认的 Trove 公钥

注意　必须添加一个公钥给 guest 实例，使得由 devstack 安装的 guest 镜像可以正常运行。

在使用 Trove 启动一个 guest 数据库实例时，默认的 guest 镜像需要连接到主机，并得到一些文件。它使用 ssh 和 Trove 的私钥来做到这一点，更多的细节将在第 7 章中讨论。继续为用户 ubuntu 在 authorized_keys 文件中添加 Trove 公共密钥。

该 Trove 密钥对是 trove-integration 项目的一部分，所以从克隆该项目到 /opt/
stack 开始。

```
ubuntu@trove-book:~/devstack$ cd /opt/stack
ubuntu@trove-book:/opt/stack$ git clone http://git.openstack.org/
openstack/trove-integration
Cloning into 'trove-integration'...
remote: Counting objects: 4663, done.
remote: Compressing objects: 100% (2008/2008), done.
remote: Total 4663 (delta 2985), reused 4132 (delta 2533)
Receiving objects: 100% (4663/4663), 1.48 MiB | 642.00 KiB/s, done.
Resolving deltas: 100% (2985/2985), done.
Checking connectivity... done.
```

你需要安装 Trove 公共密钥到 ~/.ssh，如下所示。可看到公共密钥被追加到
authorized_keys 文件中。

```
ubuntu@trove-book:~$ cd .ssh
ubuntu@trove-book:~/.ssh$ cat /opt/stack/trove-integration/scripts/
files/keys/
authorized_keys >> ~/.ssh/authorized_keys
ubuntu@trove-book:~$ chmod 700 ~/.ssh/authorized_keys
```

这时就可以开始执行一些基本的 Trove 命令了。这是将你的虚拟机生成快照的好时机。

2.1.7　系统认证

接下来，执行一个简单的 Trove 命令来列出所有正在运行的实例。请记住，命令由用
户 *ubuntu* 执行。

```
ubuntu@trove-book:~$ trove list
ERROR: You must provide a username via either --os-username or env[OS_
USERNAME]
```

可以看到，执行 trove list 命令会产生一个错误。这是因为所有的命令要求用户提
供有效的 OpenStack 凭据。下面的例子演示了如何通过命令行指定这些凭据。

```
ubuntu@trove-book:~$ trove --os-username admin \
> --os-password 882f520bd67212bf9670 \
> --os-auth-url http://192.168.117.5:5000/v2.0 \
> --os-tenant-name admin list
```

```
+----+------+-----------+-----------------+--------+-----------+------+
| ID | Name | Datastore | Datastore Version | Status | Flavor ID | Size |
+----+------+-----------+-----------------+--------+-----------+------+
+----+------+-----------+-----------------+--------+-----------+------+
```

刚刚提供的命令行中的这些内容究竟是什么呢？

其用户名和密码与你在 devstack 命令最后的输出中看到的相同。这个密码是你运行 stack.sh 命令安装和配置 devstack 时在配置文件 localrc 中提供的。

```
[. . .]
Examples on using novaclient command line is in exercise.sh
The default users are: admin and demo
The password: 882f520bd67212bf9670
This is your host ip: 192.168.117.5
[. . .]
```

你需要指定这些作为 --os-username、--os-password 和 --os-tenant-name 的参数。auth-url 是 Keystone（身份）服务的 end point，这将在本书后面更详细地进行讨论。用户名（--os-username）和租户名（--os-tenant-name）可以帮助确认 admin 用户是否是 admin 租户的一部分。

因为通过命令行指定这些凭据相当烦琐，所以 trove 命令允许你建立几个会用到的环境变量来代替命令行参数。在附录 B 中有详细描述。

你可以使用便捷的 openrc 命令创建这些凭据作为环境变量，如下所示。

```
ubuntu@trove-book:~$ source ~/devstack/openrc admin admin
```

现在，你可以重试 trove list 命令。

```
ubuntu@trove-book:~$ trove list
+----+------+-----------+-----------------+--------+-----------+------+
| ID | Name | Datastore | Datastore Version | Status | Flavor ID | Size |
+----+------+-----------+-----------------+--------+-----------+------+
+----+------+-----------+-----------------+--------+-----------+------+
```

2.1.8　创建你的第 1 个 Trove 数据库实例

在前面配置的 devstack 不仅提供了必需的 OpenStack 的服务，其中包括 3 个 Trove 服务（trove-api、trove-conductor 和 trove-taskmanager），而且有一个默认的 MySQL guest 实例。现在可以启动这个实例。

要启动一个新的 Trove 实例，需要用到 trove create 命令。

```
ubuntu@trove-book:~$ trove help create
usage: trove create <name> <flavor_id>
                    [--size <size>]
                    [--databases <databases> [<databases> ...]]
                    [--users <users> [<users> ...]] [--backup <backup>]
                    [--availability_zone <availability_zone>]
                    [--datastore <datastore>]
                    [--datastore_version <datastore_version>]
                    [--nic <net-id=net-uuid,v4-fixed-ip=ip-addr,port-id
=port-uuid>]
                    [--configuration <configuration>]
                    [--replica_of <source:id>]
Creates a new instance.

Positional arguments:
<name>                      Name of the instance.
<flavor_id>                 Flavor of the instance.

Optional arguments:
--size <size>               Size of the instance disk volume in GB.
                            Required when volume support is enabled.
--databases <databases> [<databases> ...]
                            Optional list of databases.
--users <users> [<users>...]   Optional list of users in the form
                            user:password.
--backup <backup>          A backup ID.
--availability_zone <availability_zone>
                                The Zone hint to give to nova.
--datastore <datastore>     A datastore name or ID.
--datastore_version <datastore_version>
                            A datastore version name or ID.
--nic <net-id=net-uuid,v4-fixed-ip=ip-addr,port-id=port-uuid>
                            Create a NIC on the instance. Specify option
                            multiple times to create multiple NICs. net-
                            id: attach NIC to network with this ID
                            (either port-id or net-id must be
```

29

```
                           specified), v4-fixed-ip: IPv4 fixed address
                           for NIC (optional), port-id: attach NIC to
                           port with this ID (either port-id or net-id
                           must be specified).
--configuration <configuration>
                           ID of the configuration group to attach to
                           the instance.

--replica_of <source:id>   ID of an existing instance to replicate
                           from.
```

通过执行 trove help <command> 可查看大多数 Trove 命令的用法。

在创建一个 Trove 实例时，所需的参数为一个名字和 flavor id，也可以提供其他可选参数。接下来使用 Trove flavor id 2（m1.small）创建一个 Trove 实例。

```
ubuntu@trove-book:~$ trove flavor-list
+-----+-----------+-------+
| ID  | Name      |  RAM  |
+-----+-----------+-------+
|   1 | m1.tiny   |   512 |
|   2 | m1.small  |  2048 |
|   3 | m1.medium |  4096 |
|   4 | m1.large  |  8192 |
|   5 | m1.xlarge | 16384 |
|  42 | m1.nano   |    64 |
|  84 | m1.micro  |   128 |
| 451 | m1.heat   |   512 |
+-----+-----------+-------+
ubuntu@trove-book:~$ trove flavor-show 2
+----------+----------+
| Property | Value    |
+----------+----------+
| id       | 2        |
| name     | m1.small |
| ram      | 2048     |
| str_id   | 2        |
+----------+----------+
ubuntu@trove-book:~$ trove create m1 2 --size 1
+-----------------+------------------------------------+
```

```
| Property          | Value                                |
+-------------------+--------------------------------------+
| created           | 2015-04-08T16:28:09                  |
| datastore         | mysql                                |
| datastore_version | 5.6                                  |
| flavor            | 2                                    |
| id                | e7a420c3-578e-4488-bb51-5bd08c4c3cbb |
| name              | m1                                   |
| status            | BUILD                                |
| updated           | 2015-04-08T16:28:09                  |
| volume            | 1                                    |
+-------------------+--------------------------------------+
```

该命令执行成功，现在 Trove 将尝试创建一个数据库实例（称为 m1），该实例使用 Trove flavor 2（m1.small）和 Cinder 的 1 GB 的卷，并运行 MySQL 5.6 版本的数据库。

你可以使用 trove list 或 trove show 命令查询该请求的状态。

```
ubuntu@trove-book:~$ trove show e7a420c3-578e-4488-bb51-5bd08c4c3cbb
+-------------------+--------------------------------------+
| Property          | Value                                |
+-------------------+--------------------------------------+
| created           | 2015-04-08T16:28:09                  |
| datastore         | mysql                                |
| datastore_version | 5.6                                  |
| flavor            | 2                                    |
| id                | e7a420c3-578e-4488-bb51-5bd08c4c3cbb |
| ip                | 10.0.0.2                             |
| name              | m1                                   |
| status            | BUILD                                |
| updated           | 2015-04-08T16:28:21                  |
| volume            | 1                                    |
+-------------------+--------------------------------------+
```

几分钟后，Trove 报告数据库实例已经正常运行。status 字段的值为 ACTIVE 并被突出显示。

```
ubuntu@trove-book:~$ trove show e7a420c3-578e-4488-bb51-5bd08c4c3cbb
+-------------------+--------------------------------------+
| Property          | Value                                |
+-------------------+--------------------------------------+
```

```
| created           | 2015-04-08T16:28:09                  |
| datastore         | mysql                                |
| datastore_version | 5.6                                  |
| flavor            | 2                                    |
| id                | e7a420c3-578e-4488-bb51-5bd08c4c3cbb |
| ip                | 10.0.0.2                             |
| name              | m1                                   |
| status            | ACTIVE                               |
| updated           | 2015-04-08T16:28:21                  |
| volume            | 1                                    |
| volume_used       | 0.1                                  |
+-------------------+--------------------------------------+
```

现在，你可以在该实例上创建数据库及可以访问该数据库的用户。

```
ubuntu@trove-book:~$ trove database-create e7a420c3-578e-4488-bb51-
5bd08c4c3cbb trove-book
ubuntu@trove-book:~$ trove user-create e7a420c3-578e-4488-bb51-
5bd08c4c3cbb \
> demo password --databases trove-book
```

在上面的命令中，我们通过数据库实例的 id 指定该数据库，如 Trove 刚刚的输出所示。

最后，让我们连接到数据库。我们使用 mysql 命令行界面来连接，并指定用户名为 demo，密码为 password，主机名为 10.0.0.2，这个地址是分配给实例 m2 的公共 IP 地址，从之前 trove list 命令的输出中可以看到。

```
ubuntu@trove-book:~$ mysql -u demo -ppassword -h 10.0.0.2
[. . .]
mysql>
```

2.1.9　在 devstack 中使用 Neutron

OpenStack 中有两个项目实现了网络功能：Neutron 和 Nova Networking。在写本书的时候，devstack 默认使用 Nova Networking 配置系统。Neutron 是一个新的项目，并提供了一些额外的网络功能。你可能想使用 Neutron，在本节中我们将介绍如何使用 Neutron 来代替 Nova Networking 配置你的系统。

1. 用 Neutron 代替 Nova Networking

在 localrc 文件中需要增加以下命令行，以便用 Neutron 代替 Nova Networking。

首先，禁用 Nova Networking，然后启用各种 Neutron 服务。

```
disable_service n-net

enable_service neutron
enable_service q-svc
enable_service q-agt
enable_service q-dhcp
enable_service q-l3
enable_service q-meta
```

2. 配置专用和公共网络

在运行 devstack 前，导入这些变量以使公共网络和专用网络正常运行。你必须使用 10.0.0.1 和 10.0.0.0/24 网络。

```
export PUBLIC_NETWORK_GATEWAY=10.0.0.1
export FLOATING_RANGE=10.0.0.0/24
```

在运行 devstack 前也需要导出这些变量。我们使用了 172.24.4.0/24 网络并且选择 172.24.4.1 地址作为网关。你可以使用和已选择的 10.0.0.0/24 不冲突的任何地址。

```
export NETWORK_GATEWAY=172.24.4.1
export FIXED_RANGE=172.24.4.0/24
```

如果不进行这些改变，则不能成功启动 Trove 实例。这是因为 devstack 使用的默认 guest 镜像在此时构建。

我们将在第 7 章探讨其中的细节，在这里只提供一个简要说明。

通过 devstack 使用的 guest 镜像仅用于开发。因此，镜像内没有任何 guest agent 的 Trove 代码运行，并与镜像中的数据库（guest 数据库）通信。相反，镜像将在启动时获取代码作为引导程序的一部分。这是理想的开发过程，因为你可以做一个小小的改变，并启动一个新的实例，该实例将反映你的最新更改。在具体实践中不建议使用这种配置。

为了获得 trove 代码，镜像会有一个在启动时运行的进程，这个进程将从 IP 地址为 10.0.0.1 的 devstack 的机器上的固定位置复制 Trove guest agent 代码。

devstack 默认将 10.0.0.1 配置为专用网络，并且没有设置允许 guest 实例（使用 rsync）进行复制的规则。10.0.0.1 作为公共接口可以做到刚刚描述的功能。

3. 使用 Neutron 配置 Trove

为了使用 Neutron，你需要在 `trove.conf` 和 `trove-taskmanager.conf` 配置文件中有针对性地做一些更改。

注意　在 Kilo 版本中，这个功能还没有完成，并且存在 1435612bug（见 https://bugs.launchpad.net/devstack/+bug/1435612）。

Kilo 版本发布后，此 bug 已被修正。所以，如果你获得了最新的 `devstack` 和 Trove 代码，则需要按照如上所述配置 `localrc`，并运行 `stack.sh`。如果这个 bug 没有在 `devstack` 或 Trove 中被修复，则你需要对自己的 Trove 配置做以下更正。

```
[. . .]
network_label_regex = .*
ip_regex = .*
black_list_regex = ^10.0.1.*
default_neutron_networks = 38c98a90-2c8c-4893-9f07-90a53b22000e
network_driver = trove.network.neutron.NeutronDriver
```

之前显示的 UUID（通用唯一标识符）38c98a90-2c8c-4893-9f07-90a53b22000e 仅用于说明。在你的机器上，你需要找到专用网络的网络 ID，如下所示。

```
ubuntu@trove-book:~$ source ~/devstack/openrc admin admin
ubuntu@trove-book:~$ neutron net-list | grep private | awk '{print $2}'
38c98a90-2c8c-4893-9f07-90a53b22000e
ubuntu@trove-book:~$
```

你在自己的系统上看到的 UUID 会有所不同。在 `trove.conf` 中使用在你的环境中看到的 UUID。

在 /etc/trove-taskmanager.conf 文件中，你需要在 DEFAULT 部分内添加以下代码：

```
[DEFAULT]
[. . .]
network_driver = trove.network.neutron.NeutronDriver
```

在同一个文件中，你还需要在 [mysql] 部分添加以下代码：

```
[mysql]
tcp_ports = 22,3306
```

一旦做到这些，你就需要重启 3 个 Trove 服务：`tr-api`、`tr-cond` 和 `tr-tmgr`。

像之前那样（screen -dr 58568.stack）连接到 screen 会话，然后列出 screen 窗口（按 Ctrl-a-"），并使用箭头键导航到窗口 tr-api、tr-tmgr 和 tr-cond。

在每个窗口中，你可以通过按 Ctrl-C 键终止正在运行的服务，并通过重新运行之前的命令（通过按向上箭头键可以得到之前的命令）重启该服务。

2.1.10　访问 Dashboard

由于你的安装配置了所有的 OpenStack 基础服务，包括 Horizon（仪表盘组件），所以你现在还可以连接到仪表盘。

要做到这一点，你需要打开 Ubuntu 开发环境中的浏览器，并使用由 devstack 设立的凭据登录。

	用户名	密码
Admin tenant	Admin	882f520bd67212bf9670
Demo tenant	Demo	882f520bd67212bf9670

这些密码和先前在 localrc 文件中指定的相同。出于练习的目的，你可以用 admin 身份登录。

你可以导航到项目选项卡下的数据库部分（当你以管理员身份登录时，如图 2-6 所示）。图 2-7 显示了正在运行的系统上正在运行的所有 Trove 数据库实例。

图 2-6　Horizon（仪表盘）登录界面

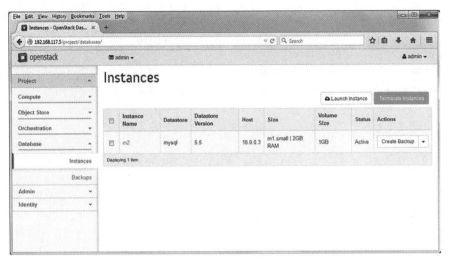

图 2-7　Horizon 仪表盘实例标签

单击实例名（m2）将显示有关该实例的细节，如图 2-8 所示。

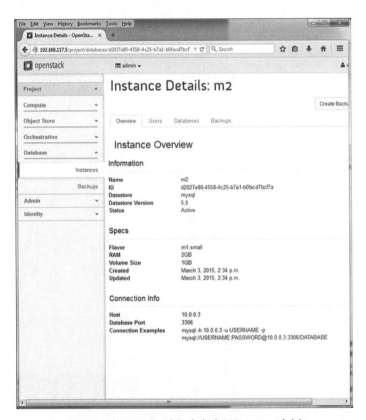

图 2-8　在 Horizon 的仪表盘中显示 Trove 实例

2.2　在多节点的 OpenStack 环境中部署 Trove

如果你有一个 Ubuntu 操作系统并带有多节点的 OpenStack 环境，并且想在环境中增加 Trove 服务，则可以参考本节的内容。

你可以在 OpenStack 的文档页面上找到安装 Trove 的最新命令。例如，对于 Juno 版本，Trove 的安装文档请见 http://docs.openstack.org/juno/install-guide/install/apt/content/trove-install.html。

2.2.1　前提条件

要操作 Trove，你需要有以下已经安装、配置并可操作的 OpenStack 组件。

- Keystone（身份服务）。
- Glance（镜像服务）。
- Neutron 或 Nova-Networking（网络）。
- Nova（计算）。

以下组件是可选的，可能是一些数据库类型所要求的，或执行一些特定的 Trove 操作所需要的。

- Cinder（块存储）。
- Swift（对象存储）。

为了使用基于 Web 的用户界面管理系统，你需要安装、配置 Horizon（仪表盘）并使其可用。还需要收集以下信息，因为在以后的安装过程中需要用到。

- Controller 的主机名称。
- 用于连接 Trove 基础设施数据库的信息。
- RabbitMQ 主机。
- RabbitMQ 密码。
- Admin 租户密码。
- 默认的域名。

2.2.2　安装必需包

在 Trove controller 节点安装所有需要的软件包。由于 OpenStack 组件和 Trove 之间的依赖关系，我们假设 OpenStack 部署的版本和正在安装的 Trove 版本相同。

```
root@trove-controller:~$ apt-get install python-trove python-troveclient \
> python-glanceclient \
> trove-common \
> trove-api \
> trove-taskmanager
```

2.2.3 创建 Trove 用户

大部分安装命令将由 trove 用户运行，各种 Trove 服务也由 trove 用户运行。首先创建用户：

```
root@trove-controller:/$: useradd -m trove -s /bin/bash
```

2.2.4 创建 Trove 操作的数据库

和其他 OpenStack 服务相同，Trove 将操作信息存储在数据库中。在默认情况下此数据库采用 MySQL。因此，你需要创建 Trove 可操作的数据库，并为 Trove 提供访问该数据库的权限。

```
root@trove-controller:~$ mysql -u root -p -s
mysql> create database trove;
mysql> grant all privileges on trove.* TO trove@'localhost \
identified by '07f1bff15e1cd3907c0f';
mysql> grant all privileges on trove.* TO trove@'%' \
identified by '07f1bff15e1cd3907c0f';
```

注意，在这个配置中使用了我们之前配置 devstack 时所用的相同的密码。如果要在不同的环境中操作 Trove，则你需要更改这些密码。

2.2.5 在 OpenStack 中配置 Trove

你需要通过身份验证成为 OpenStack 的管理员。通常，你可以通过执行一个包含所有需要的设置的一个 shell 脚本做到这一点。

```
ubuntu@trove-controller:~$ sudo su trove
trove@trove-controller:~$ source <path>/openrc-admin.sh
```

Trove 需要在 Keystone 中定义服务用户。为服务用户 trove 提供的密码（使用 --pass 命令行参数）是 96438d6980886000f90b，在之前是在 localrc 文件中作为 SERVICE_

PASSWORD 字段提供的。

```
    trove@trove-controller:~$ keystone user-create --name trove --pass
96438d6980886000f90b
    trove@trove-controller:~$ keystone user-role-add --user trove --tenant
service --role admin
```

2.2.6　配置 Trove 服务

接下来，你需要配置 Trove 服务。

- /etc/trove/trove-conductor.conf
- /etc/trove/trove.conf
- /etc/trove/trove-taskmanager.conf
- /etc/trove/trove-guestagent.conf

我们单独查看这里的每个文件。在接下来的几节中，我们会强调将 Trove 安装到基础的 OpenStack 环境中的重要性和显著的变化，以及一些有助于故障排除和调试的设置。

如下所示的示例配置文件是根据 Trove 服务分布在机器上的。你可以使用它们作为起点来配置 Trove。

- /etc/trove/trove.conf.sample
- /etc/trove/trove-taskmanager.conf.sample
- /etc/trove/trove.conf.test
- /etc/trove/trove-conductor.conf.sample
- /etc/trove/trove-guestagent.conf.sample

1. /etc/trove/trove-conductor.conf 文件

trove-conductor.conf 文件是为 Trove conductor 服务配置的。

```
[DEFAULT]
use_syslog = False
debug = True
control_exchange = trove
trove_auth_url = http://192.168.117.5:35357/v2.0
nova_proxy_admin_pass =
nova_proxy_admin_tenant_name = trove
nova_proxy_admin_user = radmin
sql_connection =mysql://root:07f1bff15e1cd3907c0f@127.0.0.1/
```

```
trove?charset=utf8
    rabbit_password = 654a2b9115e9e02d6b8a
    rabbit_userid = stackrabbit
```

2. /etc/trove/trove.conf 文件

trove.conf 文件包含了 Trove API 服务的一般配置。

```
[DEFAULT]
trove_api_workers = 2

use_syslog = False
debug = True
default_datastore = mysql
sql_connection = mysql://root:07f1bff15e1cd3907c0f@127.0.0.1/
trove?charset=utf8
    rabbit_password = 654a2b9115e9e02d6b8a
    rabbit_userid = stackrabbit


[keystone_authtoken]
signing_dir = /var/cache/trove
cafile = /opt/stack/data/ca-bundle.pem
auth_uri = http://192.168.117.5:5000
project_domain_id = default
project_name = service
user_domain_id = default
password = 96438d6980886000f90b
username = trove
auth_url = http://192.168.117.5:35357
auth_plugin = password
```

3. /etc/trove/trove-taskmanager.conf 文件

trove-taskmanager.conf 文件包含了 Trove Task Manager 服务的配置选项。

```
[DEFAULT]
use_syslog = False
debug = True
trove_auth_url = http://192.168.117.5:35357/v2.0
nova_proxy_admin_pass =
nova_proxy_admin_tenant_name = trove
```

```
nova_proxy_admin_user = radmin
taskmanager_manager = trove.taskmanager.manager.Manager
sql_connection = mysql://root:07f1bff15e1cd3907c0f@127.0.0.1/
trove?charset=utf8
rabbit_password = 654a2b9115e9e02d6b8a
rabbit_userid = stackrabbit
```

注意，这里设置的密码和你安装 devstack 时在 localrc 文件中设置的密码相同。

4. trove-guestagent.conf 文件

此文件通常存储在 /etc/trove（在 trove 控制节点上）中，由 guest agent 实际使用，而不是由主机使用。它在启动时由 Trove Task Manager 发送到 guest 实例，并包含了 guest agent 启动时使用的信息。

trove-guestagent.conf 文件在 guest 上的 /etc/trove 目录（此处显示 guest 实例 m2）下。

```
ubuntu@m2:/etc/trove$ more trove-guestagent.conf

[DEFAULT]
use_syslog = False
debug = True
log_file = trove-guestagent.log
log_dir = /tmp/
ignore_users = os_admin
control_exchange = trove
trove_auth_url = http://192.168.117.5:35357/v2.0
nova_proxy_admin_pass =
nova_proxy_admin_tenant_name = trove
nova_proxy_admin_user = radmin
rabbit_password = 654a2b9115e9e02d6b8a
rabbit_host = 10.0.0.1
rabbit_userid = stackrabbit
```

2.2.7　初始化 Trove 操作的数据库

既然你已经创建了 Trove 数据库和用户，并且配置的文件正确地指向了数据库，那么现在就可以初始化数据库了。

```
ubuntu@trove-controller:~$ sudo su trove
trove@trove-controller:~$ trove-manage db_sync
trove@trove-controller:~$ trove-manage datastore_update mysql
```

2.2.8 在 Keystone 中配置 Trove Endpoint

重启 Trove 服务前的最后一步是，通过在 Keystone 中定义 end point 来发布 Trove 服务。

```
trove@trove-controller:~$ keystone service-create --name trove \
        --type database \
        --description "Trove: The OpenStack Database Service"

# This command will give you the service-id of the newly created
service.
# Make a note of that. Also, the first step (gathering information) had
# you record the default region. You will use that here.

trove@trove-controller:~$ keystone endpoint-create \
  --service-id <SERVICE_ID> \
  --publicurl http://192.168.117.5:8779/v1.0/%\(tenant_id\)s \
  --internalurl http://192.168.117.5:8779/v1.0/%\(tenant_id\)s \
  --adminurl http://192.168.117.5:8779/v1.0/%\(tenant_id\)s \
  --region <REGION_NAME>
```

2.2.9 重启 Trove 服务

现在，你可以重启 Trove 服务以使更改生效。

```
ubuntu@trove-controller:~$ sudo service trove-api restart
ubuntu@trove-controller:~$ sudo service trove-taskmanager restart
ubuntu@trove-controller:~$ sudo service trove-conductor restart
```

2.2.10 下载或构建一个 Trove Guest 镜像

为了使用 Trove，你需要一个数据库 guest 镜像。在前面的设置中，我们介绍了如何配置 MySQL 作为默认的 guest 数据库。第 7 章将详细介绍构建一个用户镜像的步骤。

你也可以从 Tesora 之类的提供商那里下载支持大多数数据库的 Trove guest 镜像（www.tesora.com）。在主界面的产品选项卡下，你会发现一个下载选项。注册后，你将能够下载 Tesora DBaaS（数据库即服务）平台和 guest 镜像。

devstack 使用的 guest 镜像也可在 http://tarballs.openstack.org/trove/images/
ubuntu 下载，如图 2-9 所示。

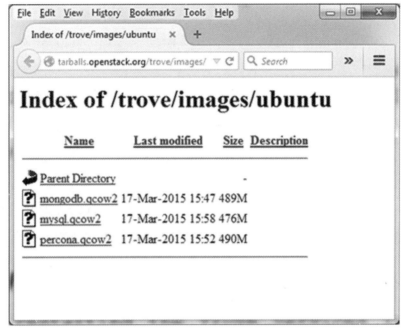

图 2-9　devstack guest 镜像列表

下一步，我们将引导你使用 Percona（MySQL 的变型）镜像完成下载并在 Ubuntu 主
机上安装一个 guest 镜像。

在 下 面 的 例 子 中， 从 http://tarballs.openstack.org/trove/images/ubuntu/
percona.qcow2 页面下载镜像到本地机器上的 ~/downloaded-images 下。

注意　我们简单描述了如何安装和配置镜像。你正在使用 tarballs.openstack.org
提供的镜像，**请不要在生产中使用这些镜像**。在第 7 章中，我们将向你展示如何构建用于
生产的 guest 镜像，并且你可以得到生产就绪的 guest 镜像。

```
ubuntu@trove-controller:~/downloaded-images$ wget http://tarballs.
openstack.org/trove/
images/ubuntu/percona.qcow2
--2015-03-18 08:44:43--  http://tarballs.openstack.org/trove/images/
ubuntu/percona.qcow2
```

```
    Resolving tarballs.openstack.org (tarballs.openstack.org)...
192.237.219.31
    Connecting to tarballs.openstack.org (tarballs.openstack.
org)|192.237.219.31|:80
    HTTP request sent, awaiting response... 200 OK
    Length: 513343488 (490M)
    Saving to: 'percona.qcow2'

    100%[=====================================================================
======>] 513,343,488
    873KB/s    in 9m 54s

    2015-03-18 08:54:38 (843 KB/s) - 'percona.qcow2' saved
[513343488/513343488]
```

首先，将镜像加载到 Glance。下面的输出显示了实例在 Glance 中的 ID（这里的输出是 80137e59-f2d6-4570-874c-4e9576624950），将其保存以供以后使用。

```
    ubuntu@trove-controller:~/downloaded-images$ glance image-create --name
percona \
    > --disk-format qcow2 \
    > --container-format bare --is-public True < ./percona.qcow2
    +------------------+--------------------------------------+
    | Property         | Value                                |
    +------------------+--------------------------------------+
    | checksum         | 963677491f25a1ce448a6c11bee67066     |
    | container_format | bare                                 |
    | created_at       | 2015-03-18T13:19:18                  |
    | deleted          | False                                |
    | deleted_at       | None                                 |
    | disk_format      | qcow2                                |
    | id               | 80137e59-f2d6-4570-874c-4e9576624950 |
    | is_public        | True                                 |
    | min_disk         | 0                                    |
    | min_ram          | 0                                    |
    | name             | percona                              |
    | owner            | 979bd3efad6f42448ffa55185a122f3b     |
    | protected        | False                                |
    | size             | 513343488                            |
    | status           | active                               |
```

```
| updated_at        | 2015-03-18T13:19:30                    |
| virtual_size      | None                                   |
+-----------------+----------------------------------------+
```

2.2.11　配置数据库类型及其版本

为了确认这个 guest 镜像属于 Trove，并允许我们在 trove create 命令中指定它，我们将执行下面的命令。在第 7 章中，我们将详细了解这些命令实际上做了什么和为什么它们是必需的。

```
ubuntu@trove-controller:~/downloaded-images$ trove-manage datastore_
update percona ''
  2015-03-18 09:23:24.469 INFO trove.db.sqlalchemy.session [-] Creating
SQLAlchemy engine with
  args: {'pool_recycle': 3600, 'echo': False}
  Datastore 'percona' updated.

ubuntu@trove-controller:~/downloaded-images$ trove-manage datastore_
version_update percona
  5.5 \
  > percona 80137e59-f2d6-4570-874c-4e9576624950 \
  > "percona-server-server-5.5" 1
  2015-03-18 09:25:17.610 INFO trove.db.sqlalchemy.session [-] Creating
SQLAlchemy engine with
  args: {'pool_recycle': 3600, 'echo': False}
  Datastore version '5.5' updated.

ubuntu@trove-controller:~/downloaded-images$ trove-manage datastore_
update percona 5.5
  2015-03-18 09:26:12.875 INFO trove.db.sqlalchemy.session [-] Creating
SQLAlchemy engine with
  args: {'pool_recycle': 3600, 'echo': False}
  Datastore 'percona' updated.

ubuntu@trove-controller:~/downloaded-images$ trove-manage db_load_
datastore_config_parameters \ > percona 5.5 ./validation_rules.json
  2015-03-18 09:27:47.524 INFO trove.db.sqlalchemy.session [-] Creating
SQLAlchemy engine with args: {'pool_recycle': 3600, 'echo': False}
```

最后，在 trove.conf（/etc/trove/trove.conf 文件）文件中更改启动 Trove 时默认

的数据库类型。

```
ubuntu@trove-controller:~/downloaded-images$ cp /etc/trove/trove.conf ./
trove.conf.original
ubuntu@trove-controller:~/downloaded-images$ cp /etc/trove/trove.conf ./
trove.conf
ubuntu@trove-controller:~/downloaded-images$ sed -i \
> 's/default_datastore = mysql/default_datastore = percona/' \
> ./trove.conf
ubuntu@trove-controller:~/downloaded-images$ diff ./trove.conf.original
./trove.conf
10c10
< default_datastore = mysql
---
> default_datastore = percona
```

然后将该文件放置到 /etc/trove 目录下。

```
ubuntu@trove-controller:~/downloaded-images$ sudo cp ./trove.conf /etc/
trove/
```

现在，你可以使用如下所示的 trove 命令启动你的 Percona 的实例：

```
ubuntu@trove-controller:~/downloaded-images$ trove datastore-list
+------------------------------------+-------------------+
| ID                                 | Name              |
+------------------------------------+-------------------+
| 170c8cce-15c0-497c-a148-d9120cc0630f | mysql           |
| c523235f-f977-45a5-b5bd-8a3a1e486e3e | percona         |
+------------------------------------+-------------------+

ubuntu@trove-controller:~/downloaded-images$ trove datastore-version-
list percona
+------------------------------------+------+
| ID                                 | Name |
+------------------------------------+------+
| 2417d4bb-79ae-48cd-96bf-854d381466ff | 5.5  |
+------------------------------------+------+

ubuntu@trove-controller:~/downloaded-images$ trove datastore-version-
show 5.5 \> --datastore percona
```

```
+-----------+--------------------------------------+
| Property  | Value                                |
+-----------+--------------------------------------+
| active    | True                                 |
| datastore | c523235f-f977-45a5-b5bd-8a3a1e486e3e |
| id        | 2417d4bb-79ae-48cd-96bf-854d381466ff |
| image     | 80137e59-f2d6-4570-874c-4e9576624950 |
| name      | 5.5                                  |
| packages  | percona-server-server-5.5            |
+-----------+--------------------------------------
ubuntu@trove-controller:~/downloaded-images$ trove create p1 2 --size 1 \
> --datastore percona --datastore_version 5.5
+-------------------+--------------------------------------+
| Property          | Value                                |
+-------------------+--------------------------------------+
| created           | 2015-03-18T13:36:10                  |
| datastore         | percona                              |
| datastore_version | 5.5                                  |
| flavor            | 2                                    |
| id                | 706c441b-7c54-4afd-8942-db8ff3450f66 |
| name              | p1                                   |
| status            | BUILD                                |
| updated           | 2015-03-18T13:36:10                  |
| volume            | 1                                    |
+-------------------+--------------------------------------+
```

稍后你会发现，Trove 实例已转变为 active 状态。

```
ubuntu@trove-controller:~/downloaded-images$ trove show 706c441b-7c54-
4afd-8942-db8ff3450f66
+-------------------+--------------------------------------+
| Property          | Value                                |
+-------------------+--------------------------------------+
| created           | 2015-03-18T13:36:10                  |
| datastore         | percona                              |
| datastore_version | 5.5                                  |
| flavor            | 2                                    |
| id                | 706c441b-7c54-4afd-8942-db8ff3450f66 |
| ip                | 10.0.0.2                             |
```

```
| name                  | p1                                   |
| status                | ACTIVE                               |
| updated               | 2015-03-18T13:36:20                  |
| volume                | 1                                    |
| volume_used           | 0.1                                  |
+-----------------------+--------------------------------------+
```

现在，Percona 数据库已经创建完成，你可以针对它执行各种管理命令并使用数据库的用户端连接到它。

```
ubuntu@trove-controller:~/downloaded-images$ trove database-create \
> 706c441b-7c54-4afd-8942-db8ff3450f66 little-db

ubuntu@trove-controller:~/downloaded-images$ trove user-create \
> 706c441b-7c54-4afd-8942-db8ff3450f66 someone paper \
> --databases little-db

ubuntu@trove-controller:~/downloaded-images$ mysql -u someone -ppaper -h 10.0.0.2
[. . .]
mysql> show databases;
+--------------------+
| Database           |
+--------------------+
| information_schema |
| little-db          |
| test               |
+--------------------+
3 rows in set (0.01 sec)

mysql> select @@version_comment;
+------------------------------------------------------+
| @@version_comment                                    |
+------------------------------------------------------+
| Percona Server (GPL), Release 37.1, Revision 39acee0 |
+------------------------------------------------------+
1 row in set (0.00 sec)
mysql>
```

2.3 总结

本章演示了安装 OpenStack 的数据库服务组件 Trove 的两种方法。

首先，我们学习了在开发环境中使用 devstack 工具安装和配置 Trove。注意，这里提供的配置步骤是基于一个开发环境的，不应在生产情况下使用。然后，我们学习了如何在现有的 OpenStack 环境中安装 Trove，以及如何下载并安装某种数据库类型的 guest 镜像。最后，使用该 guest 镜像启动了一个数据库。

在后续的章节中我们将更加详细地研究 Trove 的架构并展示以前配置的各个部分如何协同工作。

第 3 章
基本的 Trove 操作

在前面的章节中介绍了 DBaaS（数据库即服务）的概念，并展示了如何下载和安装相关软件。本章将在此基础上更深入地介绍 Trove 相关的细节，之后会介绍在使用 Trove 的过程中的一些基本操作，如下所述。

- 使用 curl 命令和 RESTful 服务交互。
- 应用程序如何和 OpenStack 服务交互。
- 展示实例列表。
- 启动实例。
- 管理多个数据库类型。
- 管理用户和数据库。

本章及随后的章节将讨论执行命令时的交互会话，有时会展示这些命令的返回结果并高亮显示某些字段。

本章假定读者可以在一个 Trove 的开发环境中执行这些命令。在会话交互的过程中，我们将使用在第 2 章中构建的 devstack 环境。这些操作同样能够在部署了 Trove 的 OpenStack 的生产环境中使用。

3.1 使用 curl 命令和 RESTful 服务交互

在本书中，有时我们会谈到一些 OpenStack 服务暴露的 REST URI（统一资源认证）方面的 API（应用程序编程接口）。虽然在一般情况下也可以使用 CLI（命令行接口）或者 GUI（图形用户接口）和服务交互，但是有时使用一个简单的 curl 会话来查看 OpenStack 服务响应信息会更方便。我们先从如何使用 curl 开始讲解。

当需要调试一些问题或者使用自动化脚本时，使用 curl 和服务交互非常有用。

当有一些功能需要调试时，你将不得不通过 API（而非 CLI 或网页接口）调用实现。

在 OpenStack 中和 RESTful 服务交互包括如下两个步骤。

- 建立认证关系并从 Keystone 中拿到一个 token。
- 使用 token 和 RESTful URI 交互。

例如，通过下面的请求获得在 Trove 中注册的数据库类型列表。Trove 在 end point 中暴露了该 API。

```
http://[host]:8779/v1.0/[tenant]/datastores
```

附录 C 中提供了 Trove API，其中包含一份完整的 end point 列表。

3.1.1　从 Keystone 中获取 Token

在构建 devstack 时我们指定了 localrc 文件，通过使用这个文件中的账号和密码，我们可以执行以下命令：

```
curl -s -d '{"auth": {"tenantName": "admin", "passwordCredentials": \
> {"username" : "admin", "password": "882f520bd67212bf9670"}}}' \
> -H 'Content-Type: application/json' http://192.168.117.5:5000/v2.0/
tokens \
> | python -m json.tool
```

上面的命令访问的是 Keystone 的公共 API（通常是 host:5000）和 end point /v2.0/tokens。系统返回一个类似下面所示的 JSON（JavaScript 对象表示法）响应。响应结果已被编辑过并且高亮显示了某些字段。

首先，在输出结果的名为 endpoints 的部分找到数据库服务（type:database）的 endpoint，并找出它所关联的 adminURL。然后我们看一下名为 token 的段落，并找到 token 的 id。

```
{
    "access": {
        "metadata": {
            "is_admin": 0,
            "roles": [
                "0fc2083997de44ee95a350a405790312"
```

```
                        ]
                    },
                    "serviceCatalog": [
        [...]
                        {
                            "endpoints": [
                                {
                                    "adminURL": "http://192.168.117.5:8779/v1.0/979bd3
efad6f42448ffa55185a122f3b",
                                    "id": "566ac5c0da564e88974e77504275a1a5",
                                    "internalURL": "http://192.168.117.5:8779/v1.0
/979bd3efad6f42448ffa
    55185a122f3b",
                                    "publicURL": "http://192.168.117.5:8779/v1.0/979bd
3efad6f42448ffa55185a122f3b",
                                    "region": "RegionOne"
                                }
                            ],
                            "endpoints_links": [],
                            "name": "trove",
                            "type": "database"
                        },
        [...]
                    ],
                    "token": {
                        "audit_ids": [
                            "OCg2NHfARzStxMCmYTc05A"
                        ],
                        "expires": "2015-03-18T20:34:09Z",
                        "id": "4290e9756874444585a2699633789f92b",
                        "issued_at": "2015-03-18T19:34:09.785685",
                        "tenant": {
                            "description": null,
                            "enabled": true,
                            "id": "979bd3efad6f42448ffa55185a122f3b",
                            "name": "admin",
                            "parent_id": null
                        }
                    },
```

```
"user": {
    "id": "a69a4af4c4844253b8a1658f8e53ac23",
    "name": "admin",
    "roles": [
        {
            "name": "admin"
        }
    ],
    "roles_links": [],
    "username": "admin"
}
    }
}
```

3.1.2　使用 Token 和 RESTful 服务交互

获取 URI 和 token 后，就可以和 Trove 服务交互，并且请求一些数据库类型的信息了，如下所示。

```
ubuntu@trove-book-vm:~$ curl -H "X-Auth-Token: 4290e975687444458526996337
89f92b"
http://192.168.117.5:8779/v1.0/979bd3efad6f42448ffa55185a122f3b/
datastores
```

我们使用指定的 tenant-id（979bd3efad6f42448ffa55185a122f3b）构造上面的命令，并在通过之前的命令获取的 adminURL 后面添加 "/datastores"。

执行后返回如下结果：

```
{"datastores": [{"default_version": "79c5e43b-d7d0-4137-af20-
84d75c485c56", "versions":
[{"name": "5.5", "links": [{"href": "https://192.168.117.5:8779/v1.0/
979bd3efad6f42448ffa55185a122f3b/datastores/versions/79c5e43b-d7d0-4137-
af20-84d75c485c56", "rel":"self"}, {"href": "https://192.168.117.5:8779/
datastores/versions/79c5e43b-d7d0-4137-af20-84d75c485c56", "rel":
"bookmark"}], "image": "bc014926-31df-4bff-8d4e-a6547d56af02","active":
1, "packages": "mysql-server-5.5", "id": "79c5e43b-d7d0-4137-af20-
84d75c485c56"},{"name": "inactive_version", "links": [{"href":
"https://192.168.117.5:8779/v1.0/979bd3efad6f42448ffa55185a122f3b/
datastores/versions/fd8cf5a2-c456-4ba9-9ad2-d2c4390dccfb", "rel":"self"},
```

{"href": "https://192.168.117.5:8779/datastores/versions/fd8cf5a2-c456-4ba9-9ad2-d2c4390dccfb", "rel": "bookmark"}], "image": "bc014926-31df-4bff-8d4e-a6547d56af02","active": 0, "packages": "", "id": "fd8cf5a2-c456-4ba9-9ad2-d2c4390dccfb"}], "id":"170c8cce-15c0-497c-a148-d9120cc0630f", "links": [{"href": "https://192.168.117.5:8779/v1.0/979bd3efad6f42448f fa55185a122f3b/datastores/170c8cce-15c0-497c-a148-d9120cc0630f","rel": "self"}, {"href": "https://192.168.117.5:8779/datastores/170c8cce-15c0-497c-a148-d9120cc0630f", "rel": "bookmark"}], "name": "mysql"}, {"versions": [], "id": "79aae6a5-5beb-47b3-931f-c885dc590436", "links": [{"href": "https://192.168.117.5:8779/v1.0/979bd3efad6f42448ffa55185a122f3b/ datastores/79aae6a5-5beb-47b3-931f-c885dc590436", "rel": "self"}, {"href":"h ttps://192.168.117.5:8779/datastores/79aae6a5-5beb-47b3-931f-c885dc590436", "rel":"bookmark"}], "name": "Inactive_Datastore"}, {"default_version": "2417d4bb-79ae-48cd-96bf-854d381466ff", "versions": [{"name": "5.5", "links": [{"href": "https://192.168.117.5:8779/v1.0/979bd3efad6f42448ffa551 85a122f3b/datastores/versions/2417d4bb-79ae-48cd-96bf-854d381466ff", "rel": "self"}, {"href": "https://192.168.117.5:8779/datastores/versions/2417d4bb-79ae-48cd-96bf-854d381466ff", "rel": "bookmark"}], "image": "80137e59-f2d6-4570-874c-4e9576624950", "active": 1, "packages": "percona-server-server-5.5","id": "2417d4bb-79ae-48cd-96bf-854d381466ff"}], "id": "c523235f-f977-45a5-b5bd-8a3a1e486e3e", "links": [{"href": "https://192.168.117.5:8779/ v1.0/979bd3efad6f42448ffa55185a122f3b/datastores/c523235f-f977-45a5-b5bd-8a3a1e486e3e", "rel": "self"}, {"href":"https://192.168.117.5:8779/ datastores/c523235f-f977-45a5-b5bd-8a3a1e486e3e", "rel":"bookmark"}], "name": "percona"}]}

Trove 在 end point http://[host]:8779/v1.0/[tenant]/instances 中暴露了正在运行的实例列表，我们可以通过下面的命令列出所有运行中的实例：

```
ubuntu@trove-book-vm:~$ curl -H "X-Auth-Token: 4290e97568744445852699633
789f92b"
http://192.168.11bd3efad6f42448ffa55185a122f3b/instances | python -m
json.tool
```

执行后输出如下 JSON：

```
{
    "instances": [ . . .]
}
```

虽然在通常情况下我们不需要使用这种方法和 Trove（或者其他 OpenStack 服务）交互，但是知道如何做到这些也没有什么坏处。它会同时帮助我们了解在使用 CLI 和网页 UI 时如何与服务进行认证，下一节我们将详细讲解这些内容。

3.2　理解应用程序如何与 OpenStack 服务交互

本节主要讨论用户端如何在 OpenStack 中建立身份信息、类似的服务如何处理身份认证，以及应用程序如何与 OpenStack 服务交互。

为了与 OpenStack 服务交互，用户端（请求者）必须提供其身份信息，然后服务可以据此验证请求者的身份并为请求者分配必要的权限。

在 OpenStack 中 Keystone 负责管理身份验证。除了用户访问凭证，Keystone 同时存放了服务目录和有效的 token 列表。这些信息通常存放在 OpenStack 的基础数据库中。当我们使用 dashboard 和 OpenStack 交互时，构造身份认证仅仅是在屏幕上输入用户名和密码。

在使用 CLI 时，你可以像下面这样通过命令行参数提供请求认证信息：

```
ubuntu@trove-book-vm:~$ trove --os-username admin \
> --os-password 882f520bd67212bf9670 \
> --os-auth-url http://192.168.117.5:5000/v2.0 \
> --os-tenant-name admin list
+----+------+-----------+-------------------+--------+-----------+------+
| ID | Name | Datastore | Datastore Version | Status | Flavor ID | Size |
+----+------+-----------+-------------------+--------+-----------+------+
+----+------+-----------+-------------------+--------+-----------+------+
```

也可以选择设置环境变量的方式，将命令行中所需的参数设置到环境变量中：

```
OS_TENANT_NAME=admin
OS_USERNAME=admin
ADMIN_PASSWORD=882f520bd67212bf9670
OS_PASSWORD=882f520bd67212bf9670
OS_AUTH_URL=http://192.168.117.5:5000/v2.0
```

当用户执行类似 `trove list` 的命令时，该命令的实现代码只需要知道 Trove 暴露了一个地址为 `http://[IP:PORT]/v1.0/{tenant_id}/instances` 的所列出实例的 API，然后就可以按照下面的顺序执行操作。

- 通过 Keystone 使用 OS_USERNAME 和 OS_PASSWORD 在地址 OS_AUTH_URL 上认证，并获取其 token。

- 利用在上面获取的 token，该命令会使用服务目录和 URL/instances 构造 end point 并访问如下 end point：http://192.168.117.5:8779/v1.0/979bd3efad6f42448ffa5518 5a122f3b/instances。

使用命令行参数 --debug 可提供更多的信息，这些信息展示了命令在执行过程中都做了什么，如下面的响应结果所示：

```
ubuntu@trove-book-vm:~$ trove --debug list
DEBUG (session:195) REQ: curl -g -i -X GET http://192.168.117.5:5000/
v2.0 -H "Accept:application/json" -H "User-Agent: python-keystoneclient"
DEBUG (retry:155) Converted retries value: 0 -> Retry(total=0,
connect=None, read=None,redirect=0)
INFO (connectionpool:203) Starting new HTTP connection (1):
192.168.117.5
DEBUG (connectionpool:383) "GET /v2.0 HTTP/1.1" 200 339
DEBUG (session:223) RESP: [200] content-length: 339 vary: X-Auth-Token
server: Apache/2.4.7(Ubuntu) date: Wed, 18 Mar 2015 22:25:08 GMT content-
type: application/json x-openstack-request-id: req-66e34191-6c96-4139-b8e5-
aa9ec139ed51
RESP BODY: {"version": {"status": "stable", "updated":
"2014-04-17T00:00:00Z", "media-types": [{"base": "application/json", "type":
"application/vnd.openstack.identity-v2.0+json"}], "id": "v2.0", "links":
[{"href": "http://192.168.117.5:5000/v2.0/",
"rel": "self"}, {"href": "http://docs.openstack.org/", "type": "text/
html", "rel":"describedby"}]}}
DEBUG (v2:76) Making authentication request to http://192.168.117.5:5000/
v2.0/tokens
DEBUG (retry:155) Converted retries value: 0 -> Retry(total=0,
connect=None, read=None,redirect=0)
DEBUG (connectionpool:383) "POST /v2.0/tokens HTTP/1.1" 200 4575
DEBUG (iso8601:184) Parsed 2015-03-18T23:25:08Z into {'tz_sign': None,
'second_fraction':None, 'hour': u'23', 'daydash': u'18', 'tz_hour': None,
'month': None, 'timezone': u'Z',
'second': u'08', 'tz_minute': None, 'year': u'2015', 'separator': u'T',
'monthdash':u'03', 'day': None, 'minute': u'25'} with default timezone
<iso8601.iso8601.Utc object at0x7fb7247648d0>
```

```
[ . . .]
DEBUG (session:195) REQ: curl -g -i -X GET http://192.168.117.5:8779/
v1.0/979bd3efad6f42448ffa55185a122f3b/instances -H "User-Agent: python-
keystoneclient" -H "Accept: application/json" -H "X-Auth-Token: {SHA1}7a8693
593cc9fa0d612b064041515fc8a31c4d7a"
DEBUG (retry:155) Converted retries value: 0 -> Retry(total=0,
connect=None, read=None,redirect=0)
INFO (connectionpool:203) Starting new HTTP connection (1):
192.168.117.5
DEBUG (connectionpool:383) "GET /v1.0/979bd3efad6f42448ffa55185a122f3b/
instances HTTP/1.1"
200 17
DEBUG (session:223) RESP: [200] date: Wed, 18 Mar 2015 22:25:09 GMT
content-length: 17
content-type: application/json
RESP BODY: {"instances": []}
+----+------+----------+------------------+--------+----------+------+
| ID | Name | Datastore | Datastore Version | Status | Flavor ID | Size |
+----+------+----------+------------------+--------+----------+------+
+----+------+----------+------------------+--------+----------+------+
```

3.3 Trove CLI 脚本编程

Trove 默认提供表格化的输出。为了方便在脚本中使用 Trove CLI，你也可以指定 JSON 的输出格式。

看看下方的 trove list 命令所展示的实例列表：

```
ubuntu@trove-book-vm:~$ trove list
+---------------+------+----------+------------------+--------+----------+------+
| ID            | Name | Datastore | Datastore Version | Status | Flavor ID | Size |
+---------------+------+----------+------------------+--------+----------+------+
| [inance uuid] | m1   | mysql    | 5.5              | BUILD  | 2        | 3    |
+---------------+------+----------+------------------+--------+----------+------+
```

可以通过使用命令行参数 --json 修改输出的格式，如下所示：

```
ubuntu@trove-book-vm:~$ trove --json list
[
```

```
    {
        "status": "ACTIVE",
        "name": "m2",
[...]
        "ip": [
            "172.24.4.4"
        ],
        "volume": {
            "size": 2
        },
        "flavor": {
            "id": "2",
[...]
        },
        "id": "41037bd2-9a91-4d5c-b291-612ad833a6d5",
        "datastore": {
            "version": "5.5",
            "type": "mysql"
        }
    },
    {
        "status": "ACTIVE",
        "name": "m1",
[...]
        "ip": [
            "172.24.4.3"
        ],
        "volume": {
            "size": 3
        },
        "flavor": {
            "id": "2",
[...]
        },
        "id": "fc7bf8f0-8333-4726-85c9-2d532e34da91",
        "datastore": {
            "version": "5.5",
            "type": "mysql"
        }
```

```
        }
    ]
```

这种输出结果非常适合在脚本中使用 CLI。例如，一个简单的 Python 程序（names. py）如下所示：

```
#!/usr/bin/env python
# names.py
#
# a simple python script to parse the output of
# the trove list command
#
# invoke it as
#
# trove --json list | ./names.py
#
import sys
import json

data = json.loads("".join(sys.stdin))

for obj in data:
    print obj['id'], obj['name'], obj['status']
```

你可以像下面这样调用该脚本：

```
ubuntu@trove-book-vm:~$ trove --json list | ./names.py
41037bd2-9a91-4d5c-b291-612ad833a6d5 m2 ACTIVE
fc7bf8f0-8333-4726-85c9-2d532e34da91 m1 ACTIVE
```

使用 Python 脚本包装 CLI 是一种实现自定义处理的好方法。

3.4　展示实例列表

Trove 中最常用的命令是获取实例列表并打印它们的最新状态。列出实例的最简单的命令是 trove list。

```
ubuntu@trove-book-vm:~$ trove list
+-----------------+------+-----------+-------------------+--------+-----------+------+
| ID              | Name | Datastore | Datastore Version | Status | Flavor ID | Size |
+-----------------+------+-----------+-------------------+--------+-----------+------+
```

```
| [instance uuid] | m1    | mysql    | 5.5                   | BUILD | 2        | 3      |
+-----------------+-------+----------+-----------------------+-------+----------+------+
```

笔者修改（删除 UUID）了前面的输入以适应页面的宽度。

当你的实例数量过多时，还可以使用 --limit 命令行选项。你可以使用 --limit 和 --marker 选项实现对结果的分页。

在第 1 次调用时，只需要使用 --limit 选项。在后面继续调用该命令时，使用 --marker 选项。仔细观察下面的有两个实例的例子：

```
ubuntu@trove-book-vm:~$ trove list
+--------------------------------------+------+----------+-------------------+--------+
| ID                                   | Name | Datastore | Datastore Version | Status |
+--------------------------------------+------+----------+-------------------+--------+
| 41037bd2-9a91-4d5c-b291-612ad833a6d5 | m2   | mysql    | 5.5               | ACTIVE |
| fc7bf8f0-8333-4726-85c9-2d532e34da91 | m1   | mysql    | 5.5               | ACTIVE |
+--------------------------------------+------+----------+-------------------+--------+
ubuntu@trove-book-vm:~$ trove list --limit 1
+--------------------------------------+------+----------+-------------------+--------+
| ID                                   | Name | Datastore | Datastore Version | Status |
+--------------------------------------+------+----------+-------------------+--------+
| 41037bd2-9a91-4d5c-b291-612ad833a6d5 | m2   | mysql    | 5.5               | ACTIVE |
+--------------------------------------+------+----------+-------------------+--------+
ubuntu@trove-book-vm:~$ trove list --marker 41037bd2-9a91-4d5c-b291-
612ad833a6d5
+--------------------------------------+------+----------+-------------------+--------+
| ID                                   | Name | Datastore | Datastore Version | Status |
+--------------------------------------+------+----------+-------------------+--------+
| fc7bf8f0-8333-4726-85c9-2d532e34da91 | m1   | mysql    | 5.5               | ACTIVE |
+--------------------------------------+------+----------+-------------------+--------+
```

3.5　启动实例

我们在第 2 章中验证安装是否成功时已经学会了如何启动实例。本章将更深入地讨论启动操作。

启动实例的最基本方式是使用 trove create 命令并传入以下参数。

- 实例的名称。

- 实例的类型 ID（表示实例的各种特性，例如 RAM、根卷的大小等）。

- 持久化卷的大小。

```
ubuntu@trove-book-vm:~$ trove create m1 2 --size 1
+-------------------+------------------------------------+
| Property          | Value                              |
+-------------------+------------------------------------+
| created           | 2015-03-18T18:12:09                |
| datastore         | mysql                              |
| datastore_version | 5.5                                |
| flavor            | 2                                  |
| id                | c1f25efa-8cea-447c-a70a-6360bc403d19 |
| name              | m1                                 |
| status            | BUILD                              |
| updated           | 2015-03-18T18:12:09                |
| volume            | 1                                  |
+-------------------+------------------------------------+
```

一段时间后，实例的状态会变为 active。

```
ubuntu@trove-book-vm:~$ trove show m1
+-------------------+------------------------------------+
| Property          | Value                              |
+-------------------+------------------------------------+
| datastore         | mysql                              |
| datastore_version | 5.5                                |
| flavor            | 2                                  |
| id                | c1f25efa-8cea-447c-a70a-6360bc403d19 |
| ip                | 10.0.0.2                           |
| name              | m1                                 |
| status            | ACTIVE                             |
| volume            | 1                                  |
+-------------------+------------------------------------+
```

这个被创建出来的 Trove 实例使用了实例类型 2 并挂载了一个 1GB 的卷。它使用了默认的数据库类型。

这个 Trove 实例是基于 Nova 实例的（默认使用了相同的名称）。

```
ubuntu@trove-book-vm:~$ nova show m1
+----------------------------------+------------------------------------------------+
| Property                         | Value                                          |
+----------------------------------+------------------------------------------------+
| OS-DCF:diskConfig                | MANUAL                                         |
| OS-EXT-AZ:availability_zone      | nova                                           |
| OS-EXT-SRV-ATTR:host             | trove-book-vm                                  |
| OS-EXT-SRV-ATTR:hypervisor_hostname | trove-book-vm                               |
| OS-EXT-SRV-ATTR:instance_name    | instance-00000002                              |
| OS-EXT-STS:power_state           | 1                                              |
| OS-EXT-STS:task_state            | -                                              |
| OS-EXT-STS:vm_state              | active                                         |
| OS-SRV-USG:launched_at           | 2015-03-18T18:13:13.000000                     |
| OS-SRV-USG:terminated_at         | -                                              |
| accessIPv4                       |                                                |
| accessIPv6                       |                                                |
| config_drive                     | True                                           |
| created                          | 2015-03-18T18:12:16Z                           |
| flavor                           | m1.small (2)                                   |
| hostId                           | fe06450ecc746eff0bf2fed26883f39c21c81c1ed8af633f.. |
| id                               | b0ef5aac-04e9-49a6-809a-781425474628           |
| image                            | mysql (bc014926-31df-4bff-8d4e-a6547d56af02)   |
| key_name                         | -                                              |
| metadata                         | {}                                             |
| name                             | m1                                             |
| os-extended-volumes:volumes_attached | [{"id": "2be99c22-3b09-4061-95bb-81b5a19320f3"}] |
| private network                  | 10.0.0.2                                       |
| progress                         | 0                                              |
| security_groups                  | SecGroup_c1f25efa-8cea-447c-a70a-6360bc403d19  |
| status                           | ACTIVE                                         |
| tenant_id                        | 979bd3efad6f42448ffa55185a122f3b               |
| updated                          | 2015-03-18T18:13:13Z                           |
| user_id                          | a69a4af4c4844253b8a1658f8e53ac23               |
+----------------------------------+------------------------------------------------+
```

在配置了多个数据库类型的系统中，你可以像下面这样在命令行中指定数据库的类型：

```
ubuntu@trove-book-vm:~$ trove datastore-list
+--------------------------------------+--------------------+
| ID                                   | Name               |
```

```
+------------------------------------+-------------------+
| 170c8cce-15c0-497c-a148-d9120cc0630f | mysql           |
| c523235f-f977-45a5-b5bd-8a3a1e486e3e | percona         |
+------------------------------------+-------------------+
```
ubuntu@trove-book-vm:~$ trove datastore-version-list 170c8cce-15c0-497c-a148-d9120cc0630f
```
+------------------------------------+-----------------+
| ID                                 | Name            |
+------------------------------------+-----------------+
| 79c5e43b-d7d0-4137-af20-84d75c485c56 | 5.5           |
+------------------------------------+-----------------+
```
ubuntu@trove-book-vm:~$ trove datastore-version-list c523235f-f977-45a5-b5bd-8a3a1e486e3e
```
+------------------------------------+------+
| ID                                 | Name |
+------------------------------------+------+
| 2417d4bb-79ae-48cd-96bf-854d381466ff | 5.5 |
+------------------------------------+------+
```
ubuntu@trove-book-vm:~$ trove create m1 2 --size 3 --datastore mysql --datastore_version 5.5
```
+-------------------+------------------------------------+
| Property          | Value                              |
+-------------------+------------------------------------+
| created           | 2015-03-18T18:14:43                |
| datastore         | mysql                              |
| datastore_version | 5.5                                |
| flavor            | 2                                  |
| id                | d92c7a01-dc16-48d4-80e0-cb57d8a5040a |
| name              | m1                                 |
| status            | BUILD                              |
| updated           | 2015-03-18T18:14:43                |
| volume            | 3                                  |
+-------------------+------------------------------------+
```

至此，你已经知道了如何指定数据库的类型和版本来启动一个 Trove 实例。在 3.8 节中，你将了解到如何配置一个数据库类型。

3.6　重启实例

一旦实例被创建，就可以使用 trove restart 命令重启实例。这个命令只会重启运行在由 Trove 管理的 Nova 实例中的数据库服务，不会重启 Nova 实例。

```
ubuntu@trove-book-vm:~$ trove restart 64f32200-9da1-44af-b6c6-
5e5b01ec0398

ubuntu@trove-book-vm:~$ trove show 64f32200-9da1-44af-b6c6-5e5b01ec0398
+-------------------+---------------------------------------+
| Property          | Value                                 |
+-------------------+---------------------------------------+
| created           | 2015-03-18T18:19:55                   |
| datastore         | mysql                                 |
| datastore_version | 5.5                                   |
| flavor            | 2                                     |
| id                | 64f32200-9da1-44af-b6c6-5e5b01ec0398  |
| ip                | 10.0.0.3                              |
| name              | m6                                    |
| status            | REBOOT                                |
| updated           | 2015-03-18T21:59:56                   |
| volume            | 2                                     |
+-------------------+---------------------------------------+

ubuntu@trove-book-vm:~$ trove show 64f32200-9da1-44af-b6c6-5e5b01ec0398
+-------------------+---------------------------------------+
| Property          | Value                                 |
+-------------------+---------------------------------------+
| created           | 2015-03-18T18:19:55                   |
| datastore         | mysql                                 |
| datastore_version | 5.5                                   |
| flavor            | 2                                     |
| id                | 64f32200-9da1-44af-b6c6-5e5b01ec0398  |
| ip                | 10.0.0.3                              |
| name              | m6                                    |
| status            | ACTIVE                                |
| updated           | 2015-03-18T22:00:15                   |
| volume            | 2                                     |
| volume_used       | 0.17                                  |
+-------------------+---------------------------------------+
```

3.7　删除实例

你可以使用 trove delete 命令永久删除一个实例。delete 命令是不可逆的，并且一旦删除了实例，你将永远无法访问其上的数据库服务，实例中的所有数据也将丢失。

```
ubuntu@trove-book-vm:~$ trove delete 64f32200-9da1-44af-b6c6-
5e5b01ec0398
```

一段时间后，实例将被完全删除并且无法再被访问。

```
ubuntu@trove-book-vm:~$ trove show 64f32200-9da1-44af-b6c6-5e5b01ec0398
ERROR: No instance with a name or ID of '64f32200-9da1-44af-b6c6-
5e5b01ec0398' exists.
```

3.8　配置多个数据库类型

用户可以配置多个数据库类型，每个数据库类型可以有多个版本。举个例子，你可以同时拥有 5.5、5.6 和 5.7 版本的 MySQL、5.5 版本的 Percona、5.6 和 10.0 版本的 MariaDB，以及一些 NoSQL 数据库类型。

3.8.1　配置数据库类型

在 Trove 的底层数据库中，datastores 和 datastore_versions 两张表存储了关于数据库类型及其版本的信息。使用 mysql 命令行工具连接到底层数据库，这里我们使用了底层数据库的 root 用户。第 2 章在 localrc 文件中的 MYSQL_PASSWORD 配置项指定了 root 用户的密码。你需要在命令行中指定数据库的名称（trove）。

```
ubuntu@trove-book-vm:~$ mysql -uroot -p07f1bff15e1cd3907c0f trove
[...]
mysql> describe datastores;
+--------------------+--------------+------+-----+---------+-------+
| Field              | Type         | Null | Key | Default | Extra |
+--------------------+--------------+------+-----+---------+-------+
| id                 | varchar(36)  | NO   | PRI | NULL    |       |
| name               | varchar(255) | YES  | UNI | NULL    |       |
| default_version_id | varchar(36)  | YES  |     | NULL    |       |
+--------------------+--------------+------+-----+---------+-------+
3 rows in set (0.01 sec)
```

```
mysql> describe datastore_versions;
+--------------+--------------+------+-----+---------+-------+
| Field        | Type         | Null | Key | Default | Extra |
+--------------+--------------+------+-----+---------+-------+
| id           | varchar(36)  | NO   | PRI | NULL    |       |
| datastore_id | varchar(36)  | YES  | MUL | NULL    |       |
| name         | varchar(255) | YES  |     | NULL    |       |
| image_id     | varchar(36)  | NO   |     | NULL    |       |
| packages     | varchar(511) | YES  |     | NULL    |       |
| active       | tinyint(1)   | NO   |     | NULL    |       |
| manager      | varchar(255) | YES  |     | NULL    |       |
+--------------+--------------+------+-----+---------+-------+
7 rows in set (0.00 sec)
mysql> select d.name, dv.name from datastores d, datastore_versions dv
where d.default_
    version_id = dv.id;
+---------+------+
| name    | name |
+---------+------+
| mysql   | 5.5  |
| percona | 5.5  |
+---------+------+
2 rows in set (0.00 sec)
```

在 Glance 中安装完镜像之后配置数据库类型。例如，前面演示过的 percona 数据库类型是按照如下所述配置的（在第 2 章中）。

首先，上传镜像到 Glance，在之后的返回结果中会列出该镜像在 Glance 中的 ID，记下这个 ID，我们在后面的命令中还会用到它：

```
ubuntu@trove-controller:~/downloaded-images$ glance image-create --name
percona \
> --disk-format qcow2 \
> --container-format bare --is-public True < ./percona.qcow2
+-----------------+------------------------------------+
| Property        | Value                              |
+-----------------+------------------------------------+
[...]
| id              | 80137e59-f2d6-4570-874c-4e9576624950 |
```

```
[...]
+-----------------+----------------------------------+
```

其次，为 Trove 创建一个名为 percona 的数据库类型。

```
ubuntu@trove-controller:~/downloaded-images$ trove-manage datastore_
update percona ''
2015-03-18 09:23:24.469 INFO trove.db.sqlalchemy.session [-] Creating
SQLAlchemy engine with args: {'pool_recycle': 3600, 'echo': False}
Datastore 'percona' updated.
ubuntu@trove-controller:~/downloaded-images$
```

然后，使用 trove-manage 命令将数据库类型和版本绑定到指定的镜像上并打包。这里的 UUID 是镜像上传到 Glance 时显示的 Glance 中的镜像 ID（前面的代码中，glance image-create 命令输出的字段名为 id）。附录 B 中详细描述了 trove-manage 命令。

```
ubuntu@trove-controller:~/downloaded-images$ trove-manage datastore_
version_update percona 5.5 \
> percona 80137e59-f2d6-4570-874c-4e9576624950 \
> "percona-server-server-5.5" 1
2015-03-18 09:25:17.610 INFO trove.db.sqlalchemy.session [-] Creating
SQLAlchemy engine with args: {'pool_recycle': 3600, 'echo': False}
Datastore version '5.5' updated.
ubuntu@trove-controller:~/downloaded-images$
```

接下来，设置 Percona 数据库类型的默认版本。

```
ubuntu@trove-controller:~/downloaded-images$ trove-manage datastore_
update percona 5.5
2015-03-18 09:26:12.875 INFO trove.db.sqlalchemy.session [-] Creating
SQLAlchemy engine with args: {'pool_recycle': 3600, 'echo': False}
Datastore 'percona' updated.
ubuntu@trove-controller:~/downloaded-images$
```

最后，上传数据库类型的默认配置参数。在一般情况下，无论将 Trove 安装在哪里，你总是可以在 /trove/templates/<datastore-name> 目录下找到该文件。在第 5 章将会详细讲解关于配置组的更多信息。

```
ubuntu@trove-controller:~/downloaded-images$ trove-manage db_load_
datastore_config_parameters \
> percona 5.5 ./validation_rules.json
```

```
2015-03-18 09:27:47.524 INFO trove.db.sqlalchemy.session [-] Creating
SQLAlchemy engine with args: {'pool_recycle': 3600, 'echo': False}
ubuntu@trove-controller:~/downloaded-images$
```

在最后的命令中紧接着数据库类型和版本后，你所提供的 validation_rules.json 文件中包含了有效的配置参数，配置组可以在该数据库类型中使用这些配置参数。关于配置组的更多的使用方法会在第 5 章中提及。

这里是 Percona 数据库类型的 validation_rules.json 的一些信息。

```
{
    "configuration-parameters": [
        {
            "name": "innodb_file_per_table",
            "restart_required": true,
            "max": 1,
            "min": 0,
            "type": "integer"
        },
        {
            "name": "autocommit",
            "restart_required": false,
            "max": 1,
            "min": 0,
            "type": "integer"
        },
        {
            "name": "local_infile",
            "restart_required": false,
            "max": 1,
            "min": 0,
            "type": "integer"
        },
        {
            "name": "key_buffer_size",
            "restart_required": false,
            "max": 4294967296,
            "min": 0,
            "type": "integer"
```

```
        },
    [...]
```

3.8.2 指定默认的数据库类型

如果在你的系统中有多个数据库类型，并且用户在执行 trove create 命令时没有指定一个特定的数据库类型，则系统将使用默认的数据库类型。

在 trove.conf 配置文件中指定了默认的数据库类型。如果修改了该配置，则需要重启 Trove 服务。

```
ubuntu@trove-book-vm:~$ grep default_datastore /etc/trove/trove.conf
default_datastore = percona
```

每个数据库类型可以有多个版本；如果没有指定版本，则会使用数据库类型的默认版本。

```
ubuntu@trove-book-vm:~$trove--json datastore-show c523235f-f977-45a5-
b5bd-8a3a1e486e3e
{
    "default_version": "2417d4bb-79ae-48cd-96bf-854d381466ff",
    "name": "percona",
    "id": "c523235f-f977-45a5-b5bd-8a3a1e486e3e",
    "versions": [
        {
            "name": "5.5",
    [...]
            "image": "80137e59-f2d6-4570-874c-4e9576624950",
            "active": 1,
            "packages": "percona-server-server-5.5",
            "id": "2417d4bb-79ae-48cd-96bf-854d381466ff"
        }
    ]
}

ubuntu@trove-book-vm:~$ trove datastore-version-show 2417d4bb-79ae-48cd-
96bf-854d381466ff
+-----------+------------------------------------+
| Property  | Value                              |
+-----------+------------------------------------+
```

```
| active    | True                                    |
| datastore | c523235f-f977-45a5-b5bd-8a3a1e486e3e    |
| id        | 2417d4bb-79ae-48cd-96bf-854d381466ff    |
| image     | 80137e59-f2d6-4570-874c-4e9576624950    |
| name      | 5.5                                     |
| packages  | percona-server-server-5.5               |
+-----------+-----------------------------------------+
```

3.9 创建用户和数据库

连接到数据库类型上的用户会在数据库中存储其数据（一般情况下使用关系型数据库管理系统，即 RDBMS），因此 Trove 提供了创建和管理这些用户、数据库的功能。本节将通过一个 MySQL 的 Trove 实例讨论一下这些功能。

```
ubuntu@trove-book-vm:~$ trove show d92c7a01-dc16-48d4-80e0-cb57d8a5040a
+-------------------+--------------------------------------+
| Property          | Value                                |
+-------------------+--------------------------------------+
| created           | 2015-03-18T18:14:43                  |
| datastore         | mysql                                |
| datastore_version | 5.5                                  |
| flavor            | 2                                    |
| id                | d92c7a01-dc16-48d4-80e0-cb57d8a5040a |
| ip                | 10.0.0.2                             |
| name              | m1                                   |
| status            | ACTIVE                               |
| updated           | 2015-03-18T18:14:49                  |
| volume            | 3                                    |
| volume_used       | 0.17                                 |
+-------------------+--------------------------------------+
```

3.9.1 启用数据库的 root 用户

像 MySQL 之类的数据库服务都有一个超级用户（叫作 root），在默认情况下，在 Trove 的数据库实例中是禁用这些用户的。在本节中你将学到如何启用 root 用户。现在你有两个选择：在一个运行中的实例上或者整个系统中的所有实例上启用 root 用户。

1. 在一个运行中的实例上启用 *root* 用户

假设你已经有了一个正在运行的 Trove 实例，并且想通过 root 用户访问这个实例，则你可以使用 root-enable 命令启用 root 用户。

```
ubuntu@trove-book-vm:~$ trove root-enable d92c7a01-dc16-48d4-80e0-
cb57d8a5040a
+----------+------------------------------------+
| Property | Value                              |
+----------+------------------------------------+
| name     | root                               |
| password | dAyPj7X24acJAgWtCsTjACEgPX2g6c4cGvhR |
+----------+------------------------------------+
```

注意，在 trove root-enable 命令的输出中包含了用户名（root）和密码（dAyPj7X24acJAgWtCsTjACEgPX2g6c4cGvhR）。使用它们，你现在可以像下面一样使用 root 用户连接到 MySQL 的数据库服务上了。之前的 trove show 命令输出显示了该实例的 IP 地址（10.0.0.2）。

```
ubuntu@trove-book-vm:~$ mysql -uroot -pdAyPj7X24acJAgWtCsTjACEgPX2g6c4cG
vhR -h10.0.0.2 -s
mysql>
```

你可以使用 root-show 命令查看 root 用户的状态。

```
ubuntu@trove-book-vm:~$ trove root-show d92c7a01-dc16-48d4-80e0-
cb57d8a5040a
+-----------------+-------+
| Property        | Value |
+-----------------+-------+
| is_root_enabled | True  |
+-----------------+-------+
```

如果 root 用户没有启用，则你会看到下面的信息：

```
ubuntu@trove-book-vm:~$ trove root-show d92c7a01-dc16-48d4-80e0-
cb57d8a5040a
+-----------------+-------+
| Property        | Value |
+-----------------+-------+
| is_root_enabled | False |
+-----------------+-------+
```

如果 root 用户已经启用但你忘记了密码，则你可以重新执行 root-enable 命令来获取一个新的密码。

```
ubuntu@trove-book-vm:~$ trove root-enable d92c7a01-dc16-48d4-80e0-
cb57d8a5040a
+----------+------------------------------------+
| Property | Value                              |
+----------+------------------------------------+
| name     | root                               |
| password | TykqjpFAwjG8sXcjC4jUycwJQBkjznGgDpA2 |
+----------+------------------------------------+
ubuntu@trove-book-vm:~$ mysql -uroot -pTykqjpFAwjG8sXcjC4jUycwJQBkjznGgD
pA2 -h10.0.0.2 -s
mysql>
```

2. 默认启用 root 用户

除了在已经存在的数据库实例上启用 root 用户，也可以在默认情况下启用 root 用户（在实例创建时）。为了实现它，你需要将 trove.conf 配置文件的 [mysql] 配置段中的 root_on_create 选项设置为 True。注意，你需要重启 Trove 服务以使服务生效。服务重启后，所有新创建的 Trove 实例将会在创建时启用 root 用户。

```
ubuntu@trove-book-vm:/etc/trove$ tail /etc/trove.conf
project_name = service
user_domain_id = default
password = 96438d6980886000f90b
username = trove
auth_url = http://192.168.117.5:35357
auth_plugin = password
[mysql]
root_on_create = True
```

重启 Trove 服务后，创建一个实例。

```
ubuntu@trove-book-vm:~$ trove create m5 2 --size 3 --datastore mysql
+-------------------+-----------------------------------+
| Property          | Value                             |
+-------------------+-----------------------------------+
| created           | 2015-03-18T18:12:40               |
| datastore         | mysql                             |
```

```
| datastore_version | 5.5                                  |
| flavor            | 2                                    |
| id                | 9507b444-2a62-4d21-ba64-2fa165c8892c |
| name              | m5                                   |
| password          | eddtAKH2erH4Msdkujq7rcuTJskkj9MygFtc |
| status            | BUILD                                |
| updated           | 2015-03-18T18:12:40                  |
| volume            | 3                                    |
+-------------------+--------------------------------------+
```

创建命令的返回结果中会包含 root 用户的密码。一段时间后，如果数据库实例的状态变成 ACTIVE，则可以立即使用先前提供的密码连接到数据库服务。

```
ubuntu@trove-book-vm:~$ trove show 9507b444-2a62-4d21-ba64-2fa165c8892c
+-------------------+--------------------------------------+
| Property          | Value                                |
+-------------------+--------------------------------------+
| created           | 2015-03-18T18:12:40                  |
| datastore         | mysql                                |
| datastore_version | 5.5                                  |
| flavor            | 2                                    |
| id                | 9507b444-2a62-4d21-ba64-2fa165c8892c |
| ip                | 10.0.0.2                             |
| name              | m5                                   |
| status            | ACTIVE                               |
| updated           | 2015-03-18T18:12:47                  |
| volume            | 3                                    |
| volume_used       | 0.17                                 |
+-------------------+--------------------------------------+
ubuntu@trove-book-vm:~$ mysql -uroot -peddtAKH2erH4Msdkujq7rcuTJskkj9Myg
Ftc -h 10.0.0.2 -s
   mysql>
```

3.9.2　数据库操作

某些数据库类型支持通过 Trove 创建数据库的功能。在 Trove 中，可以使用 database-create、database-delete 和 database-list 命令来操作数据库。

73

1. 列出数据库

像下面这样，使用 database-list 命令列出实例上存在的数据库。

```
ubuntu@trove-book-vm:~$ trove database-list d92c7a01-dc16-48d4-80e0-
cb57d8a5040a
```

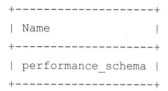

2. 禁止某些数据库的显示

经常会有一些内置数据库不需要通过 trove database-list 命令显示出来。你可以通过设置 trove.conf 中的 ignore_dbs 参数禁止这些数据库的显示。

ignore_dbs 的默认值是 lost+found、mysql 和 information_schema。如果连接到数据库服务并列出所有数据库，则你将会看到下面的情况：

```
mysql> show databases;
+--------------------+
| Database           |
+--------------------+
| information_schema |
| #mysql50#lost+found |
| mysql              |
| performance_schema |
+--------------------+
4 rows in set (0.03 sec)
```

如果修改了 ignore_dbs 参数，则你需要重启 Trove 服务使配置生效。

3. 在运行中的实例上创建数据库

如下所示，你可以使用 trove database-create 命令在运行中的实例上创建数据库。

```
ubuntu@trove-book-vm:~$ trove database-create d92c7a01-dc16-48d4-80e0-
cb57d8a5040a chapter_3_db
ubuntu@trove-book-vm:~$ trove database-list d92c7a01-dc16-48d4-80e0-
cb57d8a5040a
```

```
+-------------------+
| Name              |
+-------------------+
| chapter_3_db      |
| performance_schema |
+-------------------+
```

4. 在实例创建时创建数据库

trove create 命令也允许你在创建实例的同时创建多个数据库。你可以指定任意数量的数据库并与用户关联。

```
ubuntu@trove-booktrove create m6 2 --size 2 --datastore mysql --databases \
> chapter_3_db_1 chapter_3_db_2 --users user1:password1 user2:password2
+-------------------+-----------------------------------+
| Property          | Value                             |
+-------------------+-----------------------------------+
| created           | 2015-03-18T18:19:55               |
| datastore         | mysql                             |
| datastore_version | 5.5                               |
| flavor            | 2                                 |
| id                | 64f32200-9da1-44af-b6c6-5e5b01ec0398 |
| name              | m6                                |
| password          | xQ6wyJCUZzhjVrkNeRtQpCYeh2XcQEfbY8Cf |
| status            | BUILD                             |
| updated           | 2015-03-18T18:19:55               |
| volume            | 2                                 |
+-------------------+-----------------------------------+
```

一旦实例上线你就可以列出所有数据库。

```
ubuntu@trove-book-vm:~$ trove database-list 64f32200-9da1-44af-b6c6-
5e5b01ec0398
+-------------------+
| Name              |
+-------------------+
| chapter_3_db_1    |
| chapter_3_db_2    |
| performance_schema |
+-------------------+
```

3.9.3 用户操作

Trove 提供了很多命令来操作用户，大致分为以下命令。

- 列表。

- 创建和删除。

- 访问控制。

本章将逐个讨论这些命令。在前面的章节中，你已经掌握了如何创建实例 m6，并在创建实例时创建了多个用户和数据库。在下面的实践中，你还会用到该实例。

1. 在创建实例时创建用户

下面的命令将创建一个数据库实例并创建两个用户（同时创建两个数据库）：

```
ubuntu@trove-booktrove create m6 2 --size 2 --datastore mysql --databases \
> chapter_3_db_1 chapter_3_db_2 --users user1:password1 user2:password2
+-------------------+------------------------------------+
| Property          | Value                              |
+-------------------+------------------------------------+
| created           | 2015-03-18T18:19:55                |
| datastore         | mysql                              |
| datastore_version | 5.5                                |
| flavor            | 2                                  |
| id                | 64f32200-9da1-44af-b6c6-5e5b01ec0398 |
| name              | m6                                 |
| password          | xQ6wyJCUZzhjVrkNeRtQpCYeh2XcQEfbY8Cf |
| status            | BUILD                              |
| updated           | 2015-03-18T18:19:55                |
| volume            | 2                                  |
+-------------------+------------------------------------+
```

2. 列出用户

你可以使用 user-list 命令列出所有注册到数据库实例中的用户。

```
ubuntu@trove-book-vm:~$ trove user-list 64f32200-9da1-44af-b6c6-
5e5b01ec0398
+-------+------+-------------------------------+
| Name  | Host | Databases                     |
+-------+------+-------------------------------+
```

```
| user1 | %    | chapter_3_db_1, chapter_3_db_2 |
| user2 | %    | chapter_3_db_1, chapter_3_db_2 |
+-------+------+--------------------------------+
```

在 host 列中的 % 是 SQL 通配符，它表示该用户可以在任何主机上连接到该实例。

3. 在运行中的实例上创建用户

同样，你可以在运行中的实例上创建用户，并提供访问指定数据库的权限。

```
ubuntu@trove-book-vm:~$ trove user-create 64f32200-9da1-44af-b6c6-
5e5b01ec0398 \
> user3 password3 --databases chapter_3_db_1
```

在使用 trove user-list 命令后，你将看到以下输出：

```
ubuntu@trove-book-vm:~$ trove user-list 64f32200-9da1-44af-b6c6-
5e5b01ec0398
```

```
+-------+------+--------------------------------+
| Name  | Host | Databases                      |
+-------+------+--------------------------------+
| user1 | %    | chapter_3_db_1, chapter_3_db_2 |
| user2 | %    | chapter_3_db_1, chapter_3_db_2 |
| user3 | %    | chapter_3_db_1                 |
+-------+------+--------------------------------+
```

如下所示，访问控制已经直接作用到了数据库上。如果用户 user3 尝试访问数据库 chapter_3_db_2，则 MySQL 将会抛出异常。

```
ubuntu@trove-book-vm:~$ mysql -uuser3 -ppassword3 -h 10.0.0.3 -s
chapter_3_db_1
mysql>

ubuntu@trove-book-vm:~$ mysql -uuser3 -ppassword3 -h 10.0.0.3 -s
chapter_3_db_2
ERROR 1044 (42000): Access denied for user 'user3'@'%' to database
'chapter_3_db_2'
```

4. 删除用户

可以使用 Trove 的 user-delete 命令删除用户。

```
ubuntu@trove-book-vm:~$ trove user-list 64f32200-9da1-44af-b6c6-
5e5b01ec0398
```

```
+-------+------+------------------------------+
| Name  | Host | Databases                    |
+-------+------+------------------------------+
| user1 | %    | chapter_3_db_1, chapter_3_db_2 |
| user2 | %    | chapter_3_db_1, chapter_3_db_2 |
| user3 | %    | chapter_3_db_1               |
+-------+------+------------------------------+
ubuntu@trove-book-vm:~$ trove user-delete 64f32200-9da1-44af-b6c6-
5e5b01ec0398 user3
ubuntu@trove-book-vm:~$ trove user-list 64f32200-9da1-44af-b6c6-
5e5b01ec0398
+-------+------+------------------------------+
| Name  | Host | Databases                    |
+-------+------+------------------------------+
| user1 | %    | chapter_3_db_1, chapter_3_db_2 |
| user2 | %    | chapter_3_db_1, chapter_3_db_2 |
+-------+------+------------------------------+
ubuntu@trove-book-vm:~$ mysql -uuser3 -ppassword3 -h 10.0.0.3 -s
chapter_3_db_1
ERROR 1045 (28000): Access denied for user 'user3'@'10.0.0.1' (using
password: YES)
```

5. 管理用户的访问权限

你 可 以 使 用 Trove 的 user-grant-access、user-revoke-access 和 user-show-access 命令管理用户的访问权限，如下所述。

1）列出用户的访问权限

user-show-access 命令显示了允许用户访问的数据库。

```
ubuntu@trove-book-vm:~$ trove user-show-access 64f32200-9da1-44af-b6c6-
5e5b01ec0398 user1
+----------------+
| Name           |
+----------------+
| chapter_3_db_1 |
| chapter_3_db_2 |
+----------------+
```

2）在 user-list 中禁止某些用户

一些数据库中有些内置用户不能向用户显示。你可以在 Trove 的配置文件中禁止指定的用户在 user-list 中显示。

可以在 trove.conf 配置文件的数据库类型配置段使用 ignore_users 参数禁止除 MySQL（MySQL 使用 [DEFAULT] 配置段）数据库类型外的数据库类型的所属用户在 user-list 命令中显示。

在不同的数据库类型下，该参数的默认值会有所不同。

```
#
#[DEFAULT]
#ignore_users = os_admin,root
#
#[postgresql]
#ignore_users = os_admin,postgres,root
#
```

如果修改了该参数，则你需要重启 Trove 的服务来保证参数生效。

3）给予用户访问权限

可以使用 user-grant-access 命令授权用户访问数据库类型，如下所示，使用新创建的用户 user5。

首先，创建新用户。

```
ubuntu@trove-book-vm:~$ trove user-create 64f32200-9da1-44af-b6c6-
5e5b01ec0398 user5 password5
```

用户已经被创建，然而在这台机器上没有任何访问权限，可以使用 user-show-access 命令查看。

```
ubuntu@trove-book-vm:~$ trove user-show-access 64f32200-9da1-44af-b6c6-
5e5b01ec0398 user5
+------+
| Name |
+------+
+------+
```

访问权限和数据库的可见性由 MySQL 进程处理。用户 user5 在这个数据库实例上无法看到任何数据库。

```
ubuntu@trove-book-vm:~$ mysql -uuser5 -ppassword5 -h 10.0.0.3 -s
mysql> show databases;
+--------------------+
| Database           |
+--------------------+
| information_schema |
+--------------------+
1 row in set (0.02 sec)
```

可以使用 user-grant-access 命令给予其访问权限。稍后用户再次连接 MySQL 时就可以看到数据库了。

```
ubuntu@trove-book-vm:~$ trove user-grant-access 64f32200-9da1-44af-b6c6-5e5b01ec0398 \
> user5 chapter_3_db_1
ubuntu@trove-book-vm:~$ mysql -uuser5 -ppassword5 -h 10.0.0.3 -s
mysql> show databases;
+--------------------+
| Database           |
+--------------------+
| information_schema |
| chapter_3_db_1     |
+--------------------+
2 rows in set (0.02 sec)
```

4）撤销用户的访问权限

可以使用 user-revoke-access 撤销用户对一个数据库的访问权限。

```
ubuntu@trove-book-vm:~$ trove user-revoke-access 64f32200-9da1-44af-b6c6-5e5b01ec0398 \
> user5 chapter_3_db_1
ubuntu@trove-book-vm:~$ trove user-show-access 64f32200-9da1-44af-b6c6-5e5b01ec0398 user5
+------+
| Name |
+------+
+------+
```

3.10　总结

本章介绍了 Trove 的一些基本操作，包括如何使用 CLI、REST API 与 Trove 服务交互，以及进行创建、列表、实例操作、数据库类型操作、用户操作和数据库操作。

Trove 暴露了 RESTful API，用户可以使用简单的 curl 命令和 API 交互。为了和 API 交互，用户必须获得 Keystone 的授权并拿到一个 token。然后用户可以使用 token 和 Trove 交互。

Trove 命令行和应用程序（包括 Horizon）正是通过这种方式和 Trove 及 OpenStack 的其他服务交互。

许多 Trove 命令提供给用户的是表格化的输出，但是用户可以使用 --json 选项生成 JSON 输出。这是一种使用脚本编程的好方法。

用户可以通过 create、delete 和 restart 命令来创建、删除和重启 Trove 数据库实例。

你可以给系统配置多个数据库类型，每个数据库类型可以有多个不同版本。当然你也可以指定默认的数据库类型（通过修改 trove.conf 配置文件），每个数据库类型需要关联默认版本。

一些数据库类型提供了操作用户、数据库和访问权限的规范，例如，使用这些数据库类型，你可以在实例创建时或实例已经运行时创建用户和数据库。Trove 也存在一些命令，可用于管理用户对数据库的访问权限，同样支持删除用户和数据库。

第4章
概念和架构

我们在前面学习了如何配置和安装 OpenStack Trove，以及如何执行一些基本操作，包括启动、重启和删除实例，还讨论了如何注册及使用数据库类型，以及如何操作数据库和用户，也演示了如何使用 API（应用编程接口）或 CLI（命令行标识符）与 Trove 进行交互。

在本章中，我们将研究 Trove 的内部架构。Trove 由多个服务组成：Trove API、Trove conductor 及 Trove task manager。此外，每个 Trove 实例都有一个 guest agent，用来帮助 Trove 提供与数据库无关的一整套服务，但它实际上能够支持许多关系型、非关系型数据库。

我们将明白这些服务如何协同工作来处理用户的请求，以及 Trove 如何处理在之前的章节中提到的基本操作。在第 5 章中，我们还会学到备份、恢复、复制及集群等更复杂的操作。

这里先从 Trove 基础架构的概述开始讲解，之后对 Trove 架构的一些关键概念进行更详细的说明。

- Trove 服务
- 内部的 Trove guest agent API
- Trove 框架的拓展机制
- Trove guest agents
- Trove guest 镜像
- Trove 的消息队列
- Trove 的基础设施数据库
- Trove 的公共 API

4.1　Trove 基础架构

Trove 是一个和其他所有 OpenStack 服务类似的服务。它暴露了一个 RESTful 公共 API 并在基础设施数据库中存储了一些持久性数据（见图 4-1）。

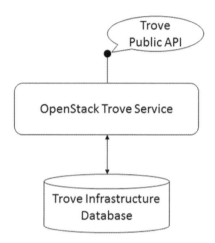

图 4-1　OpenStack Trove 服务的基础架构

Trove 的所有用户端，包括 CLI 和 Horizon 仪表盘，都是通过这个公共 API 与 Trove 交互的。基础设施数据库可以与其他 OpenStack 服务共享，也可以是一个专用的数据库。出于安全方面的原因，并考虑到服务隔离的问题，我们强烈建议在 Trove 的生产部署中有一个专门的基础设施数据库，不与其他服务共享。

通常这个数据库是 MySQL（或某些变体），但在理论上可以是 SQLAlchemy 所支持的任何数据库。MySQL 是最常用的后端基础设施数据库，并且经过了最广泛的测试，强烈建议你使用 MySQL 来做这些。如果你想使用其他数据库作为后端，则你可能需要针对相应的数据库做一些额外的操作。

Trove 是 OpenStack 的其他服务如 Nova（用于计算）、Cinder（用于块存储）、Swift（对于对象存储）、Keystone（身份管理）等的用户端。Trove 在和这些服务中的某个服务交互时，会通过各自的公共 API 请求进行交互，如图 4-2 所示。

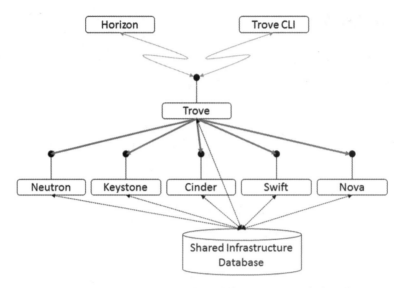

图 4-2　OpenStack 的 Trove 服务在其他 OpenStack 服务中的位置

OpenStack Trove 由 三 个 服 务 组 成：Trove API、Trove conductor 和 Trove task manager。此外，每个 Trove 实例都有一个安装了特定的数据库类型的 guest agent。

图 4-3 中的框图显示了 Trove 服务及与其互动的 OpenStack 服务。

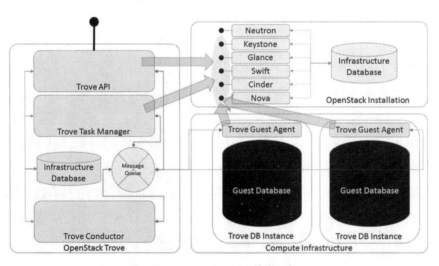

图 4-3　OpenStack Trove 的详细框图

图 4-3 中的左图是 Trove，由暴露了公共 API 的 Trove API、Trove task manager 和 Trove conductor 组成。Trove 服务在基础设施数据库上存储持久型数据。

图 4-3 中的右上部分是 OpenStack 基本服务的安装和这些服务的基础结构的数据库。右下部分是计算基础设施，包括服务器和存储器，为 Nova、Cinder、Swift 和 Neutron 提供计算、存储和网络资源。

Trove API 和 Trove task manager 是不同的 OpenStack 服务的用户端，它们使用各自的公共 API 和这些服务进行交互。

当 Nova 创建了一个计算实例时，它在计算基础设施上完成这个操作（图 4-3 的右下角）。一个 Trove 实例是一个特殊的 Nova 实例，包含一个 guest 数据库和 Trove guest agent。

Trove guest agent 在安装了 Trove 服务的 Trove guest 实例上执行操作，并利用一个消息队列（图 4-3 中 OpenStack Trove 中的一部分）和 Trove 服务进行通信。

本章的其余部分会更详细地介绍 Trove 服务，并解释它们如何与 Trove guest agent 协同工作，使 DBaaS（数据库即服务）在 OpenStack 内发挥正常的功能。

4.2　Trove 的概念

在本节中，我们将学习 Trove 的一些基本概念，如下所述。

- Trove 服务的简要描述。
- Trove guest agent 内部的远程过程调用（RPC）API。
- 提供一个框架来扩展 Trove 的策略。
- guest agent 和策略的分类模型。
- Trove guest 镜像。
- Trove 的消息队列。
- Trove 的基础设施数据库简介。
- Trove 的公共 API。

4.2.1　Trove 服务

我们现在从宏观上来审视 Trove 的三个服务和 Trove guest agent，并描述它们的角色和目标。在后面的章节中我们将详细探讨这些服务。

1. Trove API 服务

像所有的 OpenStack 服务一样，Trove 暴露了用户端与服务交互的标准程序。和其他 OpenStack 服务一样，Trove 将其作为一个 RESTful API 提供。

Trove API 实现了一个 WSGI（Web 服务器网关接口），并与同 Trove 交互的所有用户端进行交互。当 Trove API 接收到一个请求时，它使用配置的身份验证机制（默认为 Keystone 服务）验证请求者，验证其身份后，验证凭据将被附加到该请求上。这些将成为请求者的上下文并在整个进程中被使用。一些简单的请求完全由 Trove API 进行处理，对于其他请求则可能需要其他服务的参与。

Trove API 在 Trove 控制节点运行。

2. Trove Manager 服务

task manager 执行 Trove 中的大部分复杂操作。

它作为一个 RPC 服务器监听特定 topic 的消息队列。请求者发送消息到 task manager，task manager 在请求者的上下文中调用相应的程序执行这些请求。task manager 处理一些操作：实例的创建、删除；与其他服务如 Nova、Cinder、Swift 等的交互；一些更复杂的 Trove 操作如复制和集群；对实例的整个生命周期的管理。Trove task manager 的入口是在配置文件 trove-taskmanager.conf 的 taskmanager_manager 条目中限定的。在 Trove 代码库中只有一个实施项并且这个配置是用于扩展的。

```
ubuntu@trove-book-vm:/etc/trove$ grep taskmanager_manager trove-
taskmanager.conf
taskmanager_manager = trove.taskmanager.manager.Manager
```

注意 代码中 Trove 的 `taskmanager_manager` 没有设置默认值，必须在 `trove-taskmanager.conf` 中提供此设置。`devstack` 会自动设置一个值，基本上会是 `trove.taskmanager.manager.Manager`。

Trove task manager 在 Trove 控制节点运行。

3. Trove conductor 服务

Trove conductor 主要用于接收和处理来自 guest agent 的各种类型的状态更新，在某些情况下是更新 Trove 基础设施数据库或提供信息给其他服务。

Trove conductor 作为一个 RPC 服务器监听特定 topic 的消息队列。Guest agent 发送消

息给 conductor，conductor 通过调用相应的程序执行这些请求。conductor 处理 guest agent 心跳和备份状态等信息。配置文件 trove-conductor.conf 中的 conductor_manager 条目定义了 Trove conductor 的入口。如果定义，则使用 trove.conductor.manager. Manager 作为默认值。与 Trove task manager 一样，Trove 代码库只有一个实施项并且此配置完全用于扩展。

Trove conductor 在 Trove 控制节点运行。

4. Trove Guest Agent 服务

Trove 旨在提供一个与数据库无关的功能集合和一个可以实现和扩展的框架。

Trove 建立的框架依赖于一个 guest agent，并提供特定的数据库功能，这些都是通过代码在 guest 实例上实现的，当有请求时通过 task manager 调用。Trove guest agent 的主要目的是作为一个 RPC 服务器使其他 Trove 服务可以在 Trove guest 实例上执行操作。它监听特定 topic 的消息队列，并在本地执行代码来完成数据库的任务。Trove task manager 将消息发送到 guest agent，guest agent 通过调用相应的程序执行这些请求。guest agent 在 guest 实例上处理所有的请求如 prepare()（这是在 guest 的初始设置过程中调用的）、restart() 等控制操作。它也处理创建和管理用户、数据库，以及启动备份等操作。

Trove guest agent 的入口是由在 task manager 创建实例的过程中设置的 datastore_ manager 配置参数定义的。

```
ubuntu@m2:~$ more /etc/trove/conf.d/guest_info.conf
[DEFAULT]
guest_id=41037bd2-9a91-4d5c-b291-612ad833a6d5
datastore_manager=mysql
tenant_id=cde807e8ca304a7fb04691928edea019
```

在 guest agent 中，我们发现下面的映射为 manager 标识了每个特定的数据库类型。

```
defaults = {
  'mysql':        'trove.guestagent.datastore.mysql.manager.Manager',
  'percona':      'trove.guestagent.datastore.mysql.manager.Manager',
  'redis':        'trove.guestagent.datastore.experimental.redis.manager.
                   Manager',
  'cassandra':    'trove.guestagent.datastore.experimental.cassandra.
                   manager.Manager',
  'couchbase':    'trove.guestagent.datastore.experimental.couchbase.
```

```
                    manager.Manager',
    'mongodb':      'trove.guestagent.datastore.experimental.mongodb.manager.
                    Manager',
    'postgresql':   'trove.guestagent.datastore.experimental.postgresql.
                    manager.Manager',
    'vertica':      'trove.guestagent.datastore.experimental.vertica.manager.
                    Manager',
    'db2':          'trove.guestagent.datastore.experimental.db2.manager.
                    Manager',
}
```

Trove guest agent 在 Trove guest 节点上运行。

4.2.2　Trove Guest Agent API

Trove task manager 发送请求给 Trove guest agent 来执行特定的操作。其目的是使 Trove task manager（尽可能）不直接接触数据库，并且 Trove guest agent 针对特定的数据库有着特定的代码实现。

Trove guest agent 可以看作 task manager 调用的 API 实现。它是一个内部 API，完全在 Trove 内部。它不是一个 RESTful API，但是通过让 guest agent 充当 task manager 的 RPC 服务器来实现。

MySQL 的 guest agent manager 是在 trove.guestagent.datastore.mysqlmanager. Manager（如前面的映射所示）中实现的。它提供了许多方法，例如 prepare()、change_password()、list_users()、stop_db()、get_replication_snapshot() 等。MongoDB 也以类似的方式提供了这些方法的实现，但有些实现仅仅表示不支持此类操作。

下面是 trove.guestagent.datastore.mysql.manager.Manager 中的 delete_user() 方法的实现。

```
def delete_user(self, context, user):
    MySqlAdmin().delete_user(user)
```

下面是 trove.guestagent.datastore.experimental.mongodb.manager.Manager 中的 delete_user() 方法的实现。

```
def delete_user(self, context, user):
    LOG.debug("Deleting user.")
    raise exception.DatastoreOperationNotSupported(
```

```
operation='delete_user', datastore=MANAGER)
```

如之前所述，guest agent 是用于代表 task manager 的一个 RPC 服务器。task manager 在发出一个 guest agent API 调用时，会发送一个带有被调用方法名的消息到 guest agent 的消息队列，而 RPC 调度器会调用此方法。

4.2.3　Trove 策略

Trove 的目标是提供一个与数据库无关的功能集合和一个可以实现、扩展的框架。

策略是 Trove 内部的设计结构，允许开发人员通过将 Trove 总体框架的部分抽离出来，进行新的实现来扩展 Trove。

从广义上来说，所有数据库都提供了某种机制来备份它们的存储数据。MySQL、PostgreSQL 及其他关系数据库都支持备份，MongoDB、Cassandra、Couchbase 及许多其他 NoSQL 数据库也支持备份。然而，它们实际上有各自的生成备份的不同方法，并且在某些情况下，一个数据库可以有不止一种生成备份的方法。

图 4-4 演示了这些不同的概念。用户端通过 Trove API 发送一个请求给 Trove。该 Trove API 服务发送消息到 task manager，task manager 接下来发送消息到 guest agent。

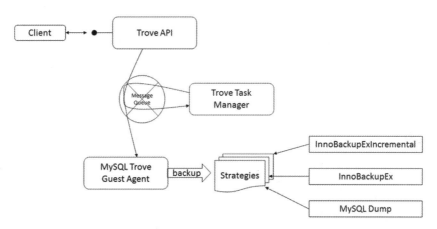

图 4-4　从用户端到 guest agent 上的备份策略的数据流演示

在某些情况下仅存在一个对于给定的动作的实现，但在其他情况下可能有多种可选择的实现方式。策略机制允许开发者扩展 Trove 并添加新的实现。

例如，目前 MySQL 的备份策略有三种实现：MySQLDump、InnoBackupEx 和 InnoBackupExIncremental。

启动备份时会调用当前配置的策略。最初有 MySQLDump 和 InnoBackupEx 这两种策略，当 Trove 添加 InnoBackupExIncremental 时，重新配置备份策略意味着你可以立即使用新的实现。

目前有用于备份、复制、存储和集群的策略。策略被定义为配置选项。我们使用备份策略的定义来描述其概念。

```
435    cfg.StrOpt('backup_strategy', default='InnoBackupEx',
436        help='Default strategy to perform backups.',
437        deprecated_name='backup_strategy',
438        deprecated_group='DEFAULT'),

455    cfg.StrOpt('backup_namespace',
456        default='trove.guestagent.strategies.backup.mysql_impl',
457        help='Namespace to load backup strategies from.',
458        deprecated_name='backup_namespace',
459        deprecated_group='DEFAULT'),

469    cfg.DictOpt('backup_incremental_strategy',
470        default={'InnoBackupEx': 'InnoBackupExIncremental'},
471        help='Incremental Backup Runner based on the default '
472        'strategy. For strategies that do not implement an '
473        'incremental backup, the runner will use the default full'
474        'backup.',
475        deprecated_name='backup_incremental_strategy',
476        deprecated_group='DEFAULT'),
```

前面的配置选项（从 trove/common/cfg.py 中得到）定义备份策略并为 MySQL 数据库使用 InnoBackupEx 提供命名空间，InnoBackupEx 位于 trove.guestagent. strategies.backup.mysql_impl 中。

同样，在 trove/guestagent/strategies/backup/mysql_impl.py 中你可以找到 InnoBackupEx 类。

```
46    class InnoBackupEx(base.BackupRunner):
47        """Implementation of Backup Strategy for InnoBackupEx."""
48        __strategy_name__ = 'innobackupex'
```

配置选项 backup_strategy 定义了类的名称，backup_namespace 定义了类实现的对象。如果你没有实现备份策略，则它将被初始化为 None，如下面的 MongoDB 代码所示：

```
690      cfg.StrOpt('backup_strategy', default=None,
691          help='Default strategy to perform backups.',
692          deprecated_name='backup_strategy',
693          deprecated_group='DEFAULT'),

730      cfg.StrOpt('backup_namespace', default=None,
731          help='Namespace to load backup strategies from.',
732          deprecated_name='backup_namespace',
733          deprecated_group='DEFAULT'),
```

策略也用于扩展 Trove 和实现复制与集群。在 OpenStack 的 Kilo 版本中，Trove 支持 MySQL 复制和 MongoDB 集群。

在 Kilo 版本中默认启用基于 GTID 的复制。由于对 GTID（全局事务标识符）的支持仅在 MySQL 5.6 中引入，所以如果你正在使用 MySQL 5.5，则需要特别注意这一点。相关详细信息请参考 5.3 节的内容。

你 可 以 通 过 在 trove-guestagent.conf 文 件 中 配 置 replication_strategy 和 replication_namespace 选项来定义你的复制策略。这些选项位于文件的 [mysql] 部分。

```
439    cfg.StrOpt('replication_strategy', default='MysqlGTIDReplication',
440            help='Default strategy for replication.'),
441     cfg.StrOpt('replication_namespace',
442            default='trove.guestagent.strategies.replication.mysql_
gtid',
443            help='Namespace to load replication strategies from.'),
```

在安装了 MySQL 5.5 的系统中，你需要将位于 trove-guestagent.conf 文件中的一些设置覆盖，如下所示。

```
[mysql]
# Override the default configuration for mysql replication
replication_strategy = MysqlBinlogReplication
replication_namespace = trove.guestagent.strategies.replication.mysql_
binlog
```

binlog 模块提供了 binlog 复制，而 GTID 模块提供基于 GTID 的复制。

策略通过扩展 guest agent、API 及 task manager 来实现集群。下面展示扩展的 API、task manager 及 MongoDB 的 guest agent 的设置：

```
716        cfg.StrOpt('api_strategy',
717            default='trove.common.strategies.cluster.experimental.'
718            'mongodb.api.MongoDbAPIStrategy',
719            help='Class that implements datastore-specific API logic.'),
720        cfg.StrOpt('taskmanager_strategy',
721            default='trove.common.strategies.cluster.experimental.
mongodb.'
722           'taskmanager.MongoDbTaskManagerStrategy',
723          help='Class that implements datastore-specific task manager'
724              'logic.'),
725        cfg.StrOpt('guestagent_strategy',
726            default='trove.common.strategies.cluster.experimental.'
727            'mongodb.guestagent.MongoDbGuestAgentStrategy',
728          help='Class that implements datastore-specific Guest Agent
API '
729              'logic.'),
```

以类似的方式，对于 Vertica 的集群实现加入了这些配置。它们定义了用于实现
Vertica 集群的特定代码的策略。

```
862        cfg.StrOpt('api_strategy',
863            default='trove.common.strategies.cluster.experimental.
vertica.'
864            'api.VerticaAPIStrategy',
865            help='Class that implements datastore-specific API
logic.'),
866        cfg.StrOpt('taskmanager_strategy',
867            default='trove.common.strategies.cluster.experimental.
vertica.'
868               'taskmanager.VerticaTaskManagerStrategy',
869            help='Class that implements datastore-specific task
manager '
870                'logic.'),
871        cfg.StrOpt('guestagent_strategy',
872            default='trove.common.strategies.cluster.experimental.
vertica.'
873               'guestagent.VerticaGuestAgentStrategy',
874            help='Class that implements datastore-specific Guest
Agent API '
```

```
875                     'logic.'),
```

4.2.4　Trove 拓展

Trove 也支持一些特定数据库的操作（叫作扩展），涉及 root-show、root-enable、database-list、database-create、database-delete、user-list、user-create、user-delete、user-grant-access、user-revoke-access 及 user-show-access 等命令。

Trove 使用 Paste Deploy（http://pythonpaste.org/deploy/），及配置文件 api-paste.ini，定义了接收到消息时通过 API WSGI 服务执行操作的 pipeline。

```
9   [pipeline:troveapi]
10    pipeline = faultwrapper osprofiler authtoken authorization
contextwrapper ratelimit
          extensions troveapp

13   [filter:extensions]
14   paste.filter_factory = trove.common.extensions:factory
36   [app:troveapp]
37   paste.app_factory = trove.common.api:app_factory
```

这里建立的 pipeline 提供了 Trove API 服务将调用的处理请求的操作列表。你可以找到 extensions 模块中的扩展命令。我们之前用到的 list 和 create 命令的实现可以在 troveapp 模块中找到。

每个 filter 的定义及最后的 app（troveapp）都提供了模块的名称，你可以从中找到其实现。上面的第 36 行代码表明你可以在 trove.common.api 中找到 troveapp。类似地，扩展 filter（见第 13 行代码）是在 trove.common.extensions 中进行的。

你可以在 trove.extensions.routes.mysql 中找到 database-list 命令的拓展，并且这定义了 SchemaController 作为 database-list 命令的 handler。

WSGI 服务器在收到类似 database-list 的命令时，会调用 trove/extensions/mysql/service.py 里的 handler。

4.2.5　Guest Agent 的分类模型和策略

在 Kilo 版本之前，Trove 采用相同的方式处理所有 guest agent 和策略，并且没有迹象表明它的相对成熟期和一般适用性。

Kilo 版本为 guest agent 和策略实现了一个分类模型（https://review. openstack. org/#/c/154119/）。因此，guest agent 被分类为 stable、technical preview 或者 experimental，并且 strategies 是 stable 或者 experimental。

下面的定义和标准被确立为这种分类机制的一部分（见 http://git.openstack.org/ cgit/openstack/trove-specs/tree/specs/kilo/experimental-datastores.rst）。

1. experimental

一个数据库类型如果包括以下项，则将被考虑合并进试验阶段。

- 实现 Trove API 包括创建和删除的基本子集。
- 属于允许用户创建 guest 镜像的 trove-integration 项目中的元素。
- 所支持的操作系统的定义。
- 验证 guest agent 操作的基本单元测试和废弃的测试集合。

注意，为了满足这种分类，不要求数据库实现所有的功能（调整大小、备份、复制、集群等）。

如果提供了一个实现，并包括基本单元测试以验证策略操作，则将被认为是 experimental，还应该提供一个通过和废弃的测试集合。

2. technical preview

如果一个数据库类型符合 experimental 的要求，并提供必要的 API，那么它将被列为 technical preview 类别。这些 API 需要实现数据库模型中定义的功能。见 https://wiki. openstack.org/wiki/Trove/DatastoreCompatibilityMatrix。

- 启动
- 重启
- 终止
- 扩容
- 备份
- 恢复
- 复制和集群（如果它们是关系型数据库）

你可以在 https://wiki.openstack.org/wiki/Trove/DatastoreCompatibilityMatrix 上找到之前提到的功能列表。

technical preview 数据库类型还必须提供对所有功能的废弃测试，并提供一个构建 guest 镜像的机制，这个镜像可以允许用户使用这些功能。

3. stable

一个数据库类型如果满足 technical-preview 的要求，并且有稳定的公认测试入口，那么将被认为"stable"；一个策略如果满足 experimental 的要求，并且有稳定的公认测试入口，那么也将被认为"stable"。

4. 分类模型的实现

分类模型是通过将不稳定的组件放置在名为 experimental 或者 technical-preview 的目录中实现的。

例如，下面的列表展示了当前支持的 guest agent。

- mysql：trove.guestagent.datastore.mysql.manager.Manager

- percona：trove.guestagent.datastore.mysql.manager.Manager

- redis：trove.guestagent.datastore.experimental.redis.manager.Manager

- cassandra：trove.guestagent.datastore.experimental.cassandra.manager.Manager

- couchbase：trove.guestagent.datastore.experimental.couchbase.manager.Manager

- mongodb：trove.guestagent.datastore.experimental.mongodb.manager.Manager

- postgresql：trove.guestagent.datastore.experimental.postgresql.manager.Manager

- vertica：trove.guestagent.datastore.experimental.vertica.manager.Manager

- db2：trove.guestagent.datastore.experimental.db2.manager.Manager

这种机制使得 guest agent 的分类（以及类似的策略）可以从实现的名称上显而易见。

4.2.6　Trove Guest 镜像

当用户端请求一个新的 Trove 实例时，Trove 通过 Nova 提供一个实例，并要求 Nova 使用指定的 Glance 镜像启动该实例。

这个 Glance 镜像包含一个操作系统、由用户端指定的数据库和该数据库的 guest agent。

一旦实例启动，则 guest agent 也将被启动，则并连接到消息队列中，开始处理由 task manager 发送给它的命令。

Trove 的 `create` 请求通过指定的数据库类型的各种属性来标识将启动的数据库，代码如下：

```
"datastore": {
    "type": "object",
    "additionalProperties": True,
    "properties": {
        "type": non_empty_string,
        "version": non_empty_string
    }
}
```

trove create 命令产生以下 API 调用：

```
ubuntu@trove-book-vm:$ trove create m3 2 --size 1 --datastore mysql
--datastore_version 5.5
+------------------+------------------------------------------+
| Property         | Value                                    |
+------------------+------------------------------------------+
| created          | 2015-03-24T22:28:47                      |
| datastore        | mysql                                    |
| datastore_version | 5.5                                     |
| flavor           | 2                                        |
| id               | 6e7ef470-ca4f-4bfd-9b67-7482991f3b96     |
| name             | m3                                       |
| status           | BUILD                                    |
| updated          | 2015-03-24T22:28:47                      |
| volume           | 1                                        |
+------------------+------------------------------------------+
{
    "instance": {
```

```
        "volume": {
            "size": 1
        },
        "flavorRef": "2",
        "name": "m3",
        "datastore": {
            "version": "5.5",
            "type": "mysql"
        }
    }
}
```

如果未指定数据库的类型，则 Trove 将使用默认的数据库类型（关于如何设置默认数据库类型，请见第 3 章）；如果未指定版本，则 Trove 将使用该数据库类型的默认版本。在数据库类型和版本确定后，Trove 可以将其转化为 Glance 镜像 ID，并提供给 Nova。

在后面的章节中我们将介绍如何构建 Trove 的 guest 镜像。

4.2.7　Trove 消息队列和 Trove 内部的 API

Trove 消息队列是用于在 Trove 服务之间通信的传输机制。在 Kilo 版本中，Trove 改为使用 oslo.messaging 作为底层消息系统。Trove task manager、conductor、guest agent 是 RPC 服务，并依靠 Trove 消息队列通信。

每个服务也暴露了一个 API，并且用户端希望使用此 API 来发送消息到这些服务。我们现在深入查看这个 API 机制。

注意　这里所描述的 API 是 Trove 使用消息队列传输的内部 API，而不是 Trove 的公共 RESTful API。

Trove conductor 在 trove.conductor.api.API 中暴露了一个 API。

我们将完整的 API 代码稍微进行了编辑，代码如下。我们保留了行号，这样你就可以很容易地看到哪些代码被删除了。

```
26  class API(object):
27      """API for interacting with trove conductor."""
28
29      def __init__(self, context):
```

```
32
33              target = messaging.Target(topic=CONF.conductor_queue,
34                              version=rpc_version.RPC_API_VERSION)
35


38              self.client = self.get_client(target, self.version_cap)
39
40      def get_client(self, target, version_cap, serializer=None):
41          return rpc.get_client(target,
42                              version_cap=version_cap,
43                              serializer=serializer)
44
45      def heartbeat(self, instance_id, payload, sent=None):


48


49              cctxt = self.client.prepare(version=self.version_cap)
50              cctxt.cast(self.context, "heartbeat",
51                      instance_id=instance_id,
52                      sent=sent,
53                      payload=payload)
54
55      def update_backup(self, instance_id, backup_id, sent=None,
56                          **backup_fields):


59


60              cctxt = self.client.prepare(version=self.version_cap)
61              cctxt.cast(self.context, "update_backup",
62                      instance_id=instance_id,
63                      backup_id=backup_id,
64                      sent=sent,
65                      **backup_fields)
66


67      def report_root(self, instance_id, user):


70              cctxt = self.client.prepare(version=self.version_cap)
71              cctxt.cast(self.context, "report_root",
72                          instance_id=instance_id,
73                          user=user)
```

这是 Trove conductor 暴露的 API。guest agent 是当前调用该 API 的唯一组件，可以进行 heartbeat()、update_backup() 和 report_root() 调用。cast() 机制执行实际的 RPC 并执行上下文中指定的拥有合适的参数的方法。请注意，cast() 是一个异步的方法，而类似的 call() 可以同步地执行 RPC 调用并返回结果。

task manager 和 guest agent 类似地暴露了 API，这些可以在 trove.guestagent.api.API 和 trove.taskmanager.api.API 中分别找到。

如下所示是一个消息队列上的 API 机制的简单例子，演示了由 guest 发送给控制器的定期心跳。在 guest 上有如下代码（trove/guestagent/datastore/service.py）：

```
105     def set_status(self, status):
106             """Use conductor to update the DB app status."""

111             heartbeat = {
112             'service:status': status.description,
113             }
114             conductor_api.API(ctxt).heartbeat(CONF.guest_id,
115                                             heartbeat,
116                                             sent=timeutils.float_
utcnow())

120     def update(self):
121             """Find and report status of DB on this machine.
122             The database is updated and the status is also returned.
123             """
124             if self.is_installed and not self._is_restarting:
125                     LOG.debug("Determining status of DB server.")
126                     status = self._get_actual_db_status()
127                     self.set_status(status)
128             else:
129                     LOG.info(_("DB server is not installed or is in
restart mode, so "
130                     "for now we'll skip determining the status of DB
on "
131                     "this instance."))
```

这里心跳正在调用的是 Trove conductor API 中的 heartbeat()，如前所示。它只是调用 cast() 来获得整个队列的消息。

在 Trove conductor（在 Trove 控制节点上运行）上，heartbeat() 方法的实现如下所示（见 trove/conductor/manager.py）：

```
24  from trove.instance import models as t_models

84  def heartbeat(self, context, instance_id, payload, sent=None):
85      LOG.debug("Instance ID: %s" % str(instance_id))
86      LOG.debug("Payload: %s" % str(payload))
87      status = t_models.InstanceServiceStatus.find_by(
88              instance_id=instance_id)
89      if self._message_too_old(instance_id, 'heartbeat', sent):
90          return
91      if payload.get('service:status') is not None:
92          status.set_status(ServiceStatus.from_description(
93              payload['service:status']))
94      status.save()
```

接下来，我们可以从 trove/instance/models.py 中的实例模型（t_models）中看到具体实现。

```
1153  class InstanceServiceStatus(dbmodels.DatabaseModelBase):
1154      _data_fields = ['instance_id', 'status_id', 'status_
description',
1155                      'updated_at']

1179    def set_status(self, value):
1180        """
1181        Sets the status of the hosted service
1182        :param value: current state of the hosted service
1183        :type value: trove.common.instance.ServiceStatus
1184        """
1185        self.status_id = value.code
1186        self.status_description = value.description
1187
1188    def save(self):
1189        self['updated_at'] = utils.utcnow()
1190        return get_db_api().save(self)
1191
1192    status = property(get_status, set_status)
1193
```

save() 的调用将使用心跳的有效载荷的最新信息更新 Trove 的基础设施数据库。

每个 Trove 服务之间的相互作用遵循这种相同的模式。这三个 RPC 服务暴露了各自的 API 并操作消息队列上的 RPC 服务侦听特定的 topic。

用户端使用它们暴露的 API 来 cast() 一个消息到队列，RPC 服务接收并执行消息。这里也支持同步 call() 方法调用，允许请求者禁止和接收 RPC 的一个响应。

在前面讨论的许多地方，我们都提到了 Trove 基础设施数据库。接下来，我们将研究如何使用这个数据库。

4.2.8　Trove 基础设施数据库

Trove 基础设施数据库是在安装 Trove 的过程中设置的。Trove 通过 trove.db 抽象化这个数据库并进行交互。

在前面的 heartbeat() 消息的例子中，Trove conductor 的实现引发心跳并被存储到基础设施数据库中，从下面的代码中可以看出（见 trove/instance/models.py）：

```
33        from trove.db import get_db_api

1188          def save(self):
1189              self['updated_at'] = utils.utcnow()
1190              return get_db_api().save(self)
```

在这种情况下，get_db_api() 中的 save() 方法是 Trove 基础设施数据库 trove.db 抽象概念的一部分。

trove.db 的 __init__.py 是连接到 Trove 基础设施数据库的抽象概念。

```
21  CONF = cfg.CONF
22
23  db_api_opt = CONF.db_api_implementation
24
25
26  def get_db_api():
27      return utils.import_module(db_api_opt)
28
```

配置 db_api_implementation 的默认值是 trove.db.sqlalchemy.api，如下所示。

```
ubuntu@trove-book-vm:/opt/stack/trove/trove/common$ grep -n db_api_
```

```
implementation -A 1 cfg.py
   97:    cfg.StrOpt('db_api_implementation', default='trove.db.sqlalchemy.
api',
   98-               help='API Implementation for Trove database access.'),
```

Trove 基础设施数据库的抽象化是基于 SQLAlchemy 的（www.sqlalchemy.org/），并且相应的数据库架构在 SQLAlchemy-migrate 仓库中被定义。

在写这篇文章的时候，Trove 基础设施数据库的当前版本是 35。你可以在 /opt/stack/trove/trove/db/ sqlalchemy/migrate_repo/versions 中看到基础架构（第 1 版）和随之而来的 35 个版本。

SQLAlchemy 会在指定的点建立一个基础设施数据库，这是通过 db/sqlalchemy/session.py 中如下所示的 database 部分的 Trove 设置的 connection 中的 connection 字符串决定的。

```
76  def _create_engine(options):
77     engine_args = {
78        "pool_recycle": CONF.database.idle_timeout,
79        "echo": CONF.database.query_log
80     }
81     LOG.info(_("Creating SQLAlchemy engine with args: %s") % engine_
args)
82     db_engine = create_engine(options['database']['connection'],
**engine_args)
83        if CONF.profiler.enabled and CONF.profiler.trace:sqlalchemy:
84           osprofiler.sqlalchemy.add_tracing(sqlalchemy, db_engine, "db")
85        return db_engine
```

而 connection 的默认值是使用 SQLite 数据库：

```
402-database_opts = [
403:    cfg.StrOpt('connection',
404-               default='sqlite:///trove_test.sqlite',
405-               help='SQL Connection.',
406-               secret=True,
407:               deprecated_name='sql_connection',
408-               deprecated_group='DEFAULT'),
409-    cfg.IntOpt('idle_timeout',
410-               default=3600,
```

这对于任何规模的 Trove 都远远不够。在使用 devstack 安装的样本 Trove 里，我们可以看到 connection 被设置在 /etc/trove.conf 里。

```
19  [database]
20   connection = mysql://root:07f1bff15e1cd3907c0f@127.0.0.1/
trove?charset=utf8
```

根据这个设置，在基础设施数据库上有关 Trove 的所有数据都被存储在名为 trove 的 MySQL 数据库内，运行 MySQL 服务的主机 ip 地址为 127.0.0.1（localhost），并且使用 root 用户和 07f1bff15e1cd3907c0f 密码来访问。该密码是在第 2 章中安装 devstack 的 localrc 文件中设置的。

4.2.9　Trove 公共 API

我们通过描述 Trove 公共 API 和 Trove API 服务来总结 Trove 的概念。请注意，与其他所有 RPC 服务器不同，Trove API 服务实现了一个 WSGI 服务。

在 trove/common/api.py 中定义的 API 类实现了 Trove 公共 API。

```
28
29   class API(wsgi.Router):
30       """Defines the API routes."""
```

Trove 的公共 API 是一个 RESTful API。用户端通过发出特定请求的 URI 和 Trove 交互。附录 C 介绍了完整的公共 API。在本节中，我们将介绍公共 API 及 Trove API 服务是怎样工作的。

我们使用路由实例中的三个示例来说明 Trove 公共 API（来自 trove/common/api. py）的请求流程。

```
64   def _instance_router(self, mapper):
65     instance_resource = InstanceController().create_resource()
66     mapper.connect("/{tenant_id}/instances",
67                    controller=instance_resource,
68                    action="index",
69                    conditions={'method': ['GET']})
70     mapper.connect("/{tenant_id}/instances",
71                    controller=instance_resource,
72     action="create",
73                    conditions={'method': ['POST']})
```

```
74        mapper.connect("/{tenant_id}/instances/{id}",
75                      controller=instance_resource,
76                      action="show",
77                      conditions={'method': ['GET']})
```

这三条路由定义了我们调用指定的 API 时采取的动作。

URI	Condition	Action
/{tenant_id}/instances	GET	index
/{tenant_id}/instances	POST	create
/{tenant_id}/instances/{id}	GET	show

前两个动作即 index 和 create，是针对相同的 URI 执行的，一个是 GET，一个是 POST。show 动作是一个 GET，针对一个包含被操作的实例的 ID 的 URI。

前面的代码（_instance_router()）通过鉴定控制器定义了每个 URI 的映射。路由通过一个被称为 instance_resource 的控制器定义了将要被处理的 action。早期的代码初始化 instance_resource 为 InstanceController 类的一个实例（见第 65 行代码）。

Trove API 在 /{tenant_id}/instances/{id} 上定义上了一个 GET 请求来显示一个指定实例（通过 {id} 标识）的细节。

在 /{tenant_id}/instances/{id}URL 的 GET 响应中，该 API 将调用由 Instance Controller 类定义的 show() 方法。在 trove/instance/service.py 中定义了 InstanceController 类。

```
41   class InstanceController(wsgi.Controller):

159    def show(self, req, tenant_id, id):
160        """Return a single instance."""
161        LOG.info(_LI("Showing database instance '%(instance_id)s' for
tenant "
162                     "'%(tenant_id)s'"),
163                 {'instance_id': id, 'tenant_id': tenant_id})
164        LOG.debug("req : '%s'\n\n", req)
165
166        context = req.environ[wsgi.CONTEXT_KEY]
167        server = models.load_instance_with_guest(models.DetailInstance,
168                                                  context, id)
169        return wsgi.Result(views.InstanceDetailView(server,
```

170   req=req).data(), 200)

show() 方法提供了 tenant_id、id 参数和来自用户（req）的完整请求。

我们针对一个已知实例调用 trove show 命令，并显示该命令的输出，这个输出会通过 Trove API 服务记录（在日志文件 /opt/stack/logs/tr-api.log 中）。

```
ubuntu@trove-book-vm:~$ trove show 41037bd2-9a91-4d5c-b291-612ad833a6d5
+-------------------+--------------------------------------+
| Property          | Value                                |
+-------------------+--------------------------------------+
| created           | 2015-03-24T19:33:07                  |
| datastore         | mysql                                |
| datastore_version | 5.5                                  |
| flavor            | 2                                    |
| id                | 41037bd2-9a91-4d5c-b291-612ad833a6d5 |
| ip                | 172.24.4.4                           |
| name              | m2                                   |
| status            | ACTIVE                               |
| updated           | 2015-03-24T19:33:12                  |
| volume            | 2                                    |
| volume_used       | 0.17                                 |
+-------------------+--------------------------------------+
```

Trove API 服务（如下所示）的日志输出已经被批注过。以下是错误日志的部分，随后进行简单解释。

```
2015-03-25 22:26:25.966 INFO eventlet.wsgi [-] (30165) accepted
('192.168.117.5', 41543)

[. . . authentication . . .]

2015-03-25 22:26:26.121 INFO trove.instance.service [-] Showing database
instance '41037bd2-
9a91-4d5c-b291-612ad833a6d5' for tenant 'cde807e8ca304a7fb04691928ed
ea019'

2015-03-25 22:26:26.121 DEBUG trove.instance.service [-] req : 'GET /
v1.0/cde807e8ca304a7fb04691928edea019/instances/41037bd2-9a91-4d5c-b291-
612ad833a6d5 HTTP/1.0
```

```
[. . . rest of request deleted . . .]
from (pid=30165) show /opt/stack/trove/trove/instance/service.py:164
```

请求已被验证，现在将被处理。为了生成我们所需要的输出，我们需要得到关于实例的信息。为此我们调用方法 load_instance_ with_guest()。

```
2015-03-25 22:26:27.760 DEBUG trove.instance.models [-] Instance
41037bd2-9a91-4d5c-b291-612ad833a6d5 service status is running. from
(pid=30165) load_instance_with_guest /opt/
stack/trove/trove/instance/models.py:482
```

这里我们使用 load_instance_with_guest() 的原因是，show 命令的输出中显示的内容之一是磁盘空间上的 guest 使用量。例如前面代码的最后一行输出了 0.17。

为了从 guest 上获取卷信息，API 服务调用了由 Trove guest agent 提供的 get_volume_info()API。同步 call 请求被发送给 guest，guest 会提供所需的信息。接下来可以看到 AMQP 通信（高级消息队列协议）消息的交互。

```
2015-03-25 22:26:27.844 DEBUG trove.guestagent.api [-] Check Volume
Info on instance41037bd2-9a91-4d5c-b291-612ad833a6d5. from (pid=30165) get_
volume_info /opt/stack/trove/trove/guestagent/api.py:290
2015-03-25 22:26:27.845 DEBUG trove.guestagent.api [-] Calling get_
filesystem_stats withtimeout 5 from (pid=30165) _call /opt/stack/trove/
trove/guestagent/api.py:59
2015-03-25 22:26:27.847 DEBUG oslo_messaging._drivers.amqpdriver [-]
MSG_ID is.2e414512490b48a9bdbd2ec942988ede from (pid=30165) _send /usr/
local/lib/python2.7/dist-packages/oslo_messaging/_drivers/amqpdriver.py:310
2015-03-25 22:26:27.849 DEBUG oslo_messaging._drivers.amqp [-] Pool
creating new connection from (pid=30165) create /usr/local/lib/python2.7/
dist-packages/oslo_messaging/_drivers/amqp.py:70
2015-03-25 22:26:27.854 INFO oslo_messaging._drivers.impl_rabbit [-]
Connecting to AMQP server on localhost:5672
2015-03-25 22:26:27.884 INFO oslo_messaging._drivers.impl_rabbit [-]
Connected to AMQP server on 127.0.0.1:5672
2015-03-25 22:26:27.909 DEBUG oslo_messaging._drivers.amqp [-] UNIQUE_ID
is eb16e7c436b148dc9a4008b5ccdc28d5. from (pid=30165) _add_unique_id /usr/
local/lib/python2.7/dist-packages/oslo_messaging/_drivers/amqp.py:226
```

我们从 guest agent 中得到以下回应：

```
2015-03-25 22:26:27.959 DEBUG trove.guestagent.api [-] Result is
{u'total': 1.97, u'free':1933627392, u'total_blocks': 516052, u'used': 0.17,
u'free_blocks': 472077, u'block_size':4096}. from (pid=30165) _call /opt/
stack/trove/trove/guestagent/api.py:64
```

我们收集了 show 命令输出的实例的其他信息。

```
2015-03-25 22:26:27.966 DEBUG trove.instance.views [-] {'status':
'ACTIVE', 'name': u'm2','links': [{'href': u'https://192.168.117.5:8779/
v1.0/cde807e8ca304a7fb04691928edea019/instances/41037bd2-9a91-4d5c-b291-
612ad833a6d5', 'rel': 'self'}, {'href': u'https://192.168.117.5:8779/
instances/41037bd2-9a91-4d5c-b291-612ad833a6d5','rel': 'bookmark'}],
'ip': [u'172.24.4.4'], 'id': u'41037bd2-9a91-4d5c-b291-612ad833a6d5',
'volume': {'size': 2L}, 'flavor': {'id': '2', 'links': [{'href':
u'https://192.168.117.5:8779/v1.0/cde807e8ca304a7fb04691928edea019/
flavors/2', 'rel': 'self'},{'href': 'https://192.168.117.5:8779/flavors/2',
'rel': 'bookmark'}]}, 'datastore':{'version': u'5.5', 'type': u'mysql'}}
from (pid=30165) data /opt/stack/trove/trove/instance/views.py:55
```

下面的信息会被返回给请求方（在这种情况下是 trove show 用户端）：

```
2015-03-25 22:26:27.971 INFO eventlet.wsgi [-] 192.168.117.5 - - [25/
Mar/2015 22:26:27]
    "GET /v1.0/cde807e8ca304a7fb04691928edea019/instances/41037bd2-9a91-
4d5c-b291-612ad833a6d5
    HTTP/1.1" 200 843 2.004077
```

图 4-5 展示了之前描述的 trove show 命令的数据流。由用户端（在左上角）发出的 trove show 命令转换成一个针对 Trove 公共 API 的 GET 请求的 URI /v1.0/{tenant_id}/ instances/{id}。

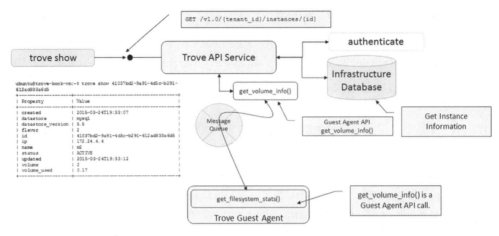

图 4-5　`trove show`命令的数据流

验证请求（这是一个完整的惯例，调用 API 到 Keystone，对服务目录进行检索，并建立用户的上下文）后，Trove API 服务从基础设施数据库中获取实例的信息，使用 `get_volume_info()`API 发出同步调用到 guest agent。

Trove guest agent 暴露的 `get_volume_info()`API 被转换成一个 guest agent 里的 RPC 调用方法 `get_filesystem_stats()`。

之后 Trove API 服务计算可用的空间量，并返回信息给 Trove 用户端进行输出。

4.3　OpenStack Trove 的架构

以前面讲解的概念为背景，我们现在开始整体看 OpenStack Trove 的架构，并深入理解所有部分是如何结合在一起的。

以上一节例子中的 `trove show` 命令为例，我们将展示该命令实际上是如何在 guest 实例上执行的，然后解释如何使用先前讲解的各种概念来实现与系统的更复杂的相互。我们将详细讨论前面章节中的实例、用户和数据库的操作命令，为在后面的章节中进一步巩固做准备。

我们先来看看之前展示的 `trove create` 命令的一些简单的调用之间的交互。

`trove create` 命令（`python-troveclient` 仓库的一部分）封装了用户提供的所有命令行参数，并发送了一个 POST 到 Trove 公共 API 定义的 URI `/v1.0/{tenant_id}/instances/`。

```
ubuntu@trove-book-vm:/opt/stack/python-troveclient/troveclient$ cat -n
v1/instances.py
  51 def create(self, name, flavor_id, volume=None, databases=None,
users=None,
  52                restorePoint=None, availability_zone=None,
datastore=None,
  53                datastore_version=None, nics=None, configuration=None,
  54                replica_of=None, slave_of=None, replica_count=None):
  55       """Create (boot) a new instance."""
  56
  57     body = {"instance": {
  58         "name": name,
  59         "flavorRef": flavor_id
  60     }}
  61     datastore_obj = {}
  62     if volume:
  63         body["instance"]["volume"] = volume
  64     if databases:
  65         body["instance"]["databases"] = databases
  66     if users:
  67         body["instance"]["users"] = users
  68     if restorePoint:
  69         body["instance"]["restorePoint"] = restorePoint
  70     if availability_zone:
  71         body["instance"]["availability_zone"] = availability_zone
  72     if datastore:
  73         datastore_obj["type"] = datastore
  74     if datastore_version:
  75         datastore_obj["version"] = datastore_version
  76     if datastore_obj:
  77         body["instance"]["datastore"] = datastore_obj
  78     if nics:
  79         body["instance"]["nics"] = nics
  80     if configuration:
  81         body["instance"]["configuration"] = configuration
  82     if replica_of or slave_of:
  83         body["instance"]["replica_of"] = base.getid(replica_of) or
slave_of
  84     if replica_count:
```

```
85                    body["instance"]["replica_count"] = replica_count
86
87         return self._create("/instances", body, "instance")
```

这个请求通过某种方式到达 Trove API 服务，API 服务的 WSGI 映射定义了要执行的相应动作。

```
ubuntu@trove-book-vm:/opt/stack/trove/trove/common$ cat -n api.py

64 def _instance_router(self, mapper):
65                 instance_resource = InstanceController().create_
resource()

70                 mapper.connect("/{tenant_id}/instances",
71                           controller=instance_resource,
72                           action="create",
73                           conditions={'method': ['POST']})
```

create 请求被传递给 controller（instance_resource）中的 create() 方法，该 controller 是 InstanceController 的一个实例。

```
ubuntu@trove-book-vm:/opt/stack/trove/trove/instance$ cat -n service.py

185     def create(self, req, body, tenant_id):

191             context = req.environ[wsgi.CONTEXT_KEY]

228
229             instance = models.Instance.create(context, name, flavor_
id,
230                                     image_id, databases, users,
231                                     datastore, datastore_version,
232                                     volume_size, backup_id,
233                                     availability_zone, nics,
234                                     configuration, slave_of_id)
235
236             view = views.InstanceDetailView(instance, req=req)
237             return wsgi.Result(view.data(), 200)
238
```

在拆包并理解了接收到的 req 和 body 中的参数的意义后，信息被传递到 model 中（见第 229 行代码）的 create() 方法。

models.py（连同 service.py）中的代码实现了大部分 create() 调用的功能。create() 方法的代码注释如下：

```
ubuntu@trove-book-vm:/opt/stack/trove/trove/instance$ cat -n models.py

  655        def create(cls, context, name, flavor_id, image_id, databases,
users,
  656          datastore, datastore_version, volume_size, backup_id,
  657          availability_zone=None, nics=None, configuration_id=None,
  658          slave_of_id=None, cluster_config=None):
  659
  660          datastore_cfg = CONF.get(datastore_version.manager)
```

由于用户指定了一个 flavor，所以我们调用 Nova 来检查这个 flavor 是否有效。

```
  661          client = create_nova_client(context)
  662          try:
  663              flavor = client.flavors.get(flavor_id)
  664          except nova_exceptions.NotFound:
  665              raise exception.FlavorNotFound(uuid=flavor_id)
```

在后面的部分中，我们将描述从现有的备份启动一个实例的机制。在用户指定了一个备份作为实例的源时，需要进行一些验证。

```
  684      if backup_id:
  685          backup_info = Backup.get_by_id(context, backup_id)
  686          if not backup_info.is_done_successfuly:
  687              raise exception.BackupNotCompleteError(
  688                  backup_id=backup_id, state=backup_info.state)
  689
  690          if backup_info.size > target_size:
  691              raise exception.BackupTooLarge(
  692                  backup_size=backup_info.size, disk_size=target_size)
  693
  694          if not backup_info.check_swift_object_exist(
  695                  context,
  696                  verify_checksum=CONF.verify_swift_checksum_on_
restore):
```

```
697                    raise exception.BackupFileNotFound(
698                        location=backup_info.location)
699
700            if (backup_info.datastore_version_id
701                    and backup_info.datastore.name != datastore.name):
702                raise exception.BackupDatastoreMismatchError(
703                    datastore1=backup_info.datastore.name,
704                    datastore2=datastore.name)
705
```

在后面的部分中，我们将讲解启动一个实例作为另一个实例的副本的机制。当用户试图启动一个复制时，需要进行一些验证。

```
706        if slave_of_id:
707            replication_support = datastore_cfg.replication_strategy
708            if not replication_support:
709                raise exception.ReplicationNotSupported(
710                    datastore=datastore.name)
711            try:
712                # looking for replica source
713                replica_source = DBInstance.find_by(
714                    context,
715                    id=slave_of_id,
716                    deleted=False)
717                if replica_source.slave_of_id:
718                    raise exception.Forbidden(
719                        _("Cannot create a replica of a replica %(id)s.")
720                        % {'id': slave_of_id})
721            except exception.ModelNotFoundError:
722                LOG.exception(
723                    _("Cannot create a replica of %(id)s "
724                    "as that instance could not be found.")
725                    % {'id': slave_of_id})
726                raise exception.NotFound(uuid=slave_of_id)
727
```

_create_resource() 方法做了很多繁重的工作，并在第 791 行代码中被调用。

```
734 def _create_resources():
735
```

实例的创建被记录在基础设施数据库中，并且该实例被标记为 InstanceTasks.
BUILDING 状态。

```
742
743                db_info=DBInstance.create(name=name,flavor_id=flavor_id,
744                                tenant_id=context.tenant,
745                                volume_size=volume_size,
746                                datastore_version_id=
747                                datastore_version.id,
748                                task_status=InstanceTasks.BUILDING,
749                                configuration_id=configuration_id,
750                                slave_of_id=slave_of_id,
751                                cluster_id=cluster_id,
752                                shard_id=shard_id,
753                                type=instance_type)
```

如果用户需要指定一个根密码，则必须在启动时指定，密码在这时生成。

```
773                root_password = None
774                if cls.get_root_on_create(
775                        datastore_version.manager) and not backup_id:
776                    root_password = utils.generate_random_password()
```

这时，Trove API 服务发送一个请求给 Trove task manager 来做其余的工作。注意
task_api.API(context).create_instance() 将用户所请求的该实例的上下文和用户端
提供的所有参数传送给 task manager。

```
778        task_api.API(context).create_instance(db_info.id, name, flavor,
779                                image_id, databases, users,
780                                datastore_version.manager,
781                                datastore_version.packages,
782                                volume_size, backup_id,
783                                availability_zone,
784                                root_password, nics,
785                                overrides, slave_of_id,
786                                cluster_config)
```

create_instance() 调用到这里就完成了，_create_resources() 调用返回该实例，
run_with_quotas() 如下：

```
788                return SimpleInstance(context, db_info, service:status,
```

```
789                                    root_password)

791              return run_with_quotas(context.tenant,
792                                       deltas,
793                                       _create_resources)
```

由于 Trove API 发送了一个请求到 task manager，所以我们继续用 task manager 进行处理，从被调用的 API 开始。

```
ubuntu@trove-book-vm:/opt/stack/trove/trove/taskmanager$ cat -n api.py
135      def create_instance(self, instance_id, name, flavor,
136                      image_id, databases, users, datastore_manager,
137                      packages, volume_size, backup_id=None,
138                      availability_zone=None, root_password=None,
139                      nics=None, overrides=None, slave_of_id=None,
140                      cluster_config=None):
141
142          LOG.debug("Making async call to create instance %s " %
instance_id)
143
144          cctxt = self.client.prepare(version=self.version_cap)
145          cctxt.cast(self.context, "create_instance",
146                      instance_id=instance_id, name=name,
147                      flavor=self._transform_obj(flavor),
148                      image_id=image_id,
149                      databases=databases,
150                      users=users,
151                      datastore_manager=datastore_manager,
152                      packages=packages,
153                      volume_size=volume_size,
154                      backup_id=backup_id,
155                      availability_zone=availability_zone,
156                      root_password=root_password,
157                      nics=nics,
158                      overrides=overrides,
159                      slave_of_id=slave_of_id,
160                      cluster_config=cluster_config)
```

该 API 仅仅得到了被提供的所有信息，并发送一个异步 cast() 调用到 task manager。

回想一下，cast() 是一个异步请求，call() 是同步请求。

它指定 Trove task manager 获取所提供的额外信息，并执行从第 115 行代码开始的 create_instance() 方法。

```
ubuntu@trove-book-vm:/opt/stack/trove/trove/taskmanager$ cat -n manager.
py

    29  from trove.taskmanager.models import FreshInstanceTasks

    93 def _create_replication_slave(self, context, instance_id, name,
flavor,
    94                                 image_id, databases, users,
    95                                 datastore_manager, packages, volume_
size,
    96                                 availability_zone,
    97                                 root_password, nics, overrides, slave_
of_id):
    98
    99     instance_tasks = FreshInstanceTasks.load(context, instance_id)
    100
    101     snapshot = instance_tasks.get_replication_master_
snapshot(context,
    102                                                       slave_of_id)
    103        try:
    104            instance_tasks.create_instance(flavor, image_id, databases,
users,
    105                         datastore_manager, packages,
    106                         volume_size,
    107                         snapshot['dataset']['snapshot_id'],
    108                         availability_zone, root_password,
    109                         nics, overrides, None)
    110        finally:
    111            Backup.delete(context, snapshot['dataset']['snapshot_id'])
    112
    113        instance_tasks.attach_replication_slave(snapshot, flavor)
    114
    115    def create_instance(self, context, instance_id, name, flavor,
    116                     image_id, databases, users, datastore_manager,
    117                     packages, volume_size, backup_id, availability_
```

```
zone,
118                        root_password, nics, overrides, slave_of_id,
119                        cluster_config):
```

如果想创建一个现有实例的副本，则可以调用 _create_replication_slave() 方法。这种方法只是进行一些设置，然后调用 instance_tasks.create_instance()（见第 93—113 行代码）。

```
120        if slave_of_id:
121          self._create_replication_slave(context, instance_id, name,
122                          flavor, image_id, databases, users,
123                          datastore_manager, packages,
124                          volume_size,
125                          availability_zone, root_password,
126                          nics, overrides, slave_of_id)
```

如果只是创建一个新的实例，则可以调用如下所示的 instance_tasks.create_instance()：

```
127        else:
128          instance_tasks = FreshInstanceTasks.load(context, instance_
id)
129          instance_tasks.create_instance(flavor, image_id, databases,
users,
130                                datastore_manager, packages,
131                                volume_size, backup_id,
132                                availability_zone, root_password,
133                                nics, overrides, cluster_config)
```

在第 29 行代码中，instance_tasks() 在 trove.taskmanager.models 中。这些代码从第 246 行开始注解。

```
219  class FreshInstanceTasks(FreshInstance, NotifyMixin,
ConfigurationMixin):
```

_get_injected_files() 在第 271 行代码中被 create_instance() 调用，该方法可以说是执行创建的工作流程中最关键的部分。其生成的配置文件将在启动时被发送到 guest 实例，并提供给 guest agent 作为后续操作所需的信息。

```
220      def _get_injected_files(self, datastore_manager):
```

该方法的目的是构建 files 集合，它包含 guest_info 和 trove-guestagent.conf 这两个文件。这两个文件的内容在本节后面展示。

```
221        injected_config_location = CONF.get('injected_config_location')
222        guest_info = CONF.get('guest_info')
223

231

232        files = {guest_info_file: (
233             "[DEFAULT]\n"
234             "guest_id=%s\n"
235             "datastore_manager=%s\n"
236             "tenant_id=%s\n"
237             % (self.id, datastore_manager, self.tenant_id))}
238
239        if os.path.isfile(CONF.get('guest_config')):
240            with open(CONF.get('guest_config'), "r") as f:
241                files[os.path.join(injected_config_location,
242                          "trove-guestagent.conf")] = f.read()
243
244      return files
245
```

如下所示为 create_instance()，其中实例创建的繁重工作都在这里完成。

```
246    def create_instance(self, flavor, image_id, databases, users,
247             datastore_manager, packages, volume_size,
248             backup_id, availability_zone, root_password, nics,
249             overrides, cluster_config):
250
251        LOG.info(_("Creating instance %s.") % self.id)
```

工作的首要任务是获得要发送到 guest 的文件，_get_injected_files() 方法（前面所示）完成这个任务。

```
271 files = self._get_injected_files(datastore_manager)
```

根据系统的配置，可以调用三种方法来创建服务器和卷，分别是使用 heat、使用 Nova 创建实例和卷、单独创建 Nova 实例和卷。注意，在每种方法中，配置文件都被一起传入（Nova 调用注入）。

```
273        if use_heat:
274            volume_info = self._create_server_volume_heat(
275                flavor,

281                    files)
282        elif use_nova_server_volume:
283            volume_info = self._create_server_volume(
284                flavor['id'],
291                files)
292        else:
293            volume_info = self._create_server_volume_individually(
294                flavor['id'],

301                files)
```

下面的 self._guest_prepare() 的调用是一个极为重要的操作。该调用最终转换为一个调用 guest agent 的 prepare() 方法的 API。

```
315        self._guest_prepare(flavor['ram'], volume_info,
316                    packages, databases, users, backup_info,
317                    config.config_contents, root_password,
318                    config_overrides.config_contents,
319                    cluster_config)
```

接下来，我们看一下使用 _create_server_volume() 创建服务器和卷的机制。另外两种方法类似。首先，观察前面描述的最后一个参数 files。

```
486    def _create_server_volume(self,flavor_id, image_id, security_
groups,
487                        datastore_manager, volume_size,
488                        availability_zone, nics,files):
489        LOG.debug("Begin _create_server_volume for id: %s" % self.
id)
490        try:
```

首先，准备用户的数据（在 Nova 调用中使用的用户的数据），使用下面的代码：

```
491            userdata = self._prepare_userdata(datastore_manager)
```

然后调用 Nova（使用其公共 API）来创建一个实例。

```
498            server = self.nova_client.servers.create(
```

```
499                     name, image_id, flavor_id,
500                     files=files, volume=volume_ref,
501                     security_groups=security_groups,
502                     availability_zone=availability_zone,
503                     nics=nics, config_drive=config_drive,
504                     userdata=userdata)
```

如下所示是 _prepare_userdata()，其目的是生成必须传递给 Nova 的用户数据。

```
740     def _prepare_userdata(self, datastore_manager):
741         userdata = None
742         cloudinit = os.path.join(CONF.get('cloudinit_location'),
743                             "%s.cloudinit" % datastore_manager)
744         if os.path.isfile(cloudinit):
745             with open(cloudinit, "r") as f:
746                 userdata = f.read()
747         return userdata
```

由 _get_injected_files 生成配置文件，根据设定的方式传递到 guest agent。在一个运行中的 guest 上，这些文件包含的内容如下：

```
ubuntu@m1:/etc/trove/conf.d$ cat guest_info.conf
[DEFAULT]
guest_id=fc7bf8f0-8333-4726-85c9-2d532e34da91
datastore_manager=mysql
tenant_id=cde807e8ca304a7fb04691928edea019

ubuntu@m1:/etc/trove/conf.d$ cat trove-guestagent.conf
[DEFAULT]
[. . .]
debug = True
log_file = trove-guestagent.log
log_dir = /var/log/trove/
ignore_users = os_admin
control_exchange = trove
trove_auth_url = http://192.168.117.5:35357/v2.0
nova_proxy_admin_pass =
nova_proxy_admin_tenant_name = trove
nova_proxy_admin_user = radmin
rabbit_password = 654a2b9115e9e02d6b8a
```

```
rabbit_host = 10.0.0.1
rabbit_userid = stackrabbit
```

最后，看一下 prepare() guest agent 调用。该 API 的实现如下。

```
ubuntu@trove-book-vm:/opt/stack/trove/trove/guestagent$ cat -n api.py
212     def prepare(self, memory_mb, packages, databases, users,
213                 device:path='/dev/vdb', mount_point='/mnt/volume',
214                 backup_info=None, config_contents=None, root_
password=None,
215                 overrides=None, cluster_config=None):
216         """Make an asynchronous call to prepare the guest
217             as a database container optionally includes a backup id
for restores
218         """

219         LOG.debug("Sending the call to prepare the Guest.")
```

首先，初始化与 guest 沟通的进程间通信（IPC）机制。

```
225 self._create_guest_queue()
```

然后，调用 _cast() 发送 prepare() 到这个队列中。一旦实例启动并连接到消息队列，则这个 prepare() 调用将被 guest 实例上的 guest agent 获取。

```
228     self._cast(
229         "prepare", self.version_cap, packages=packages,
230         databases=databases, memory_mb=memory_mb, users=users,
231         device:path=device:path, mount_point=mount_point,
232         backup_info=backup_info, config_contents=config_contents,
233         root_password=root_password, overrides=overrides,
234         cluster_config=cluster_config)
```

guest agent 上的 prepare() 方法在每个 guest agent 的实现中都可以找到。正确的 guest agent 代码将在 guest 实例上被启用，这一调用将在那里执行。prepare() 方法基于提供给 create 命令的参数配置 guest 实例。在 prepare() 调用完成后，guest 数据库应该可以使用了。

Trove guest agent 启动并读取配置文件（前面所示），并根据提供的信息来引导自己连接到消息队列。

我们来看看 MySQL guest agent 的实现。

```
ubuntu@trove-book-vm:/opt/stack/trove/trove/guestagent/datastore/mysql$
cat -n manager.py
```

```
111    def prepare(self, context, packages, databases, memory_mb, users,
112                device:path=None, mount_point=None, backup_info=None,
113                config_contents=None, root_password=None, overrides-None,
114                cluster_config=None):
```

如果需要安装某些软件包，则 task manager 会将该软件包列表发送到 guest agent，所以 guest agent 需要首先完成软件包的安装。作为对 `trove-manage` 命令的部分说明，附录 B 将提供有关指定包的更多细节。

```
119                app.install_if_needed(packages)
```

由于存储数据的容量可能已被指定，所以 Trove 可能需要重新配置 MySQL 来使用它。准备、挂载并使用该位置。

```
120                if device:path:
```

首先停止数据库服务，和前面的安装步骤一样，终止运行的数据库。

```
121                    #stop and do not update database
122                    app.stop_db()
```

准备新的位置，迁移数据目录，并重新挂载文件系统。

```
123                    device = volume.VolumeDevice(device:path)
124                    # unmount if device is already mounted
125                    device.unmount_device(device:path)
126                    device.format()
127                    if os.path.exists(mount_point):
128                        #rsync exiting data
129                        device.migrate_data(mount_point)
130                    #mount the volume
131                    device.mount(mount_point)
132                    LOG.debug("Mounted the volume.")
```

现在重启 MySQL 数据库实例。

```
133                app.start_mysql()
```

如果用户指定了数据库或用户，则在这里创建它们。

```
152        if databases:
153            self.create_database(context, databases)
154
155        if users:
156            self.create_user(context, users)
```

一切就是这么简单！在 guest agent 的日志文件中会记录一条消息，表示数据库设置和准备完成。

```
157
158            LOG.info(_('Completed setup of MySQL database instance.'))
159
```

实际安装并获得数据库运行状态的代码是针对具体数据库的，因此 prepare() 是在具体的 guest agent 中实现的。

本章前面介绍了 Trove conductor，并举了 guest agent 使用 heartbeat() 方法调用 conductor API 的例子。

guest agent 上按周期运行的任务调用此 heartbeat() 方法，并将数据库的状态作为有效载荷的一部分。一旦 prepare() 调用完成，该数据库则被标记为 ACTIVE 并且通过 guest agent 发送下一个心跳消息到 conductor，负载反映了这一点。这会使 conductor 使用 ACTIVE 状态更新基础设施数据库。

图 4-6 显示了完整的 create() 数据流。用户（如图 4-6 的左上角所示）执行 trove create 命令，这将使得 API 调用一个 POST 到 Trove 公共 API 的 /v1.0/{tenant_id}/instances URI。Trove API 服务实现了 Trove 公共 API，并且在验证请求后发送一个请求到 Nova（通过它的公共 API）来确认 flavor，然后在基础设施数据库记录实例的创建并调用 task manager create_instance() API，这个调用是异步的，最后 Trove API 从基础设施数据库返回有关实例的信息给用户端。

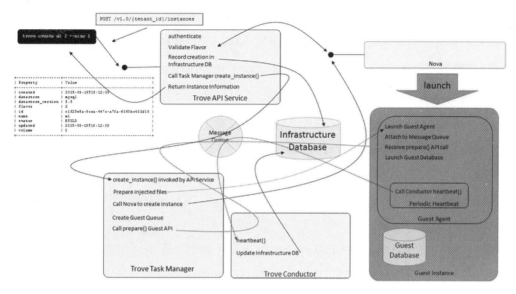

图 4-6　Trove create() 调用的完整数据流

Trove task manager 接收 create_instance() 调用，并准备注入到 Trove guest 实例的文件中，然后调用 Nova 使用指定的镜像启动 Trove guest 实例。启动 Trove guest agent，然后读取由 task manager 传递给它的配置文件。之后 task manager 创建 Trove guest 队列，并发送一个 prepare() 消息，当消息到达 guest 的时候，Trove guest 会对它进行处理。

当 guest 实例启动并接收到注入的配置文件时，Trove guest agent 也将启动。guest agent 会找到关于连接到消息队列的信息，并接收和处理 task manager 发送给它的 prepare() 消息。当这个完成后，用户数据库将启动并运行。

guest agent 的周期性心跳会带有包括 guest agent 状态的负载，调用在 Trove conductor 中的 heartbeat() 方法。这会使数据库状态被记录在基础设施数据库中。

4.4　总结

本章对 Trove 架构进行了高层次的介绍，并研究了 Trove 的各个组成部分的组合细节，全面讲解了 Trove 的一些关键概念。

Trove 是一个类似其他服务的 OpenStack 服务，它暴露了一个公共的 RESTful API 并将数据存储在基础设施数据库中。Trove 内部是一个复杂的服务，包含三个运行在 Trove 控制节点的服务（Trove API、Trove conductor 和 Trove task manger），而且在每个 Trove guest 实例上运行着各自的 Trove guest agent。Trove 也是其他 OpenStack 服务的用户端，并使用它们各自的公共 API 进行交互。在内部，每一个服务暴露一个私有 API。

Trove 服务之间是通过消息队列进行通信的。基础设施数据库存储着运行中的 Trove 实例的当前状态和其他持久型信息的有关数据，通常是一个 MySQL 数据库。

Trove 提供了通过策略扩展的机制。策略是实现 Trove 抽象的一个具体插件，根据其发展分为两种类型：stable 和 experimental。

Trove 可以通过特定数据库的 guest agent 来支持额外的数据库。guest agent 是运行在每个 Trove 实例上的 Trove 的一部分。guest agent 根据其发展状态分类为 experimental、technical-preview 和 stable。

最后，我们研究了 Trove 公共 API 中的两个 API 调用，并通过系统跟踪这些请求，说明系统功能的各种组件如何一起工作以提供 DBaaS 功能。

在随后的章节中，我们将以本章内容为基础，讲解 Trove 中的高级配置和操作。

第 5 章
Trove 的高级操作

在前面的章节中我们演示了如何安装 Trove 和对其进行一些基本配置，以及如何使用 Trove 执行一些基本操作，还深入研究了 Trove 的架构及 Trove 的各个组成部分是如何协同工作的。

本章在之前内容的基础上，进一步研究更高级的操作，涉及如下内容。

- 自定义 flavor
- 备份和恢复
- 复制
- 集群
- 配置组
- 实例扩容
- 终止实例

5.1 自定义 flavor

在启动一个 Trove 实例时，你必须指定一个 flavor。flavor 是虚拟机的模板，提供了基本的硬件配置信息，例如内存和磁盘空间量、虚拟 CPU（vCPUs）的数量，等等。

Nova 在安装过程中会创建默认的 flavor，可以用 `trove flavor-list` 命令来查看这些 flavor。此外，你可以创建自定义的 flavor 以使用一个特定的配置，接下来将会展示这个过程。首先，我们看一下 Nova 安装的默认的 flavor。

```
trovubuntu@trove-book:~$ nova flavor-list
+----+----------+-----------+------+-----------+------+-------+-------------+-----------+
| ID | Name     | Memory_MB | Disk | Ephemeral | Swap | VCPUs | RXTX_Factor | Is_Public |
+----+----------+-----------+------+-----------+------+-------+-------------+-----------+
| 1  | m1.tiny  | 512       | 1    | 0         |      | 1     | 1.0         | True      |
| 2  | m1.small | 2048      | 20   | 0         |      | 1     | 1.0         | True      |
| 3  | m1.medium| 4096      | 40   | 0         |      | 2     | 1.0         | True      |
| 4  | m1.large | 8192      | 80   | 0         |      | 4     | 1.0         | True      |
| 42 | m1.nano  | 64        | 0    | 0         |      | 1     | 1.0         | True      |
| 5  | m1.xlarge| 16384     | 160  | 0         |      | 8     | 1.0         | True      |
| 84 | m1.micro | 128       | 0    | 0         |      | 1     | 1.0         | True      |
+----+----------+-----------+------+-----------+------+-------+-------------+-----------+
```

假定你想定制一个新的 flavor，只使用 1GB 内存，那么你可以使用 nova flavor-create 命令创建自己的 flavor，如下所示。

```
ubuntu@trove-book:~$ nova flavor-create m1.1gb 10 1024 20 1
+----+--------+-----------+------+-----------+------+-------+-------------+-----------+
| ID | Name   | Memory_MB | Disk | Ephemeral | Swap | VCPUs | RXTX_Factor | Is_Public |
+----+--------+-----------+------+-----------+------+-------+-------------+-----------+
| 10 | m1.1gb | 1024      | 20   | 0         |      | 1     | 1.0         | True      |
+----+--------+-----------+------+-----------+------+-------+-------------+-----------+
```

```
ubuntu@trove-book:~$ nova help flavor-create
usage: nova flavor-create [--ephemeral <ephemeral>] [--swap <swap>]
                          [--rxtx-factor <factor>] [--is-public <is-
public>]

                          <name> <id> <ram> <disk> <vcpus>

Optional arguments:
  --ephemeral <ephemeral>  Ephemeral space size in GB (default 0)
  --swap <swap>            Swap space size in MB (default 0)
  --rxtx-factor <factor>   RX/TX factor (default 1)
  --is-public <is-public>  Make flavor accessible to the public (default
true)
```

上述命令创建了一个名为 m1.1gb 的新的 flavor，ID 为 10，内存为 1GB，硬盘为 20GB，有 1 个虚拟 CPU。在默认情况下，flavor 可以被所有人（--is-public 默认为 true）访问。

5.2　Trove 的备份和恢复

Trove 实现了一个内部框架，使得数据库可以实现备份机制，并从备份中启动新的实例，该框架基于备份和恢复策略。有关策略如何工作的详细信息，请参考 4.2.3 节。Trove 本身并不进行备份和恢复，它依赖于特定的数据库执行备份和恢复操作命令实现的策略。

在 trove-guestagent.conf 的设置中，指定的数据库部分（若没有指定，则为默认值）的配置参数 backup_strategy、backup_namespace、restore_namespace 和 backup_incremental_strategy 控制备份和恢复。接下来展示的是默认的 MySQL。

```
435      cfg.StrOpt('backup_strategy', default='InnoBackupEx',
436          help='Default strategy to perform backups.',

455      cfg.StrOpt('backup_namespace',
456          default='trove.guestagent.strategies.backup.mysql_impl',
457          help='Namespace to load backup strategies from.',

460      cfg.StrOpt('restore_namespace',
461          default='trove.guestagent.strategies.restore.mysql_impl',
462          help='Namespace to load restore strategies from.',

469      cfg.DictOpt('backup_incremental_strategy',
470          default={'InnoBackupEx': 'InnoBackupExIncremental'},
471          help='Incremental Backup Runner based on the default '
472          'strategy. For strategies that do not implement an '
473      'incremental backup, the runner will use the default full '
474          'backup.',
```

由于备份和恢复不（目前）支持 MongoDB，所以它们被初始化（为无）为如下（在 trove/common/cfg.py 中）代码：

```
677      # MongoDB
678      mongodb_group = cfg.OptGroup(

690      cfg.StrOpt('backup_strategy', default=None,
691          help='Default strategy to perform backups.',
692          deprecated_name='backup_strategy',
693          deprecated_group='DEFAULT'),
694      cfg.DictOpt('backup_incremental_strategy', default={},
695          help='Incremental Backup Runner based on the default'
696          'strategy. For strategies that do not implement an'
```

```
697                       'incremental, the runner will use the default full
backup.',
698                       deprecated_name='backup_incremental_strategy',
699                       deprecated_group='DEFAULT'),

730       cfg.StrOpt('backup_namespace', default=None,
731                       help='Namespace to load backup strategies from.',
732                       deprecated_name='backup_namespace',
733                       deprecated_group='DEFAULT'),
734       cfg.StrOpt('restore_namespace', default=None,
735                       help='Namespace to load restore strategies from.',
736                       deprecated_name='restore_namespace',
737                       deprecated_group='DEFAULT'),
738       ]
```

你可以使用如下所示的 trove backup-create 命令创建一个实例的备份。需要指定实例的 ID 和备份名称作为参数传递给命令。

```
ubuntu@trove-book:~$ trove backup-create ed77ec23-6444-427d-bc0c-
56a8b202974e backup-1
+------------+----------------------------------------------------+
| Property   | Value                                              |
+------------+----------------------------------------------------+
| created    | 2015-04-19T21:59:50                                |
| datastore  | {u'version': u'5.6', u'type': u'mysql',            |
|            | u'version_id': u'a5ec21dc-3a5b-41c8-97fe-4fc3ed007023'} |
| description | None                                              |
| id         | ff6398a6-e15f-4063-8c66-58f3a8528794              |
| instance_id | ed77ec23-6444-427d-bc0c-56a8b202974e             |
| locationRef | None                                              |
| name       | backup-1                                           |
| parent_id  | None                                               |
| size       | None                                               |
| status     | NEW                                                |
| updated    | 2015-04-19T21:59:50                                |
+------------+----------------------------------------------------+
```

Trove 还支持基于现有备份创建增量备份。要做到这一点，可使用 --parent 选项指定父备份。下面的例子还说明了如何使用 --description 命令行参数添加对备份的描述。

```
ubuntu@trove-book:~$ trove backup-create ed77ec23-6444-427d-bc0c-
```

```
56a8b202974e \
  > backup-1-incremental \
  > --parent ff6398a6-e15f-4063-8c66-58f3a8528794 --description "make an
incremental backup"
  +------------+-----------------------------------------------------+
  | Property   | Value                                               |
  +------------+-----------------------------------------------------+
  | created    | 2015-04-19T22:07:16                                 |
  | datastore  | {u'version': u'5.6', u'type': u'mysql',             |
  |            | u'version_id': u'a5ec21dc-3a5b-41c8-97fe-4fc3ed007023'} |
  | description | make an incremental backup                         |
  | id         | 496589a6-3f82-4ccc-a509-91fbfc2a3091               |
  | instance_id | ed77ec23-6444-427d-bc0c-56a8b202974e              |
  | locationRef | None                                              |
  | name       | backup-1-incremental                               |
  | parent_id  | ff6398a6-e15f-4063-8c66-58f3a852879                |
  | size       | None                                               |
  | status     | NEW                                                |
  | updated    | 2015-04-19T22:07:16                                |
  +------------+-----------------------------------------------------+
```

在 Kilo 版本中，MySQL 的备份策略已配置为使用 InnoBackupEx 创建默认的备份。你可以使用存储策略来确定在哪里存储备份，可以在 trove-guestagent.conf 中设置一些与此相关的配置选项，包括 storage_strategy（实现存储的类名称）、storage_namespace（实现 storage_strategy 的模块）及表明备份是否应该被压缩和加密的其他选项。storage_strategy 默认是 SwiftStorage。

```
263        cfg.StrOpt('storage_strategy', default='SwiftStorage',
264                   help="Default strategy to store backups."),
265        cfg.StrOpt('storage_namespace',
266                   default='trove.guestagent.strategies.storage.swift',
267                   help='Namespace to load the default storage strategy
from.'),
268        cfg.StrOpt('backup_swift_container', default='database_
backups',
269                   help='Swift container to put backups in.'),
270        cfg.BoolOpt('backup_use_gzip_compression', default=True,
271                    help='Compress backups using gzip.'),
```

```
272         cfg.BoolOpt('backup_use_openssl_encryption', default=True,
273                  help='Encrypt backups using OpenSSL.'),
274         cfg.StrOpt('backup_aes_cbc_key', default='default_aes_cbc_
key',
275                  help='Default OpenSSL aes_cbc key.'),
```

因此，刚刚创建的两个备份储存在 Swift 提供的对象存储内。

```
ubuntu@trove-book:~$ swift list
swift database_backups
ubuntu@trove-book:~$ swift list database_backups
496589a6-3f82-4ccc-a509-91fbfc2a3091.xbstream.gz.enc
496589a6-3f82-4ccc-a509-91fbfc2a3091_00000000
ff6398a6-e15f-4063-8c66-58f3a8528794.xbstream.gz.enc
ff6398a6-e15f-4063-8c66-58f3a8528794_00000000
```

你可以使用 trove backup-list 命令显示备份列表。

```
ubuntu@trove-book:~$ trove --json backup-list
[
  {
    "status": "COMPLETED",
    "updated": "2015-04-19T22:07:28",
    "description": "make an incremental backup",
    "created": "2015-04-19T22:07:16",
    "name": "backup-1-incremental",
    "instance_id": "ed77ec23-6444-427d-bc0c-56a8b202974e",
    "parent_id": "ff6398a6-e15f-4063-8c66-58f3a8528794",
    "locationRef": "http://192.168.117.5:8080/v1/AUTH_7ce14db4c7914492ac
17b29a310b7636/
        database_backups/496589a6-3f82-4ccc-a509-91fbfc2a3091.xbstream.
gz.enc",
    "datastore": {
      "version": "5.6",
      "type": "mysql",
      "version_id": "a5ec21dc-3a5b-41c8-97fe-4fc3ed007023"
    },
    "id": "496589a6-3f82-4ccc-a509-91fbfc2a3091",
    "size": 0.11
  },
```

```
{
    "status": "COMPLETED",
    "updated": "2015-04-19T21:59:59",
    "description": null,
    "created": "2015-04-19T21:59:50",
    "name": "backup-1",
    "instance_id": "ed77ec23-6444-427d-bc0c-56a8b202974e",
    "parent_id": null,
    "locationRef": "http://192.168.117.5:8080/v1/AUTH_7ce14db4c7914492ac
17b29a310b7636/
       database_backups/ff6398a6-e15f-4063-8c66-58f3a8528794.xbstream.
gz.enc",
    "datastore": {
      "version": "5.6",
      "type": "mysql",
      "version_id": "a5ec21dc-3a5b-41c8-97fe-4fc3ed007023"
    },
    "id": "ff6398a6-e15f-4063-8c66-58f3a8528794",
    "size": 0.11
  }
  ]
```

输出列出了增量备份和全备份。增量备份（id：496589a6-3f82-4ccc-a509-91fbfc2a3091）存储在 Swift 对象 database_backups/496589a6-3f82-4ccc-a509-91fbfc2a3091.xbstream.gz.enc 上；完全备份（id：ff6398a6-e15f-4063-8c66-58f3a8528794）存储在 Swift 对象 database_backups/ff6398a6-e15f-4063-8c66-58f3a8528794.xbstream.gz.enc 上。

请注意，输出表明增量备份和完全备份有着相同的原始实例（instance-id：ed77ec23-6444-427d-bc0c-56a8b202974e）。

恢复备份的操作通过启动基于备份的新实例来完成。在 Trove 中，你不能加载备份到现有的实例中。接下来，我们将展示如何创建一个基于前面生成的增量备份的新实例。需要注意的是，无论有多少增量备份，你只需使用 --backup 参数后面紧跟最近的增量备份的 BACKUP_ID。Trove 会处理前面增量备份链的一些复杂操作。

```
ubuntu@trove-book:~$ trove create from-backup 2 --size 2 --backup
496589a6-3f82-4ccc-a509-91fbfc2a3091
```

```
+-------------------+---------------------------------------+
| Property          | Value                                 |
+-------------------+---------------------------------------+
| created           | 2015-04-19T22:29:34                   |
| datastore         | mysql                                 |
| datastore_version | 5.6                                   |
| flavor            | 2                                     |
| id                | f62e48fa-33f7-4bb4-bf2d-c8ef8ee4cb42  |
| name              | from-backup                           |
| status            | BUILD                                 |
| updated           | 2015-04-19T22:29:34                   |
| volume            | 2                                     |
+-------------------+---------------------------------------+
```

此后不久，实例变得活跃，并且数据存储在初始备份（backup-1）中，增量备份（backup-1-incremental）现在建立在 from-backup 实例的基础上。首先看一下 Trove 创建备份的实例上的数据库。

```
ubuntu@trove-book:~$ trove database-list ed77ec23-6444-427d-bc0c-
56a8b202974e
+--------------------+
| Name               |
+--------------------+
| db1                |
| performance_schema |
+--------------------+
ubuntu@trove-book:~$ trove user-list ed77ec23-6444-427d-bc0c-
56a8b202974e
+----------------+------+-----------+
| Name           | Host | Databases |
+----------------+------+-----------+
| amrith         | %    | db1       |
| andreas        | %    |           |
+----------------+------+-----------+
```

接下来，从备份刚刚启动的新实例上执行相同的命令。如下所示，Trove 恢复了数据库和用户到新的实例中。

```
ubuntu@trove-book:~$ trove database-list f62e48fa-33f7-4bb4-bf2d-
c8ef8ee4cb42
+--------------------+
| Name               |
+--------------------+
| db1                |
| performance_schema |
+--------------------+
ubuntu@trove-book:~$ trove user-list f62e48fa-33f7-4bb4-bf2d-
c8ef8ee4cb42
+----------------+------+-----------+
| Name           | Host | Databases |
+----------------+------+-----------+
| amrith         | %    | db1       |
| andreas        | %    |           |
+----------------+------+-----------+
```

当从备份中创建一个实例，Trove 使用存储在备份中的元数据来确定提供给新的实例的存储卷是否大到足以容纳备份的数据。

你可以通过使用 trove backup-list-instance 命令找到指定实例的所有备份，可以使用 trove backup-delete 命令删除备份。

5.3　Trove 的复制

Trove 提供了一个内部框架，使数据库可以实现和管理自己的本地复制功能。Trove（本身）不执行复制功能，由底层数据库服务器执行。

Trove 仅仅执行如下内容。

- 配置并建立复制。
- 维护信息来帮助识别复制集中的成员。
- 如果有需要，则执行故障切换等操作。

在本节中，我们研究如何实现 Trove 复制及 Trove 在复制的数据库上可以执行的操作。

5.3.1　对复制的支持情况

MySQL 的数据库（以及类似 Percona 和 MariaDB 的变种）目前支持复制。当前支持的拓扑结构是主从结构，从是只读的，并异步填充。Juno 版本增加了对主从二进制日志复制的支持。

你 可 以 在 `https://dev.mysql.com/ doc/refman/5.5/en/replication-configuration.html` 上找到有关 MySQL 5.5 二进制日志复制的更多信息。这种方法支持 MySQL 5.5、Percona 和 MariaDB。

Kilo 版本的扩展复制支持还包括可用于 MySQL 5.6 的基于 GTID 的复制。这种支持对于 Percona Server 5.6、MariaDB 10 的基于 GTID 的复制也是可用的，但它与 MySQL 和 Percona 不兼容。有关 GTID 复制的更多信息（全局事务标识符）可以在 `https://dev.mysql.com/doc/refman/5.6/en/replication-configuration.html` 和 `https://mariadb.com/kb/en/mariadb/global-transaction-id/` 上找到。

5.3.2　创建一个复制

你可以使用 `trove create` 命令并指定 `--replica_of` 命令行参数来创建一个现有实例的复制。

注意　此示例使用 Kilo 版本（Kilo RC1）的 Trove 代码和 MySQL 5.5 的 guest 实例配置的机器。MySQL 5.5 的复制采用二进制日志复制模式。在 Kilo 版本中，默认的复制是基于 GTID 的复制并需要 MySQL 5.6 版本。在本节后面我们将演示 MySQL 5.6 基于 GTID 的复制和系统故障转移。

先从显示主节点信息开始。

```
ubuntu@trove-book-vm:/opt/stack/trove$ trove show 41037bd2-9a91-4d5c-
b291-612ad833a6d5
+-------------------+-------------------------------------+
| Property          | Value                               |
+-------------------+-------------------------------------+
| created           | 2015-03-24T19:33:07                 |
| datastore         | mysql                               |
| datastore_version | 5.5                                 |
| flavor            | 2                                   |
| id                | 41037bd2-9a91-4d5c-b291-612ad833a6d5 |
| ip                | 172.24.4.4                          |
| name              | m2                                  |
```

```
| status             | ACTIVE                               |
| updated            | 2015-03-24T19:33:12                  |
| volume             | 2                                    |
| volume_used        | 0.17                                 |
+--------------------+--------------------------------------+
ubuntu@trove-book-vm:/opt/stack/trove$ trove create m2-mirror 2 --size 2 \
>  --replica_of 41037bd2-9a91-4d5c-b291-612ad833a6d5
+--------------------+--------------------------------------+
| Property           | Value                                |
+--------------------+--------------------------------------+
| created            | 2015-03-24T19:49:50                  |
| datastore          | mysql                                |
| datastore_version  | 5.5                                  |
| flavor             | 2                                    |
| id                 | 091b1a9b-8b0c-44fc-814e-ade4fca4e9c6 |
| name               | m2-mirror                            |
| replica_of         | 41037bd2-9a91-4d5c-b291-612ad833a6d5 |
| status             | BUILD                                |
| updated            | 2015-03-24T19:49:50                  |
| volume             | 2                                    |
+--------------------+--------------------------------------+
```

在一个短暂的时期之后，我们看到新创建的实例已经变为 ACTIVE。一个附加选项（前面没有演示）是 --replica-count，它允许你同时创建多个副本。--replica-count 参数的默认值是 1，因此，在前面的命令中创建了一个副本。

```
ubuntu@trove-book-vm:/opt/stack/trove$ trove show 091b1a9b-8b0c-44fc-
814e-ade4fca4e9c6
+--------------------+--------------------------------------+
| Property           | Value                                |
+--------------------+--------------------------------------+
| created            | 2015-03-24T19:49:50                  |
| datastore          | mysql                                |
| datastore_version  | 5.5                                  |
| flavor             | 2                                    |
| id                 | 091b1a9b-8b0c-44fc-814e-ade4fca4e9c6 |
| ip                 | 172.24.4.5                           |
| name               | m2-mirror                            |
| replica_of         | 41037bd2-9a91-4d5c-b291-612ad833a6d5 |
```

```
| status              | ACTIVE                          |
| updated             | 2015-03-24T19:50:23             |
| volume              | 2                               |
| volume_used         | 0.18                            |
+---------------------+---------------------------------+
```

我们现在看到的是如何通过执行一些数据库操作显示给最终的用户。Trove 将这些操作（例如 database-create、database-list、database-delete、user-create、user-list 和 user-delete）称作"数据库扩展"。第 4 章介绍了有关如何实现扩展的细节。

首先，在主服务器上创建一个数据库，注意，提供给 database-create 命令的 ID 是主节点的 ID 41037bd2-9a91-4d5c-b291-612ad833a6d5。

```
ubuntu@trove-book-vm:$ trove database-create 41037bd2-9a91-4d5c-b291-
612ad833a6d5 db1
ubuntu@trove-book-vm:$ trove database-list 41037bd2-9a91-4d5c-b291-
612ad833a6d5
    +--------------------+
    | Name               |
    +--------------------+
    | db1                |
    | performance_schema |
    +--------------------+
```

接下来，通过提供的副本 id 091b1a9b-8b0c-44fc-814e-ade4fca4e9c6 执行针对副本的 database-list 命令。

```
ubuntu@trove-book-vm:$ trove database-list 091b1a9b-8b0c-44fc-814e-
ade4fca4e9c6
    +--------------------+
    | Name               |
    +--------------------+
    | db1                |
    | performance_schema |
    +--------------------+
```

因为你在主节点上创建了数据库并在副本上显示了数据库列表，很显然，复制实际上是在按预期工作。如果任何数据行被插入主节点创建的表，则它们也会出现在副本中。

你可以直接连接到 MySQL 服务器并在副本上执行一些命令来显示当前的复制状态。

在第 1 次连接到副本时，你会看到以下内容：

```
mysql> show master status;
+------------------+----------+--------------+------------------+
| File             | Position | Binlog_Do_DB | Binlog_Ignore_DB |
+------------------+----------+--------------+------------------+
| mysql-bin.000001 |      332 |              |                  |
+------------------+----------+--------------+------------------+
1 row in set (0.00 sec)

mysql> show variables like 'server%';
+---------------+------------+
| Variable_name | Value      |
+---------------+------------+
| server_id     | 1236306658 |
+---------------+------------+
1 row in set (0.00 sec)
```

接下来，连接到主实例时，可以执行相应的命令来查询复制状态。

```
mysql> show slave hosts;
+------------+------+------+-----------+
| Server_id  | Host | Port | Master_id |
+------------+------+------+-----------+
| 1236306658 |      | 3306 | 506806179 |
+------------+------+------+-----------+
1 row in set (0.00 sec)

mysql> show variables like 'server%';
+---------------+-----------+
| Variable_name | Value     |
+---------------+-----------+
| server_id     | 506806179 |
+---------------+-----------+
1 row in set (0.00 sec)
```

涉及 MySQL 复制的详细内容超出了本书讨论的范围，对我们而言，重要的是知道 Trove 已建立了一个主机和副本数据库。

一个配置了 MySQL 5.6 并运行着一个 Trove 主节点实例的系统，可以使用与配置了

MySQL 5.5 的相同方法创建一个副本。

```
ubuntu@trove-book:/opt/stack/trove/trove$ trove create m12 2 --size 2 \
> --replica_of ed77ec23-6444-427d-bc0c-56a8b202974e
+-------------------+--------------------------------------+
| Property          | Value                                |
+-------------------+--------------------------------------+
| created           | 2015-04-10T07:57:07                  |
| datastore         | mysql                                |
| datastore_version | 5.6                                  |
| flavor            | 2                                    |
| id                | 7ac6d15f-75b8-42d7-a3d8-9338743cc9b7 |
| name              | m12                                  |
| replica_of        | ed77ec23-6444-427d-bc0c-56a8b202974e |
| status            | BUILD                                |
| updated           | 2015-04-10T07:57:07                  |
| volume            | 2                                    |
+-------------------+--------------------------------------+
```

配置完成后，主节点（ed77ec23-6444-427d-bc0c-56a8b202974e）和副本（7ac6d15f-75b8-42d7-a3d8-9338743cc9b7）都在线。

Trove 管理基于现有实例生成副本的过程。它首先生成源的快照（主），然后使用该快照启动副本。快照是一个备份，和 trove backup-create 命令生成的备份一样。

一旦基于快照启动副本实例，则复制策略将执行命令来配置复制的副本连接到主节点。这些命令取决于复制策略是基于 binlog 还是 GTID。

在二进制日志复制的情况下，你可以在 trove.guestagent.strategies.replication.mysql_binlog 中找到 connect_to_master() 的实现。将它与使用二进制日志（在 https://dev.mysql.com/doc/refman/5.5/en/replication-howto-slaveinit.html 上）设置 MySQL 的复制命令进行比较。

```
40      def connect_to_master(self, service, snapshot):
41          logging_config = snapshot['log_position']
42          logging_config.update(self._read_log_position())
43          change_master_cmd = (
44              "CHANGE MASTER TO MASTER_HOST='%(host)s', "
45              "MASTER_PORT=%(port)s, "
46              "MASTER_USER='%(user)s', "
```

```
47                 "MASTER_PASSWORD='%(password)s', "
48                 "MASTER_LOG_FILE='%(log_file)s', "
49                 "MASTER_LOG_POS=%(log_pos)s" %
50                 {
51                     'host': snapshot['master']['host'],
52                     'port': snapshot['master']['port'],
53                     'user': logging_config['replication_user']['name'],
54               'password': logging_config['replication_user']['password'],
55                     'log_file': logging_config['log_file'],
56                     'log_pos': logging_config['log_position']
57                 })

58             service.execute_on_client(change_master_cmd)
59             service.start_slave()
```

基于 GTID 复制相应的实现可以在 trove.guestagent.strategies.replication. mysql_gtid 中找到，如下所示。将其与使用 GTID 设置 MySQL 的复制命令（在 https://dev.mysql.com/doc/refman/5.6/en/replication-gtids-howto.html 上）进行比较，并观察该命令使用 MASTER_AUTO_POSITION 替代 MASTER_LOG_POS 时的情况。

```
31   def connect_to_master(self, service, snapshot):
32       logging_config = snapshot['log_position']
33       LOG.debug("connect_to_master %s" % logging_config['replication_
user'])
34       change_master_cmd = (
35           "CHANGE MASTER TO MASTER_HOST='%(host)s', "
36           "MASTER_PORT=%(port)s, "
37           "MASTER_USER='%(user)s', "
38           "MASTER_PASSWORD='%(password)s', "
39           "MASTER_AUTO_POSITION=1 " %
40           {
41               'host': snapshot['master']['host'],
42               'port': snapshot['master']['port'],
43               'user': logging_config['replication_user']['name'],
44          'password': logging_config['replication_user']['password']
45               })
46 service.execute_on_client(change_master_cmd)
47 service.start_slave()
```

一旦设置了复制，则副本的 MySQL 服务将通过获取和运行快照之后发生的所有事务同步主节点的数据。

图 5-1 显示了这个过程。用户发出一个 Trove API 服务的处理请求，并且返回一个响应给请求者。Trove task manager 响应发送过来的消息队列中的消息并进行下一步的处理。task manager 做了 4 件事：首先对实例进行备份；其次启动一个新的 Nova 实例；然后使备份加载到该实例；最后建立了主节点和副本之间的复制。

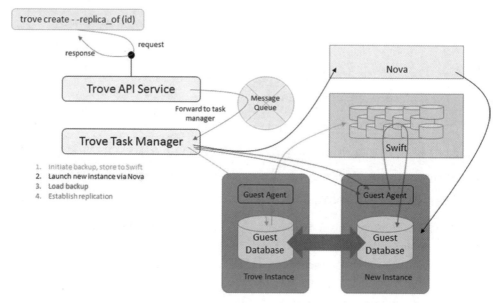

图 5-1　设置复制的有关步骤的说明

复制策略包含一些优化项以使用最少的时间启动一个副本，包括使用现有的快照作为基础生成增量快照。这是创建实例时指定 `--backup` 和 `--replica-of` 参数完成的。

5.3.3　故障切换

在复制环境中，你有一个主节点和一个或多个副本。有可能用户会从目前可用的副本中选出的新的主节点。这个过程被称为故障切换。

有三个命令可帮助用户管理主节点和副本，分别是 `detach-replica`、`eject-replica-source` 和 `promote-to-replica-source`。我们从主实例是 m1（ed77ec23-6444-427d-bc0c-56a8b202974e）和副本实例是 m12（7ac6d15f-75b8-42d7-a3d8-9338743cc9b7）、m13（c9643f1c-8393-46cd-acb5-6fe85db16f0a）和 m14（22ac3792-

0dd4-4b55-b4b4-b36a8a221ba8）的配置开始，在 trove show 命令的输出中显示这些。

```
ubuntu@trove-book:~$ trove show ed77ec23-6444-427d-bc0c-56a8b202974e
+-------------------+------------------------------------------+
| Property          | Value                                    |
+-------------------+------------------------------------------+
| created           | 2015-04-09T11:44:42                      |
| datastore         | mysql                                    |
| datastore_version | 5.6                                      |
| flavor            | 2                                        |
| id                | ed77ec23-6444-427d-bc0c-56a8b202974e     |
| ip                | 172.24.4.3                               |
| name              | m1                                       |
| replicas          | 22ac3792-0dd4-4b55-b4b4-b36a8a221ba8,    |
|                   | 7ac6d15f-75b8-42d7-a3d8-9338743cc9b7,    |
|                   | c9643f1c-8393-46cd-acb5-6fe85db16f0a     |
| status            | ACTIVE                                   |
| updated           | 2015-04-09T11:44:56                      |
| volume            | 2                                        |
| volume_used       | 0.11                                     |
+-------------------+------------------------------------------+
```

我们先来看看执行有序故障切换的命令。

1. 有序故障切换

在正常情况下使用 detach-replica 和 promote-to-replica-source 命令来处理故障。可以使用 promote-to-replica- source 命令替换当前的主节点，如下所示。

```
ubuntu@trove-book:~$ trove promote-to-replica-source m14
```

这些实例都将过渡到 PROMOTE 状态，几分钟后所有实例都将恢复 ACTIVE 状态。针对每个实例 m1、m12、m13 和 m14 执行 trove show 命令，我们看到，m14 的确变为主节点，现在其他三个实例变为 m14 的副本。

```
ubuntu@trove-book:~$ trove show m1
+-------------------+------------------------------------------+
| Property          | Value                                    |
+-------------------+------------------------------------------+
| id                | ed77ec23-6444-427d-bc0c-56a8b202974e     |
| ip                | 172.24.4.3                               |
```

```
| name              | m1                                        |
| replica_of        | 22ac3792-0dd4-4b55-b4b4-b36a8a221ba8,     |
| status            | ACTIVE                                    |
| updated           | 2015-04-20T00:50:15                       |
| volume            | 2                                         |
| volume_used       | 0.11                                      |
+-------------------+-------------------------------------------+
ubuntu@trove-book:~$ trove show m12
+-------------------+-------------------------------------------+
| Property          | Value                                     |
+-------------------+-------------------------------------------+
| created           | 2015-04-10T07:57:07                       |
| datastore         | mysql                                     |
| datastore_version | 5.6                                       |
| flavor            | 2                                         |
| id                | 7ac6d15f-75b8-42d7-a3d8-9338743cc9b7      |
| ip                | 172.24.4.4                                |
| name              | m12                                       |
| replica_of        | 22ac3792-0dd4-4b55-b4b4-b36a8a221ba8      |
| status            | ACTIVE                                    |
| updated           | 2015-04-20T00:50:15                       |
| volume            | 2                                         |
| volume_used       | 0.12                                      |
+-------------------+-------------------------------------------+
ubuntu@trove-book:~$ trove show m13
+-------------------+-------------------------------------------+
| Property          | Value                                     |
+-------------------+-------------------------------------------+
| created           | 2015-04-19T23:41:34                       |
| datastore         | mysql                                     |
| datastore_version | 5.6                                       |
| flavor            | 2                                         |
| id                | c9643f1c-8393-46cd-acb5-6fe85db16f0a      |
| ip                | 172.24.4.6                                |
| name              | m13                                       |
| replica_of        | 22ac3792-0dd4-4b55-b4b4-b36a8a221ba8|     |
| status            | ACTIVE                                    |
| updated           | 2015-04-20T00:50:15                       |
| volume            | 2                                         |
```

```
| volume_used       | 0.12                                    |
+------------------+-----------------------------------------+
ubuntu@trove-book:~$ trove show m14
+------------------+-----------------------------------------+
| Property         | Value                                   |
+------------------+-----------------------------------------+
| created          | 2015-04-19T23:57:33                     |
| datastore        | mysql                                   |
| datastore_version | 5.6                                    |
| flavor           | 2                                       |
| id               | 22ac3792-0dd4-4b55-b4b4-b36a8a221ba8    |
| ip               | 172.24.4.7                              |
| name             | m14                                     |
| replica_s        | ed77ec23-6444-427d-bc0c-56a8b202974e,   |
|                  | 7ac6d15f-75b8-42d7-a3d8-9338743cc9b7,   |
|                  | c9643f1c-8393-46cd-acb5-6fe85db16f0a    |
| status           | ACTIVE                                  |
| updated          | 2015-04-20T00:50:15                     |
| volume           | 2                                       |
| volume_used      | 0.12                                    |
+------------------+-----------------------------------------+
```

打破主节点和副本之间的复制的另一种方法是将副本从其主节点上分离，这是一种不可逆的操作，通常用于在一个时间点生成一个数据集的备份，并且可以随后用于生成该时间点的新实例。这将在下一步进行展示。将实例 m1 从其复制源分离，观察到 m1 不再是 m14 的副本，并且 m14 的副本列表中不再包含 m1。

```
ubuntu@trove-book:~$ trove detach-replica m1
ubuntu@trove-book:~$ trove show m1
+------------------+-----------------------------------------+
| Property         | Value                                   |
+------------------+-----------------------------------------+
| created          | 2015-04-19T11:44:42                     |
| datastore        | mysql                                   |
| datastore_version | 5.6                                    |
| flavor           | 2                                       |
| id               | ed77ec23-6444-427d-bc0c-56a8b202974e    |
| ip               | 172.24.4.3                              |
| name             | m1                                      |
```

```
| status            | ACTIVE                               |
| updated           | 2015-04-20T00:56:48                  |
| volume            | 2                                    |
| volume_used       | 0.11                                 |
+-------------------+--------------------------------------+
ubuntu@trove-book:~$ trove show m14
+-------------------+--------------------------------------+
| Property          | Value                                |
+-------------------+--------------------------------------+
| created           | 2015-04-19T23:57:33                  |
| datastore         | mysql                                |
| datastore_version | 5.6                                  |
| flavor            | 2                                    |
| id                | 22ac3792-0dd4-4b55-b4b4-b36a8a221ba8 |
| ip                | 172.24.4.7                           |
| name              | m14                                  |
| replica_s         | 7ac6d15f-75b8-42d7-a3d8-9338743cc9b7, |
|                   | c9643f1c-8393-46cd-acb5-6fe85db16f0a |
| status            | ACTIVE                               |
| updated           | 2015-04-20T00:50:15                  |
| volume            | 2                                    |
| volume_used       | 0.12                                 |
+-------------------+--------------------------------------+
```

2. 主节点失败的故障切换

使用故障转移命令 trove eject-replica-source 来处理主节点失败的情况。当对一个失败的主节点执行该命令时，会将该主节点抛弃并选举出新的主节点。

该命令有一些内置的保障措施。当针对一个不是副本源的实例执行时，该命令会产生错误。由于 m14 是当前的主节点，所以我们试图通过抛弃作为副本源的 m13 来证明这一点。

```
ubuntu@trove-book: $ trove eject-replica-source m13
ERROR: Instance c9643f1c-8393-46cd-acb5-6fe85db16f0a is not a replica
source. (HTTP 400)
```

此外，如果我们尝试抛弃当前的主节点（m14），但是主节点仍具有良好的心跳，则该命令将失败。

```
ubuntu@trove-book:~$ trove eject-replica-source m14
```

ERROR: Replica Source 22ac3792-0dd4-4b55-b4b4-b36a8a221ba8 cannot be ejected as it has a current heartbeat (HTTP 400)

我们模拟一个失败的主节点，然后重试命令。在实践中，如果主节点在一定的时间内没有接收到良好的心跳，则会失败。为了模拟这个情况，我们通过突然关闭 guest 实例上的数据库来故意造成这个失败。

ubuntu@trove-book:~$ trove eject-replica-source m14

在一个短暂的时期之后，我们看到，m14 已经从复制集中被抛弃（不是任何一个副本，也没有任何副本），并且 m12 已经当选为主节点，m13 是唯一的副本。

```
ubuntu@trove-book:~$ trove show m14
+-------------------+--------------------------------------+
| Property          | Value                                |
+-------------------+--------------------------------------+
| created           | 2015-04-19T23:57:33                  |
| datastore         | mysql                                |
| datastore_version | 5.6                                  |
| flavor            | 2                                    |
| id                | 22ac3792-0dd4-4b55-b4b4-b36a8a221ba8 |
| ip                | 172.24.4.7                           |
| name              | m14                                  |
| status            | ACTIVE                               |
| updated           | 2015-04-20T01:51:27                  |
| volume            | 2                                    |
+-------------------+--------------------------------------+
ubuntu@trove-book:~$ trove show m13
+-------------------+--------------------------------------+
| Property          | Value                                |
+-------------------+--------------------------------------+
| created           | 2015-04-19T23:41:34                  |
| datastore         | mysql                                |
| datastore_version | 5.6                                  |
| flavor            | 2                                    |
| id                | c9643f1c-8393-46cd-acb5-6fe85db16f0a |
| ip                | 172.24.4.6                           |
| name              | m13                                  |
| replica_of        | 7ac6d15f-75b8-42d7-a3d8-9338743cc9b7 |
| status            | ACTIVE                               |
```

```
| updated           | 2015-04-20T01:51:27              |
| volume            | 2                                |
| volume_used       | 0.12                             |
+-------------------+----------------------------------+
ubuntu@trove-book:~$ trove show m12
+-------------------+----------------------------------+
| Property          | Value                            |
+-------------------+----------------------------------+
| created           | 2015-04-10T07:57:07              |
| datastore         | mysql                            |
| datastore_version | 5.6                              |
| flavor            | 2                                |
| id                | 7ac6d15f-75b8-42d7-a3d8-9338743cc9b7 |
| ip                | 172.24.4.4                       |
| name              | m12                              |
| replicas          | c9643f1c-8393-46cd-acb5-6fe85db16f0a |
| status            | ACTIVE                           |
| updated           | 2015-04-20T01:51:27              |
| volume            | 2                                |
| volume_used       | 0.12                             |
+-------------------+----------------------------------+
```

eject-replica-source 命令会有一些检测，它不允许你抛弃一个有最近的心跳的主节点角色的实例。什么是最近的心跳？

这个检查是通过 task manager 在 trove/instance/models.py 中执行的。

```
961      def eject_replica_source(self):

969          service = InstanceServiceStatus.find_by(instance_id=self.id)
970          last_heartbeat_delta = datetime.utcnow() - service.updated_at
971          agent_expiry_interval = timedelta(seconds=CONF.agent_heartbeat_expiry)
972          if last_heartbeat_delta < agent_expiry_interval:
973              raise exception.BadRequest(_("Replica Source %s cannot be ejected"
974                                         " as it has a current heartbeat")
975                                         % self.id)
```

agent_heartbeat_expiry 的默认值是 60 秒，在 trove/common/ cfg.py（接下来展示）中指定，并且可以在 trove-taskmanager.conf 中设置。

```
151        cfg.IntOpt('agent_heartbeat_expiry', default=60,
152               help='Time (in seconds) after which a guest is
considered '
153               'unreachable'),
```

因此，如果一个实例的一个心跳小于 60 秒（agent_heartbeat_expiry），则前面的检查将阻止命令的完成。

5.4　Trove 集群

Trove 提供了一个内部框架，使得数据库可以实现一种机制来提供和管理多节点的集群配置。这个框架是基于集群策略的。有关策略如何工作的细节，请参考 4.2.3 节。Trove 本身并不执行集群动作，而是依赖于实现特定数据库的命令策略，该命令用最适合相应数据库的方式创建集群。

在 Juno 版本中添加了对 MongoDB 集群的支持。在 Kilo 版本中还增加了对 Vertica 集群的基本支持。在本章中，我们展示 MongoDB 集群，首先安装 MongoDB 的 guest 镜像并将其配置为供 Trove 使用。

你可以从 http://tarballs.openstack.org/trove/images/ubuntu/ 找到预装 guest 的 OpenStack 仓库镜像来安装 MongoDB。

```
ubuntu@trove-book: $ wget http://tarballs.openstack.org/trove/images/
ubuntu/mongodb.qcow2
[. . .]
ubuntu@trove-book: $ mv mongodb.qcow2 devstack/files
ubuntu@trove-book: $ cd devstack/files
```

下载镜像后，执行命令以在 Glance 和 Trove 中注册镜像。

```
ubuntu@trove-book:~$ glance image-create --name mongodb --disk-format
qcow2 \
> --container-format bare --is-public True < ./devstack/files/mongodb.
qcow2
+-----------------+------------------------------------+
| Property        | Value                              |
```

```
+-----------------+------------------------------------+
| checksum        | 1e40e81d7579ba305be3bc460db46e13   |
| container_format| bare                               |
| created_at      | 2015-04-20T20:57:14.000000         |
| deleted         | False                              |
| deleted_at      | None                               |
| disk_format     | qcow2                              |
| id              | 0a247ab9-4ce5-43eb-902c-d3b040b05284 |
| is_public       | True                               |
| min_disk        | 0                                  |
| min_ram         | 0                                  |
| name            | mongodb                            |
| owner           | 1ed3e474e68d4cf99a09e0c191aa54bc   |
| protected       | False                              |
| size            | 514719744                          |
| status          | active                             |
| updated_at      | 2015-04-20T20:57:28.000000         |
| virtual_size    | None                               |
+-----------------+------------------------------------+
ubuntu@trove-book:~$ trove-manage datastore_update mongodb ''
2015-04-20 16:58:16.853 INFO trove.db.sqlalchemy.session [-] Creating
SQLAlchemy engine with
args: {'pool_recycle': 3600, 'echo': False}
Datastore 'mongodb' updated.

ubuntu@trove-book:~$ trove-manage datastore_version_update mongodb 2.4.9 \
> mongodb 0a247ab9-4ce5-43eb-902c-d3b040b05284 mongodb 1
2015-04-20 16:58:54.583 INFO trove.db.sqlalchemy.session [-] Creating
SQLAlchemy engine with
args: {'pool_recycle': 3600, 'echo': False}
Datastore version '2.4.9' updated.

ubuntu@trove-book:~$ trove-manage datastore_update mongodb 2.4.9
2015-04-20 16:59:14.723 INFO trove.db.sqlalchemy.session [-] Creating
SQLAlchemy engine with
args: {'pool_recycle': 3600, 'echo': False}
Datastore 'mongodb' updated.

ubuntu@trove-book:~$ trove datastore-list
```

```
+------------------------------------+--------------------+
| ID                                 | Name               |
+------------------------------------+--------------------+
| 41a0c099-38a0-47a0-b348-3a351bfcef55 | mysql            |
| 4518619b-b161-4286-afe3-242137692648 | mongodb          |
+------------------------------------+--------------------+
```

你现在能够使用刚刚创建的 MongoDB 数据库来启动一个实例。通过创建的 MongoDB 的单个实例开始。首先，创建一个适合 MongoDB 值的自定义 flavor。

```
ubuntu@trove-book:~$ nova flavor-create m1.1gb 10 1024 4 1
+----+--------+-----------+------+-----------+------+-------+-------------+-----------+
| ID | Name   | Memory_MB | Disk | Ephemeral | Swap | VCPUs | RXTX_Factor | Is_Public |
+----+--------+-----------+------+-----------+------+-------+-------------+-----------+
| 10 | m1.1gb | 1024      | 4    | 0         |      | 1     | 1.0         | True      |
+----+--------+-----------+------+-----------+------+-------+-------------+-----------+
ubuntu@trove-book $ trove create mongo1 10 --datastore mongodb \
> --datastore_version 2.4.9 --size 4
+------------------+------------------------------------+
| Property         | Value                              |
+------------------+------------------------------------+
| created          | 2015-04-08T17:02:37                |
| datastore        | mongodb                            |
| datastore_version | 2.4.9                             |
| flavor           | 10                                 |
| id               | 38af4e34-37c1-4f8d-aa37-36bfb02837fb |
| name             | mongo1                             |
| status           | BUILD                              |
| updated          | 2015-04-08T17:02:37                |
| volume           | 4                                  |
+------------------+------------------------------------+

ubuntu@trove-book:~$ trove show mongo1
+------------------+------------------------------------+
| Property         | Value                              |
+------------------+------------------------------------+
| created          | 2015-04-08T17:02:37                |
| datastore        | mongodb                            |
| datastore_version | 2.4.9                             |
```

```
| flavor            | 10                                   |
| id                | 38af4e34-37c1-4f8d-aa37-36bfb02837fb |
| ip                | 10.0.0.3                             |
| name              | mongo1                               |
| status            | ACTIVE                               |
| updated           | 2015-04-08T17:02:42                  |
| volume            | 4                                    |
| volume_used       | 3.09                                 |
+-------------------+--------------------------------------+
```

现在，你可以使用 Mongo 用户端连接到 Mongo 实例。

```
ubuntu@trove-book: $ mongo 10.0.0.3
MongoDB shell version: 2.4.9
connecting to: 10.0.0.3/test
Welcome to the MongoDB shell.
For interactive help, type "help".
For more comprehensive documentation, see
        http://docs.mongodb.org/
Questions? Try the support group
        http://groups.google.com/group/mongodb-user
>
Bye
```

你同样可以使用 Trove 启动 MongoDB 集群。这会创建 5 个实例：一个是 MongoDB 的配置服务器，一个是 MongoDB 的查询路由器，还有三个表示三成员副本集的分区的节点。

```
trove cluster-create mongo1 mongodb 2.4.9 \
  --instance flavor_id=10,volume=4 \
  --instance flavor_id=10,volume=4 \
  --instance flavor_id=10,volume=4
```

启动集群时将启动若干个实例，你可以看到它们，并且 Trove 中有一些命令可以用于集群。首先，使用 trove cluster-list 命令列出当前正在运行的集群。

```
ubuntu@trove-book:~$ trove cluster-list
+--------------------------------------+--------+----------+-------------------+-----------+
| ID                                   | Name   | Datastore | Datastore Version | Task Name|
+--------------------------------------+--------+----------+-------------------+-----------+
| d670484f-88b4-4465-888a-3b8bc0b0bdfc | mongo1 | mongodb  | 2.4.9             | BUILDING |
+--------------------------------------+--------+----------+-------------------+-----------+
```

trove 的 cluster-show 命令提供了有关集群的更多信息。

```
ubuntu@trove-book:~$ trove cluster-show mongo1
+-------------------+------------------------------------+
| Property          | Value                              |
+-------------------+------------------------------------+
| created           | 2015-04-20T21:12:08                |
| datastore         | mongodb                            |
| datastore_version | 2.4.9                              |
| id                | d670484f-88b4-4465-888a-3b8bc0b0bdfc |
| ip                | 10.0.0.4                           |
| name              | mongo1                             |
| task_description  | Building the initial cluster.      |
| task_name         | BUILDING                           |
| updated           | 2015-04-20T21:12:08                |
+-------------------+------------------------------------+
```

在默认情况下，属于一个集群的部分实例在 trove list 命令的输出中是不可见的，除非你指定了 -include-clustered 命令行选项。为了查看集群的实例，你必须使用 trove 的 cluster-instances 命令。

```
ubuntu@trove-book:~$ trove list
+----+------+-----------+-------------------+--------+-----------+------+
| ID | Name | Datastore | Datastore Version | Status | Flavor ID | Size |
+----+------+-----------+-------------------+--------+-----------+------+
+----+------+-----------+-------------------+--------+-----------+------+
ubuntu@trove-book:~$ trove cluster-instances mongo1
+--------------------------------------+--------------+-----------+------+
| ID                                   | Name         | Flavor ID | Size |
+--------------------------------------+--------------+-----------+------+
| 27097848-a01d-4659-b845-c335a4590fc8 | mongo1-rs1-1 | 10|4|
| bb0b9cfc-6c50-4343-ac42-a3af41cd723a | mongo1-rs1-2 | 10|4|
| ceb3931e-b779-4253-ab93-d0d589949465 | mongo1-rs1-3 | 10|4|
+--------------------------------------+--------------+-----------+------+
```

你可以看到底层的 Nova 实例是作为集群被创建的。观察到第 1 分片有三个副本、一个配置服务器及一个查询路由器。前面的 cluster-show 命令输出显示的集群地址是查询路由器的 IP 地址。

```
ubuntu@trove-book:~$ nova list
```

```
+--------------+-------------------+--------+------------+-------------+-------------------+
| ID           | Name              | Status | Task State | Power State | Networks          |
+--------------+-------------------+--------+------------+-------------+-------------------+
| 0ca90a73-... | mongo1-configsvr-1 | ACTIVE | -         | Running     | private=10.0.0.3  |
| 4a2fdaf6-... | mongo1-mongos-1   | ACTIVE | -          | Running     | private=10.0.0.4  |
| b1708b87-... | mongo1-rs1 -1     | ACTIVE | -          | Running     | private=10.0.0.2  |
| 6f09d1b6-... | mongo1-rs1-2      | ACTIVE | -          | Running     | private=10.0.0.5  |
| 86af57ba -...| mongo1-rs1-3      | ACTIVE | -          | Running     | private=10.0.0.6  |
+--------------+-------------------+--------+------------+-------------+-------------------+
```

稍后，集群将变为联机状态。接下来，我们检查集群实际上是如何构成的。集群创建完成时当前任务的名称被设置为 NONE。

```
ubuntu@trove-book:~$ trove cluster-list
+--------------------------------------+--------+-----------+-------------------+----------+
| ID                                   | Name   | Datastore | Datastore Version | Task Name|
+--------------------------------------+--------+-----------+-------------------+----------+
| d670484f-88b4-4465-888a-3b8bc0b0bdfc | mongo1 | mongodb   | 2.4.9             | NONE     |
+--------------------------------------+--------+-----------+-------------------+----------+

ubuntu@trove-book:~$ trove cluster-show mongo1
+------------------+--------------------------------------+
| Property         | Value                                |
+------------------+--------------------------------------+
| created          | 2015-04-20T21:12:08                  |
| datastore        | mongodb                              |
| datastore_version | 2.4.9                               |
| id               | d670484f-88b4-4465-888a-3b8bc0b0bdfc |
| ip               | 10.0.0.4                             |
| name             | mongo1                               |
| task_description | No tasks for the cluster.            |
| task_name        | NONE                                 |
| updated          | 2015-04-20T21:22:13                  |
+------------------+--------------------------------------+
```

从查看用于启动 MongoDB 的配置文件开始。

回想一下，Trove task manager 发送到 guest agent 的 prepare 消息包含 config_contents 和 cluster_config 两个参数。

```
53 def prepare(self, context, packages, databases, memory_mb, users,
```

```
54                    device:path=None, mount_point=None, backup_info=None,
55                    config_contents=None, root_password=None, overrides=None,
56                    cluster_config=None, snapshot=None):
```

Trove task manager 使用一个模板生成这些值。在默认情况下所选择的模板是一个被称为 config.template 的文件，可通过指向配置设置的 template_path 找到此文件的路径。在默认情况下，template_path 是如下所示的 trove/common/cfg.py 中的 /etc/trove/templates：

```
355    cfg.StrOpt('template_path', default='/etc/trove/templates/',
356                help='Path which leads to datastore templates.'),
```

在一个安装了 devstack 的系统中，config.template 文件可以在目录 trove/temp lates/mongodb/ 下找到。接下来，我们看一下副本集配置的构建。在命令行中，我们提供了副本集的每个成员的描述。

```
trove cluster-create mongo1 mongodb 2.4.9 \
  --instance flavor_id=10,volume=4 \
  --instance flavor_id=10,volume=4 \
  --instance flavor_id=10,volume=4
```

我们指定了一个三成员的副本集（通过指定 --instance 参数三次），还指定了三个拥有的 flavor_id 为 10 和卷容量为 4GB 的实例。

接下来，我们查看已经配置好的额外的服务器：配置服务器和查询路由器。命令（trove cluster-create）只指定了副本集的三个成员。

这两个配置参数 num_config_servers_per_cluster 和 num_query_routers_per_cluster 控制 MongoDB 集群中服务器的数量。按照如下所示（来自 trove/common/cfg.py）设置默认值。这里至少需要三个集群成员，每个集群有三台配置服务器和一台查询路由器。

```
709:    cfg.IntOpt('num_config_servers_per_cluster', default=3,
710-                help='The number of config servers to create per
cluster.'),
711:    cfg.IntOpt('num_query_routers_per_cluster', default=1,
712-                help='The number of query routers (mongos) to create'
713-                     'per cluster.'),
```

在上面例子的系统中，我们通过在 Trove 配置文件 trove-taskmanager.conf 中添加以下行，设置每个集群中只有一台配置服务器：

```
[mongodb]
num_config_servers_per_cluster = 1
num_query_routers_per_cluster = 1
```

MongoDB 集 群 API 的 实 现 可 以 在 trove/common/strategies/cluster/experimental/mongodb/api.py 的 MongoDbCluster 类中找到。它使用先前的设置，并验证该请求，核实用户允许集群启动的配额，包括验证该配置是否有效（至少三个服务器，由 cluster_member_count 指定），接着用户启动请求数量的服务器，并且服务器会挂载根据配额指定的数量卷，等等。如果成功，则它将启动集群所需的实例。

```
63    class MongoDbCluster(models.Cluster):
64
65        @classmethod
66        def create(cls, context, name, datastore, datastore_version,
instances):
67
72            num_instances = len(instances)
76            flavor_ids = [instance['flavor_id'] for instance in instances]
77            if len(set(flavor_ids)) != 1:
78                raise exception.ClusterFlavorsNotEqual()
```

注意，所有 flavor 必须是相同的。

```
79            flavor_id = flavor_ids[0]
```

保存 flavor ID 并用它来启动配置服务器和查询路由器。

```
80        nova_client = remote.create_nova_client(context)
85        mongo_conf = CONF.get(datastore_version.manager)
86        num_configsvr = mongo_conf.num_config_servers_per_cluster
87        num_mongos = mongo_conf.num_query_routers_per_cluster
88        delta_instances = num_instances + num_configsvr + num_mongos
89        deltas = {'instances': delta_instances}
90
91        volume_sizes = [instance['volume_size'] for instance in instances
92                        if instance.get('volume_size', None)]
```

```
110
111        check_quotas(context.tenant, deltas)
112
113        db_info = models.DBCluster.create(
114        name=name, tenant_id=context.tenant,
115        datastore_version_id=datastore_version.id,
116        task_status=ClusterTasks.BUILDING_INITIAL)
```

下面创建集群，并设置状态为 BUILDING_INITIAL。

```
117
118        replica_set_name = "rs1"
119
120        member_config = {"id": db_info.id,
121                         "shard_id": utils.generate_uuid(),
122                         "instance_type": "member",
123                         "replica_set_name": replica_set_name}
124        for i in range(1, num_instances + 1):
125            instance_name = "%s-%s-%s" % (name, replica_set_name, str(i))
126            inst_models.Instance.create(context, instance_name,
127                                        flavor_id,
128                                        datastore_version.image_id,
129                                        [], [], datastore,
130                                        datastore_version,
131                                        volume_size, None,
132                                        availability_zone=None,
133                                        nics=None,
134                                        configuration_id=None,
135                                        cluster_config=member_config)
136
```

下面启动请求的实例。

```
137        configsvr_config = {"id": db_info.id,
138                            "instance_type": "config_server"}
139        for i in range(1, num_configsvr + 1):
140            instance_name = "%s-%s-%s" % (name, "configsvr", str(i))
141            inst_models.Instance.create(context, instance_name,
142                                        flavor_id,
143                                        datastore_version.image_id,
```

```
144                                    [], [], datastore,
145                                    datastore_version,
146                                    volume_size, None,
147                                    availability_zone=None,
148                                    nics=None,
149                                    configuration_id=None,
150                                    cluster_config=configsvr_config)
151
```

下面启动配置服务器。

```
152          mongos_config = {"id": db_info.id
153                          "instance_type": "query_router"}
154          for i in range(1, num_mongos + 1):
155              instance_name = "%s-%s-%s" % (name, "mongos", str(i))
156              inst_models.Instance.create(context, instance_name,
157                                    flavor_id,
158                                    datastore_version.image_id,
159                                    [], [], datastore,
160                                    datastore_version,
161                                    volume_size, None,
162                                    availability_zone=None,
163                                    nics=None,
164                                    configuration_id=None,
165                                    cluster_config=mongos_config)
166
```

下面启动查询路由器。

```
167          task_api.load(context, datastore_version.manager).create_
cluster(
168              db_info.id)
169
```

接下来 Trove 调用 task manager 的 API create_cluster()，这是我们接下来要介绍的，这是将先前启动的实例过渡到一个集群的过程。集群实现是基于 MongoDB 的集群策略，而且实际执行相关 MongoDB 活动的集群命令在 MongoDB 的 guest agent 中实现。

你可以在 MongoDB 的集群策略中找到 Trove task manager 的 create_cluster() 方法，并 在 trove/common/strategies/cluster/experimental/mongodb/taskmanager.py 文

件中找到这个实现。

在列举了属于集群的一部分的实例包括配置服务器和查询路由器后创建一个集群，包括注册配置服务器、创建一个副本集及最终创建一个分区。

如下代码（_create_cluster() 中的）尝试通知配置服务器的查询路由器。

```
225     try:
226         for query_router in query_routers:
227             (self.get_guest(query_router)
228              .add_config_servers(config_server_ips))
229     except Exception:
230         LOG.exception(_("error adding config servers"))
231         self.update_statuses_on_failure(cluster_id)
232         return
```

注意，这部分代码调用查询路由器上的 guest agent API，并调用 add_config_servers() 方法。此代码在源文件 ./trove/common/strategies/cluster/experimental/mongodb/guestagent.py 中，如下所示。

```
33  class MongoDbGuestAgentAPI(guest_api.API):


52 def add_config_servers(self, config_servers):
53     LOG.debug("Adding config servers %(config_servers)s for instance"
54              "%(id)s" % {'config_servers': config_servers,
55                          'id': self.id})
56        return self._call("add_config_servers", guest_api.AGENT_HIGH_
TIMEOUT,
57                          self.version_cap, config_servers=config_servers)
```

上面的代码采用了第 4 章讲解的 _call()（阻塞）方法调用 guest API add_config_servers()。

guest 上的 add_config_servers() 实现在如下所示的 trove/guestagent/datastore/experimental/mongodb/service.py 的代码中。

```
218     def add_config_servers(self, config_server_hosts):
219         """
220         This method is used by query router (mongos) instances.
221         """
222         config_contents = self._read_config()
```

```
223            configdb_contents = ','.join(['%s:27019' % host
224                                for host in config_server_hosts])
225            LOG.debug("Config server list %s." % configdb_contents)
226            # remove db path from config and update configdb
227            contents = self._delete_config_parameters(config_contents,
228                                     ["dbpath", "nojournal",
229                                      "smallfiles", "journal",
230                                      "noprealloc", "configdb"])
231            contents = self._add_config_parameter(contents,
232                                      "configdb", configdb_contents)
233            LOG.info(_("Rewriting configuration."))
234            self.start_db_with_conf_changes(contents)
```

注意，此代码使用配置服务器的 ID 重写查询路由器上的配置文件，然后重启查询路由器。

如下代码展示了添加分区的操作。task manager 调用由 MongoDB 的 guest agent 暴露的一个 API（add_shard()）。

```
170    def _create_shard(self, query_routers, replica_set_name,
171                      members, cluster_id, shard_id=None):
172        a_query_router = query_routers[0]
173         LOG.debug("calling add_shard on query_router: %s" % a_
query_router)
174        member_ip = self.get_ip(members[0])
175        try:
176            self.get_guest(a_query_router).add_shard(replica_set_
name,
177                                              member_ip)
```

如下所示为 guest agent 上的 add_shard() 方法的实现，执行实际的 MongoDB 的命令来增加分区。

```
261    def add_shard(self, replica_set_name, replica_set_member):
262    """

263        This method is used by query router (mongos) instances.
264    """
265        cmd = 'db.adminCommand({addShard: "%s/%s:27017"})' % (
266            replica_set_name, replica_set_member)
```

267　　　　　　self.do_mongo(cmd)

正如在之前的例子中看到的，集群策略实现了在 guest 实例上直接执行底层的操作，请求的实际操作将一组实例转换到一个 MongoDB 集群中。

你可以使用 add_shard API 调用添加额外的分区到运行的集群中。目前还没有命令行界面来添加一个分区或重新配置副本集，目前计划在新的版本中实现这一界面。

图 5-2 显示了集群的创建过程。配置集的功能是从 Trove API 服务接收的一个请求开始的。该 Trove API 服务进行一些验证后，转发请求到 task manager，然后为用户端提供响应。

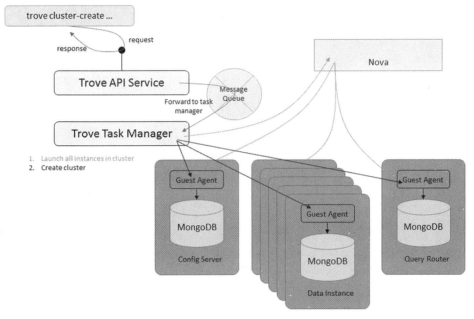

图 5-2　对 MongoDB 集群创建过程的说明

Trove task manager 启动集群实例：数据实例、配置服务器和查询路由器，并且在所有的实例都正常运行后开始创建集群。这个过程完成后，集群已准备就绪。

Kilo 版本还增加了对 Vertica 集群的支持。不像 MongoDB，除了数据节点，还需要启动查询路由器和配置服务器节点，Vertica 集群只需要启动数据节点。

Vertica 的 guest agent 也还在实验中，并且实现了针对 guest agent 和 task manager 的策略，就像 MongoDB。没有模板提供给 Vertica 作为当前实现的一部分，所以 prepare() 调用发送一个空文件到 guest agent。类似 MongoDB 的实现方式，Vertica 的实现依赖于特定的 Vertica 策略处理转换一组实例到集群的请求。

5.5 配置组

在启动 guest agent 的过程中，Trove task manager 为 guest 生成了一个配置文件，并通过 prepare() 调用提供给调用的 guest。5.4 节展示了如何基于模板生成配置文件。定制模板是修改一个 guest 实例的配置的一种方式。

在配置数据库类型的过程中（在第 2 章中），注册数据库类型的最后一步是执行 trove-manager db_load_datastore_config_parameters 命令，如下所示。该命令会注册数据库类型的有效配置参数。

```
ubuntu@trove-controller:~/downloaded-images$ trove-manage db_load_
datastore_config_
parameters \
> percona 5.5 ./validation_rules.json
2015-03-18 09:27:47.524 INFO trove.db.sqlalchemy.session [-] Creating
SQLAlchemy engine with
args: {'pool_recycle': 3600, 'echo': False}
```

接下来，我们看一下与 MySQL 的数据库一起提供的验证文件。在该文件中列出的几个配置参数显示在下面的代码中：

```
ubuntu@trove-book:/opt/stack/trove$ cat -n ./trove/templates/mysql/
validation-rules.json

1 {
2   "configuration-parameters": [
3     {
4         "name": "innodb_file_per_table",
5         "restart_required": false,
6         "max": 1,
7         "min": 0,
8         "type": "integer"
9     },
31    {
32        "name": "connect_timeout",
33        "restart_required": false,
```

```
34            "max": 31536000,
35            "min": 2,
36            "type": "integer"
37     },
73     {
74                "name": "innodb_open_files",
75                "restart_required": true,
76                "max": 4294967295,
77                "min": 10,
78                "type": "integer"
79        },
```

关于这些 MySQL 配置参数的信息，可在 MySQL 的文档中找到。一旦被加载到数据库中，则这些值也可以通过 trove configuration-parameter-list 命令暴露出来。

```
ubuntu@trove-book:~$ trove configuration-parameter-list --datastore
mysql 5.6
+----------------------+---------+----------+----------+-----------------+
| Name                 | Type    | Min Size | Max Size | Restart Required |
+----------------------+---------+----------+----------+-----------------+
| autocommit           | integer |          |          | False           |
| innodb_file_per_table| integer |          |          | False           |
| innodb_open_files    | integer |          |          | True            |
[...]
```

为了演示如何使用配置组，我们启动一个 MySQL 5.6 的实例，如下所示。

```
ubuntu@trove-book:~$ trove create m2 2 --size 2
+-------------------+--------------------------------------+
| Property          | Value                                |
+-------------------+--------------------------------------+
| created           | 2015-04-24T11:20:36                  |
| datastore         | mysql                                |
| datastore_version | 5.6                                  |
| flavor            | 2                                    |
| id                | 53796f4d-b0d8-42f1-b9c6-82260a78150f |
| name              | m2                                   |
| status            | BUILD                                |
| updated           | 2015-04-24T11:20:36                  |
| volume            | 2                                    |
+-------------------+--------------------------------------+
```

首先，使用 trove configuration-default 命令查看实例的默认配置。

```
ubuntu@trove-book:~$ trove configuration-default m2
+--------------------------+---------------------------+
| Property                 | Value                     |
+--------------------------+---------------------------+
| basedir                  | /usr                      |
| connect_timeout          | 15                        |
| datadir                  | /var/lib/mysql            |
| default_storage_engine   | innodb                    |
| innodb_buffer_pool_size  | 600M                      |
| innodb_data_file_path    | ibdata1:10M:autoextend    |
| innodb_file_per_table    | 1                         |
| innodb_log_buffer_size   | 25M                       |
| innodb_log_file_size     | 50M                       |
| innodb_log_files_in_group| 2                         |
| join_buffer_size         | 1M                        |
| key_buffer_size          | 200M                      |
| local-infile             | 0                         |
| max_allowed_packet       | 4096k                     |
| max_connections          | 400                       |
| max_heap_table_size      | 64M                       |
| max_user_connections     | 400                       |
| myisam-recover           | BACKUP                    |
| open_files_limit         | 2048                      |
| pid_file                 | /var/run/mysqld/mysqld.pid|
| port                     | 3306                      |
| query_cache_limit        | 1M                        |
| query_cache_size         | 32M                       |
| query_cache_type         | 1                         |
| read_buffer_size         | 512k                      |
| read_rnd_buffer_size     | 512k                      |
| server_id                | 334596                    |
| skip-external-locking    | 1                         |
| sort_buffer_size         | 1M                        |
| table_definition_cache   | 1024                      |
| table_open_cache         | 1024                      |
| thread_cache_size        | 16                        |
| thread_stack             | 192k                      |
```

```
| tmp_table_size              | 64M                         |
| tmpdir                      | /var/tmp                    |
| user                        | mysql                       |
| wait_timeout                | 120                         |
+-----------------------------+-----------------------------+
```

如前所述，对于实例的默认配置是在 prepare() 调用期间被发送的，并且此模板的值来自一个配置模板，如果这个配置模板存在的话。

```
ubuntu@trove-book:~$ cat -n /opt/stack/trove/trove/templates/mysql/
config.template
 1  [client]
 2  port = 3306
 3
 4  [mysqld_safe]
 5  nice = 0
 6
 7  [mysqld]
 8  user = mysql
 9  port = 3306
10  basedir = /usr
11  datadir = /var/lib/mysql
12  ####tmpdir = /tmp
13  tmpdir = /var/tmp
14  pid_file = /var/run/mysqld/mysqld.pid
15  skip-external-locking = 1
16  key_buffer_size = {{ (50 * flavor['ram']/512)|int }}M
17  max_allowed_packet = {{ (1024 * flavor['ram']/512)|int }}K
18  thread_stack = 192K
19  thread_cache_size = {{ (4 * flavor['ram']/512)|int }}
20  myisam-recover = BACKUP
21  query_cache_type = 1
22  query_cache_limit = 1M
23  query_cache_size = {{ (8 * flavor['ram']/512)|int }}M
24  innodb_data_file_path = ibdata1:10M:autoextend
25  innodb_buffer_pool_size = {{ (150 * flavor['ram']/512)|int }}M
26  innodb_file_per_table = 1
27  innodb_log_files_in_group = 2
28  innodb_log_file_size=50M
```

```
29  innodb_log_buffer_size=25M
30  connect_timeout = 15
31  wait_timeout = 120
32  join_buffer_size = 1M
33  read_buffer_size = 512K
34  read_rnd_buffer_size = 512K
35  sort_buffer_size = 1M
36  tmp_table_size = {{ (16 * flavor['ram']/512)|int }}M
37  max_heap_table_size = {{ (16 * flavor['ram']/512)|int }}M
38  table_open_cache = {{ (256 * flavor['ram']/512)|int }}
39  table_definition_cache = {{ (256 * flavor['ram']/512)|int }}
40  open_files_limit = {{ (512 * flavor['ram']/512)|int }}
41  max_user_connections = {{ (100 * flavor['ram']/512)|int }}
42  max_connections = {{ (100 * flavor['ram']/512)|int }}
43  default_storage_engine = innodb
44  local-infile = 0
45  server_id = {{server_id}}
46
47  [mysqldump]
48  quick = 1
49  quote-names = 1
50  max_allowed_packet = 16M
51
52  [isamchk]
53  key_buffer = 16M
54
55  !includedir /etc/mysql/conf.d/
```

一些参数（例如 connect_timeout）被设置为恒定的值，而其他参数被设置为类似于 ram（例如 key_buffer_size）变量的值。

```
key_buffer_size = {{ (50 * flavor['ram']/512)|int }}M
```

变量 ram 的值在创建实例时进行估算。实例由有 2GB 内存的 flavor2 创建（如下所示）。

```
ubuntu@trove-book:~$ trove flavor-show 2
+----------+----------+
| Property | Value    |
+----------+----------+
| id       | 2        |
```

```
| name      | m1.small |
| ram       | 2048     |
+----------+----------+
```

2048×512/50 的计算使这个实例的 key_buffer_size 被设置为 200M。在下一节中，我们研究这些设置如何与调整实例的大小操作交互。现在我们来演示如何使用配置组作为一种机制来调整实例或实例组的配置。

假设有一组实例，你想设置 wait_timeout 为 240s，而不是 120s，并且 max_connections 等于 200，则可以执行 configuration-create 命令来创建这些新设置的配置组。

```
ubuntu@trove-book:~$ trove configuration-create special-configuration\
> '{ "wait_timeout":240, "max_connections":200}' \
> --description "illustrate a special configuration group" \
> --datastore mysql --datastore_version 5.6
+-----------------------+-----------------------------------------------+
| Property              | Value                                         |
+-----------------------+-----------------------------------------------+
| created               | 2015-04-24T12:04:09                           |
| datastore_name        | mysql                                         |
| datastore_version_id  | b39198b7-6791-4ed2-ab27-e2b9bac3f7b1          |
| datastore_version_name| 5.6                                           |
| description           | illustrate a special configuration group      |
| id                    | dfce6dd7-f4ed-4252-869d-35f20c9a3a8f          |
| instance_count        | 0                                             |
| name                  | special-configuration                         |
| updated               | 2015-04-24T12:04:09                           |
| values                | {u'wait_timeout':240,u'max_connections':200} |
+-----------------------+-----------------------------------------------+
```

你现在可以把它关联到如下所示的一个实例。因为一个配置组可同时附加到多个实例上，所以可以更容易地配置一个组的实例。

```
ubuntu@trove-book:~$ trove configuration-attach 53796f4d-b0d8-42f1-b9c6-
82260a78150f \
> dfce6dd7-f4ed-4252-869d-35f20c9a3a8f
```

这可以通过 instance_count 值的增加来反映这一点，instance_count 是使用这个配置组的实例个数。

```
ubuntu@trove-book:~$ trove configuration-show dfce6dd7-f4ed-4252-869d-
35f20c9a3a8f
+------------------------+-------------------------------------------------+
| Property               | Value                                           |
+------------------------+-------------------------------------------------+
| created                | 2015-04-24T12:04:09                             |
| datastore_name         | mysql                                           |
| datastore_version_name | 5.6                                             |
| description            | illustrate a special configuration group        |
| id                     | dfce6dd7-f4ed-4252-869d-35f20c9a3a8f            |
| instance_count         | 1                                               |
| name                   | special-configuration                           |
| updated                | 2015-04-24T12:04:09                             |
| values                 | {u'wait_timeout':240,u'max_connections':200}    |
+------------------------+-------------------------------------------------+
```

可以通过 trove cnofiguration-instances 命令得到使用指定的配置组的实例列表。

```
ubuntu@trove-book:~$ trove configuration-instances dfce6dd7-f4ed-4252-
869d-35f20c9a3a8f
+--------------------------------------+------+
| ID                                   | Name |
+--------------------------------------+------+
| 53796f4d-b0d8-42f1-b9c6-82260a78150f | m2   |
+--------------------------------------+------+
```

最后，你可以连接到实例并查询被修改的实际的系统参数，并确认是否修改。事实上发生了变化。

```
mysql> select @@global.wait_timeout;
+----------------------+
| @@global.wait_timeout |
+----------------------+
|                  240 |
+----------------------+
1 row in set (0.00 sec)

mysql> select @@global.max_connections;
+-------------------------+
| @@global.max_connections |
```

```
+------------------------+
|                    200 |
+------------------------+
1 row in set (0.00 sec)
```

通过执行如下所示的 trove configuration-group-detach 命令，配置组可以从一个实例中分离出来。实例 ID 或名称被作为参数提供给命令。

```
ubuntu@trove-book:~$ trove configuration-detach 53796f4d-b0d8-42f1-b9c6-
82260a78150f
```

现在，你可以确认这个操作确实将 max_connections 的值恢复为默认值（400），并且 wait_timeout 被设置为默认的 120。

```
mysql> select @@global.max_connections;
+------------------------+
| @@global.max_connections |
+------------------------+
|                    400 |
+------------------------+
1 row in set (0.00 sec)

mysql> select @@global.wait_timeout;
+----------------------+
| @@global.wait_timeout |
+----------------------+
|                  120 |
+----------------------+
1 row in set (0.00 sec)
```

在下面的例子中，配置组被关联到单个实例中。下面的步骤演示了如何关联配置组到多个实例，然后在同一时间操作所有的实例。

首先，将配置组关联到三个实例：m1、m2 和 m3。此配置组重置了两个参数（如之前所述）：wait_timeout 和 max_connections。

```
ubuntu@trove-book:~$ trove configuration-attach m1 3226b8e6-fa38-4e23-
a4e6-000b639a93d7
    ubuntu@trove-book:~$ trove configuration-attach m2 3226b8e6-fa38-4e23-
a4e6-000b639a93d7
    ubuntu@trove-book:~$ trove configuration-attach m3 3226b8e6-fa38-4e23-
```

a4e6-000b639a93d7

```
    ubuntu@trove-book:~$ trove configuration-show 3226b8e6-fa38-4e23-a4e6-
000b639a93d7
    +-----------------------+----------------------------------------------+
    | Property              | Value                                        |
    +-----------------------+----------------------------------------------+
    | created               | 2015-04-24T11:22:40                          |
    | datastore_name        | mysql                                        |
    | datastore_version_name| 5.6                                          |
    | description           | illustrate a special configuration group     |
    | id                    | 3226b8e6-fa38-4e23-a4e6-000b639a93d7         |
    | instance_count        | 3                                            |
    | name                  | special-configuration                        |
    | updated               | 2015-04-24T11:22:40                          |
    | values                |{u'wait_timeout':240,u'max_connections':200}  |
    +-----------------------+----------------------------------------------+
```

你可以查询所有实例的 @@max_connections 的值来验证配置组是否正确地更新了所有的三个实例。

```
    ubuntu@trove-book:~$ mysql -uroot -ppx8F7UuHeHu92BJ6mGzhfQQaGYxMAKKYbzX9
-h 10.0.0.2\
    > -e 'select @@global.max_connections, @@global.wait_timeout'
    +--------------------------+----------------------+
    | @@global.max_connections | @@global.wait_timeout |
    +--------------------------+----------------------+
    |                      200 |                  240 |
    +--------------------------+----------------------+
    ubuntu@trove-book:~$ mysql -uroot -pDHueWtKJTXAWHYpJJrNRaNj9gZZzCKcxNk9f
-h 10.0.0.3\
    > -e 'select  @@global.max_connections, @@global.wait_timeout'
    +--------------------------+----------------------+
    | @@global.max_connections | @@global.wait_timeout |
    +--------------------------+----------------------+
    |                      200 |                  240 |
    +--------------------------+----------------------+
    ubuntu@trove-book:~$ mysql -uroot -pvtcM8cVwAU3bDc9fXMRKqtUbGsAPdpg4UC7x
-h 10.0.0.4\
    > -e 'select @@global.max_connections, @@global.wait_timeout'
```

```
+------------------------+----------------------+
| @@global.max_connections | @@global.wait_timeout |
+------------------------+----------------------+
|                    200 |                  240 |
+------------------------+----------------------+
```

接着，通过仅改变两个参数中的一个来给配置组打补丁。在这种情况下，将 max_connections 从 200 变为 100，并且立即验证每个关联有配置组实例的值。

```
ubuntu@trove-book:~$ trove configuration-patch 3226b8e6-fa38-4e23-a4e6-
000b639a93d7 \
> '{ "max_connections": 100 }'

ubuntu@trove-book:~$ mysql -uroot -ppx8F7UuHeHu92BJ6mGzhfQQaGYxMAKKYbzX9
-h 10.0.0.2\
> -e 'select @@global.max_connections, @@global.wait_timeout'
+------------------------+----------------------+
| @@global.max_connections | @@global.wait_timeout |
+------------------------+----------------------+
|                    100 |                  240 |
+------------------------+----------------------+

ubuntu@trove-book:~$ mysql -uroot -pDHueWtKJTXAWHYpJJrNRaNj9gZZzCKcxNk9f
-h 10.0.0.3\
> -e 'select  @@global.max_connections, @@global.wait_timeout'
+------------------------+----------------------+
| @@global.max_connections | @@global.wait_timeout |
+------------------------+----------------------+
|                    100 |                  240 |
+------------------------+----------------------+

ubuntu@trove-book:~$ mysql -uroot -pvtcM8cVwAU3bDc9fXMRKqtUbGsAPdpg4UC7x
-h 10.0.0.4\
> -e 'select @@global.max_connections, @@global.wait_timeout'
+------------------------+----------------------+
| @@global.max_connections | @@global.wait_timeout |
+------------------------+----------------------+
|                    100 |                  240 |
+------------------------+----------------------+
```

类似于 trove configuration-patch 可以让你更改单个配置组中的一个参数，trove configuration-update 可以让你完全替换配置组中被设置的值。考虑下面的变化。

注意 在下面的例子中，变化的预期效果是 max_connections 和 wait_timeout 都被还原为默认值，只有 connect_timeout 被设置为新值（30）。

但是，由于一个 bug（见 https://bugs.launchpad.net/trove/+bug/1449238），并没有实现预期的效果。

```
ubuntu@trove-book:~$ trove configuration-show 3226b8e6-fa38-4e23-a4e6-000b639a93d7
+-----------------------+-------------------------------------------+
| Property              | Value                                     |
+-----------------------+-------------------------------------------+
| created               | 2015-04-24T11:22:40                       |
| datastore_name        | mysql                                     |
| datastore_version_name| 5.6                                       |
| description           | illustrate a special configuration group  |
| id                    | 3226b8e6-fa38-4e23-a4e6-000b639a93d7      |
| instance_count        | 3                                         |
| name                  | special-configuration                     |
| updated               | 2015-04-24T11:46:49                       |
| values                | {u'wait_timeout':240,u'max_connections':100}|
+-----------------------+-------------------------------------------+
```

正如你所看到的，trove configuration-update 命令更新了配置组（用于设置 wait_timeout 和 max_connections）的全部定义，仅仅设置了 connect_timeout 的值。此命令的预期效果是 wait_timeout 和 max_connections 被还原为默认值，但由于前面提到的 bug，并没有完成。

```
ubuntu@trove-book:~$ trove configuration-update 3226b8e6-fa38-4e23-a4e6-000b639a93d7 \
> '{ "connect_timeout": 30 }'
ubuntu@trove-book:~$ mysql -uroot -ppx8F7UuHeHu92BJ6mGzhfQQaGYxMAKKYbzX9 -h 10.0.0.2 -e
 'select @@global.max_connections, @@global.wait_timeout, @@global.connect_timeout'
+-------------------------+----------------------+-------------------------+
| @@global.max_connections | @@global.wait_timeout | @@global.connect_timeout |
+-------------------------+----------------------+-------------------------+
|                     100 |                  240 |                      30 |
+-------------------------+----------------------+-------------------------+
```

```
    ubuntu@trove-book:~$ mysql -uroot -pDHueWtKJTXAWHYpJJrNRaNj9gZZzCKcxNk9f
-h 10.0.0.3 -e
    'select  @@global.max_connections, @@global.wait_timeout, @@global.
connect_timeout'
+------------------------+----------------------+-------------------------+
| @@global.max_connections | @@global.wait_timeout | @@global.connect_timeout |
+------------------------+----------------------+-------------------------+
|                    100 |                  240 |                      30 |
+------------------------+----------------------+-------------------------+
    ubuntu@trove-book:~$ mysql -uroot -pvtcM8cVwAU3bDc9fXMRKqtUbGsAPdpg4UC7x
-h 10.0.0.4 -e
    'select @@global.max_connections, @@global.wait_timeout, @@global.
connect_timeout'
+------------------------+----------------------+-------------------------+
| @@global.max_connections | @@global.wait_timeout | @@global.connect_timeout |
+------------------------+----------------------+-------------------------+
|                    100 |                  240 |                      30 |
+------------------------+----------------------+-------------------------+
    ubuntu@trove-book:~$ trove configuration-show 3226b8e6-fa38-4e23-a4e6-
000b639a93d7
    +----------------------+------------------------------------------+
    | Property             | Value                                    |
    +----------------------+------------------------------------------+
    | created              | 2015-04-24T11:22:40                      |
    | datastore_name       | mysql                                    |
    | datastore_version_name | 5.6                                    |
    | description          | illustrate a special configuration group |
    | id                   |3226b8e6-fa38-4e23-a4e6-000b639a93d7      |
    | instance_count       |3                                         |
    | name                 | special-configuration                    |
    | updated              |2015-04-24T11:51:33                       |
    | values               |{ "connect_timeout":30 }                  |
    +----------------------+------------------------------------------+
```

　　预期的效果是，max_connections 和 wait_timeout 都被还原为默认值，只有 connect_timeout 被设置为新值（30）。

5.6　调整实例的大小

我们通过讨论调整实例的大小结束本章。出于讨论的目的，我们考虑如下所示的 MySQL（m2）的运行实例。该实例通过 flavor 2 和 2GB 的磁盘创建。

```
ubuntu@trove-book:~$ trove show m2
+------------------+------------------------------------+
| Property         | Value                              |
+------------------+------------------------------------+
| created          | 2015-04-24T11:20:36                |
| datastore        | mysql                              |
| datastore_version | 5.6                               |
| flavor           | 2                                  |
| id               | 53796f4d-b0d8-42f1-b9c6-82260a78150f |
| ip               | 10.0.0.2                           |
| name             | m2                                 |
| status           | ACTIVE                             |
| updated          | 2015-04-24T12:22:50                |
| volume           | 2                                  |
| volume_used      | 0.11                               |
+------------------+------------------------------------+
```

首先展示如何增加附加到实例的卷的大小，根据实际情况反映，预期将会有更多的数据生成，并且现有的磁盘空间不足。这很容易通过执行 trove resize-volume 命令来完成。

```
ubuntu@trove-book:~$ trove resize-volume m2 4
```

在操作执行并且完成，使实例返回 ACTIVE 状态时，这会短暂地将实例置为 RESIZE 状态。注意，卷的大小从 2 增加到 4。使用该命令可以增加或减少卷的大小。如果试图减少卷的大小，则你需要确保所有的数据都适合新调整的卷的大小。

```
ubuntu@trove-book:~$ trove show m2
+------------------+------------------------------------+
| Property         | Value                              |
+------------------+------------------------------------+
| created          | 2015-04-24T11:20:36                |
| datastore        | mysql                              |
| datastore_version | 5.6                               |
| flavor           | 2                                  |
| id               | 53796f4d-b0d8-42f1-b9c6-82260a78150f |
```

```
| ip                | 10.0.0.2                              |
| name              | m2                                    |
| status            | ACTIVE                                |
| updated           | 2015-04-24T12:22:50                   |
| volume            | 4                                     |
| volume_used       | 0.11                                  |
+-------------------+---------------------------------------+
```

其他经常被请求的操作是调整实例 flavor，反映在实例上的预期 CPU 或存储器需求的变化。这可以通过使用 trove resize-instance 命令来完成。但在此之前，我们在实例上填充一些表和数据。以此为例，下面是一个数据库（称为 illustration）和拥有一个行的一个表（被称为 sample）：

```
mysql> select * from illustration.sample;
+------+------+
|a     | b    |
+------+------+
|  42  | 125  |
+------+------+
1 row in set (0.00 sec)
```

接下来执行 trove resize-instance 命令，并为它提供参数 3，即推荐的新的 flavor。回想一下，实例 m2 是使用 flavor 2 创建的。

```
ubuntu@trove-book:~$ trove resize-instance m2 3
```

这将导致该实例被置为 RESIZE 状态，并且在此操作期间会创建一个带有目标 flavor 的新实例，而且数据卷被重新附加到该实例。为此，Trove 会发出一个 Nova 的 resize 命令给 Trove 实例的底层 Nova 实例。

```
ubuntu@trove-book:~$ trove show m2
+-------------------+---------------------------------------+
| Property          | Value                                 |
+-------------------+---------------------------------------+
| created           | 2015-04-24T11:20:36                   |
| datastore         | mysql                                 |
| datastore_version | 5.6                                   |
| flavor            | 2                                     |
| id                | 53796f4d-b0d8-42f1-b9c6-82260a78150f |
| ip                | 10.0.0.2                              |
```

173

```
| name            | m2                                          |
| status          | RESIZE                                      |
| updated         | 2015-04-24T12:36:25                         |
| volume          | 4                                           |
+-----------------+---------------------------------------------+
```

调整大小的操作完成后，该实例恢复 ACTIVE 状态。我们现在已验证数据是否一直保留，实例现在的 flavor 是 3，IP 地址（10.0.0.2）也已迁移到 flavor 3 的实例上。

```
mysql> select * from illustration.sample;
+------+------+
|a     |b     |
+------+------+
|  42  |  125 |
+------+------+
1 row in set (0.08 sec)

ubuntu@trove-book:~$ trove show m2
+-----------------+---------------------------------------------+
| Property        | Value                                       |
+-----------------+---------------------------------------------+
| created         | 2015-04-24T11:20:36                         |
| datastore       | mysql                                       |
| datastore_version | 5.6                                       |
| flavor          | 3                                           |
| id              | 53796f4d-b0d8-42f1-b9c6-82260a78150f        |
| ip              | 10.0.0.2                                    |
| name            | m2                                          |
| status          | ACTIVE                                      |
| updated         | 2015-04-24T12:40:09                         |
| volume          | 4                                           |
| volume_used     | 0.11                                        |
+-----------------+---------------------------------------------+
```

在 5.5 节我们讲解了两种配置设置：一种是一个常量，另一种是包括像 RAM 大小的变量。我们通过调整实例的大小，来观察包含变量的配置参数是否改变。

在最近调整大小的实例上我们发现，key_buffer_size 被设置为 400M，如下所示。回想一下，flavor 2 的实例被设置为 200M，目前 flavor 3（带有 2 倍内存）正在使用中，其值已被重置为较高的可用 RAM。

```
mysql> select @@global.key_buffer_size/(1024*1024);
+--------------------------------------+
| @@global.key_buffer_size/(1024*1024) |
+--------------------------------------+
|                             400.0000 |
+--------------------------------------+
1 row in set (0.00 sec)
```

如果一个配置组被附加到一个实例上，并且提供了一个值来覆盖默认值，那么覆盖将继续进行。当使用配置组并改变了实例的 flavor，配置组不支持使用某种公式计算结果（你可能只能提供常量）时，这一点是很重要。

5.7　终止实例

当不再需要一个实例时，你可以使用 trove delete 命令将其删除。你可以使用 trove cluster-delete 命令删除集群。

trove delete 命令会删除数据库实例并永久删除储存在这个运行中的实例上的所有数据。实例的备份不会受到影响，可以在之后启动一个新的实例。

```
ubuntu@trove-book:~$ trove delete m2
ubuntu@trove-book:~$ trove list
+----+------+-----------+-------------------+--------+-----------+------+
| ID | Name | Datastore | Datastore Version | Status | Flavor ID | Size |
+----+------+-----------+-------------------+--------+-----------+------+
+----+------+-----------+-------------------+--------+-----------+------+
```

同样，trove cluster-delete 命令会删除整个集群和组成集群的所有实例。

5.8　总结

本章讲解了 Trove 的一些高级操作。我们要重点理解，Trove 不仅仅是提供数据库实例的框架，还提供了可用于在其整个生命周期中管理一个实例的功能。

在 5.1 节，我们讲解了如何针对虚拟硬件的特定配置创建自定义的 flavor。

我们学习在 Trove 中使用特定数据库策略进行的备份和恢复的实现，演示了 MySQL

的全备份和增量备份，以及如何从现有的备份创建一个新的实例。

数据库可以提供复杂的多节点配置，以提供高可用性和高性能，而这些技术通常涉及复制和集群。Trove 使用特定数据库的扩展和策略同时实现了这些功能。

我们学习 MySQL 复制，研究了 Juno 版本（用于 MySQL5.5）中的基于二进制日志的复制和 Kilo 版本（用于 MySQL5.6）中的基于 GTID 的复制，研究了如何在这些实现中利用特定的数据库策略，并学习了完成故障转移的各种方式。

我们也学习了 MongoDB 集群，深入研究了涉及创建集群的操作，并学习了 task manager 和 guest agent 策略的实现。

在管理大量的实例时，在同一时间内建立和操作每一个实例的配置参数是烦琐的。配置组允许创建一组参数在同一时间关联到多个实例。我们研究了如何使用配置组，以及配置组如何依赖于特定的数据库 guest agent 实现来进行实际的参数更改。

在一个实例的生命周期内，通常需要为了该实例的可用资源进行重新配置。有时，这涉及增长或收缩储存容量，在其他情况下涉及改变与该实例相关联的 flavor。我们研究了这两种情况，并明白了这些是如何实现的。

最后，当不再需要一个实例时，该实例（或集群）可被删除以释放其正在使用的所有资源。我们研究了完成这个功能的命令。

本章不提供有关如何使用每个 Trove 命令的细节内容，而专注于实例或集群的生命周期中更常用的命令。附录 B 提供了命令的完整列表和每个命令的简要说明。

第 6 章将讲解在程序没有完全按预期进行时，调试和系统故障排除的步骤。

第 6 章
调试与故障排除

在前面的章节中我们讨论了如何安装和完成一些基本的配置，以及如何执行 Trove 的各种操作。我们还深入研究了 Trove 的结构及 Trove 的各个组件如何一起工作。

你会发现事情的进展并没有预期中的那么顺利，执行命令时可能会遇到困难并产生错误。本章将介绍了一些基本的调试和故障排除技术，如下所述。

- 访问 Trove guest 实例的命令行。

- 关于 Trove 控制器和 guest 实例的错误日志。

- 常见的错误场景。

- 在 Trove 中使用 OpenStack 分析器。

6.1 访问 Trove guest 实例的命令行

有时在配置 Trove 实例和 Trove create 命令时可能会失败。或出于其他原因，你可能希望连接到 guest 实例访问命令行。

是否能够连接到实例，完全取决于 guest 镜像构建的方式和是否有适当的凭证来使用 shell 命令连接 guest 实例。

在本节中我们研究两种 guest 镜像。

- OpenStack 中用于提供开发和测试的 guest 镜像，地址为 `http://tarballs.`
`openstack.org/trove/images/ubuntu/`。

- Tesora 发布的生产就绪的 guest 镜像，地址为 `http://www.tesora.com/products/`。

连接到一个 guest 实例的访问命令行必须满足以下所有条件。

- 应该有网络访问到相应的端口（ `ssh` 端口为 22， `telnet` 端口为 23）。

- 端口应该安装和运行一个侦听器。

- 需要凭据（用户名和密码或用户名和私钥）

6.1.1　OpenStack guest 镜像

tarballs.openstack.org（如在第 2 章中安装显示的）提供的 guest 镜像已经内置了一种方法，这种方法允许 ubuntu 用户使用秘钥访问 shell。

要做到这一点，你需要获得 Trove 的私钥。这个私钥是为 ssh 访问 guest 镜像注册的。这个秘钥存放在 trove-integration 仓库中。

Trove 的密钥对在 scripts/files/keys 目录下可以找到。下面的代码用于安装 Trove 私钥（id_rsa）作为 ubuntu 用户的私钥。

```
ubuntu@trove-book:~$ cp -b ~/trove-integration/scripts/files/keys/id_rsa
~/.ssh
ubuntu@trove-book:~$ chmod 400 ~/.ssh/id_rsa
```

假设你安装了密钥，并且有一个 Trove 实例正在运行，如下所示。

```
ubuntu@trove-book:~$ trove show e7a420c3-578e-4488-bb51-5bd08c4c3cbb
+-------------------+--------------------------------------+
| Property          | Value                                |
+-------------------+--------------------------------------+
| created           | 2015-04-08T16:28:09                  |
| datastore         | mysql                                |
| datastore_version | 5.6                                  |
| flavor            | 2                                    |
| id                | e7a420c3-578e-4488-bb51-5bd08c4c3cbb |
| ip                | 10.0.0.2                             |
| name              | m1                                   |
| status            | BUILD                                |
| updated           | 2015-04-08T16:28:21                  |
| volume            | 1                                    |
+-------------------+--------------------------------------+
```

现在你可以使用命令 ssh ubuntu@10.0.0.2 或简单的 ssh 10.0.0.2（如果你已经使用 ubuntu 用户登录）连接到该实例的命令行。

```
ubuntu@trove-book:~$ ssh 10.0.0.2
```

```
Welcome to Ubuntu 12.04.5 LTS (GNU/Linux 3.2.0-77-virtual x86_64)

* Documentation: https://help.ubuntu.com/

Get cloud support with Ubuntu Advantage Cloud Guest:
http://www.ubuntu.com/business/services/cloud

The programs included with the Ubuntu system are free software;
the exact distribution terms for each program are described in the
individual files in /usr/share/doc/*/copyright.

Ubuntu comes with ABSOLUTELY NO WARRANTY, to the extent permitted by
applicable law.

ubuntu@m1:~$
```

现在你已经连接到了 guest 镜像，可以看看在虚拟机上有什么。

6.1.2　Tesora guest 镜像

Tesora 为注册的用户提供了已生产就绪的 guest 镜像，下载地址是 www.tesora.com/products/。注册后你就会收到关于安装这些镜像的说明。Tesora 提供这些镜像及其产品的社区版本和企业版本。

为了安装 Tesora 的镜像，你需要执行 add-datastore.sh 命令，通过这个命令能够自动下载和配置 Trove 使用的镜像。安装完毕后，你能够使用标准的 Trove 命令利用镜像启动一个 Trove 实例。

Tesora 的镜像使用不同的机制来注册 ssh 访问所需要的密钥对。Tesora 镜像（以及 Tesora 的社区版本软件和企业版本软件）依赖于 Trove task manager 的配置文件（/etc/trove/trove-taskmanager.conf）的配置参数 use_nova_key_name。

首先，创建密钥对并使用 Nova 注册这个密钥对。你可以通过执行命令 nova keypair-add 完成这一步。若想了解关于如何做到这一点的更多信息，请在 http://docs.openstack.org/user-guide/enduser/cli_nova_configure_access_security_for_instances.html 上参考 Nova 的文档。

接下来，在 /etc/trove/trove-taskmanager.conf 文件中添加一行说明密钥对名字的代码。

```
use_nova_key_name = trove-keypair。
```

然后重启 Trove task manager 服务。之后所有创建的 Trove 实例都将拥有已提供的密钥对，而且你能够使用 ssh 命令连接这些实例。

6.2 阅读 Trove 错误日志

Trove 运行在 Trove 控制节点上，Trove guest agent 运行在 guest 实例上。一般的错误日志都提供了关于系统运行的有用信息。我们依次查看这些信息，讨论如何控制被发送到错误日志的信息。

6.2.1 Trove 控制节点的错误日志

在安装 devstack 时，所有服务日志都被发送到 stdout，stdout 接下来也会被发送到 /opt/stack/logs/ 目录下的文件中。更确切地说，日志文件会被发送到 $DEST/logs 中，$DEST 默认在 /opt/stack 目录下。devstack 发送日志文件的准确位置被设置为运行 stack.sh 之前配置的 LOGDIR 环境变量。

当通过安装包安装时，服务日志文件通常会被发送到 /var/log/ 中，而且 Trove 日志文件最后通常会在 /var/log/trove/ 中。然而，这取决于你使用的软件包，若想了解详细信息，则需要查阅软件包中的说明文档。

Trove API、task manager 和 conductor 通常把它们的日志消息记录到不同的文件中，除非你使用 syslog。你可以通过设置 --use-syslog 命令行选项配置关于 Trove 服务日志的启动命令，让 syslog 记录所有的日志。

6.2.2 关于 guest 实例的错误日志

在 guest 实例中有两个重要的日志文件集，你需要不断地进行检查。

- 系统和用户数据库的日志文件。
- 通过 Trove guest agent 生成的日志文件。

在 Ubuntu 系统中，系统日志文件的位置通常在 /var/log/syslog 目录下。/var/log/upstart/ 下的文件及由用户数据库生成的日志文件一般也位于 /var/log/ 目录下。例如，MySQL 日志文件在 /var/log/mysql/ 目录下。

如果在启动 guest agent 之前有错误，则通常在 /var/log/upstart/ 目录下可以找到它们。

由 guest agent 生成的日志文件在 /var/log/trove/ 目录下，并且默认的名称为 trove-guestagent.log。

```
ubuntu@m1:/var/log/trove$ ls -la
total 212
drwxr-xr-x 2 ubuntu root 4096 Mar 17 16:36 .
drwxr-xr-x 11 root root 4096 Mar 17 16:36 ..
-rw-rw-r-- 1 ubuntu ubuntu 205167 Mar 17 16:47 trove-guestagent.log
```

在 Trove guest agent 中，你能够通过编辑各自的设置来改变日志文件的位置。在默认情况下，该配置文件是 /etc/trove/conf.d/trove-guestagent.conf。

```
ubuntu@m2:/etc/trove/conf.d$ cat -n trove-guestagent.conf

7 use_syslog = False
8 debug = True
9 log_file = trove-guestagent.log
10 log_dir = /var/log/trove/
11 ignore_users = os_admin
```

记住，在控制器上存储了 guest agent 配置文件（一般在 /etc/trove/trove-guestagent.conf 文件中），但这也是接下来要配置的（来自 trove/common/cfg.py）。

```
342         cfg.StrOpt('guest_config',
343                 default='/etc/trove/trove-guestagent.conf',
344                 help='Path to the Guest Agent config file to be injected'
345                     'during instance creation.'),
```

6.2.3　错误日志的一些实例

下面的示例演示了如何登录一个使用 devstack 配置的系统上的 Trove 实例，并且这个系统来自于 tarballs.openstack.org 的 guest 镜像。可以通过简单的 trove create 命令启动这个实例。

```
ubuntu@trove-book:~$ trove create m1 2 --size 2
```

几分钟后 Nova 实例成功启动，并且获取了分配的 IP 地址 10.0.0.2。这是 Trove 反馈的结果，但是几分钟后该实例进入 ERROR 状态。下面显示的错误信息被记录在 Trove task manager 日志文件中（由于系统是通过 devstack 启动的，所以该文件在 /opt/stack/logs 目录下）。

```
2015-04-25 19:59:59.854 ERROR trove.taskmanager.models [req-0af7d974-
9bc8-4233-adc5-
4ad826410b4d radmin trove] Failed to create instance 5065f999-a255-490f-
909a-952ec79568bd.
Timeout waiting for instance to become active. No usage create-event was
sent.
2015-04-25 19:59:59.870 ERROR trove.taskmanager.models [req-0af7d974-
9bc8-4233-adc5-
4ad826410b4d radmin trove] Service status: ERROR
2015-04-25 19:59:59.871 ERROR trove.taskmanager.models [req-0af7d974-
9bc8-4233-adc5-
4ad826410b4d radmin trove] Service error description: guestagent error
```

```
ubuntu@trove-book:~$ trove show m1
+-------------------+----------------------------------------+
| Property          | Value                                  |
+-------------------+----------------------------------------+
| created           | 2015-04-25T23:49:49                    |
| datastore         | mysql                                  |
| datastore_version | 5.6                                    |
| flavor            | 2                                      |
| id                | 5065f999-a255-490f-909a-952ec79568bd   |
| name              | m1                                     |
| status            | ERROR                                  |
| updated           | 2015-04-25T23:59:59                    |
| volume            | 2                                      |
+-------------------+----------------------------------------+
```

在错误日志中进一步查看，task manager 启动了一个实例。执行 nova list 或 nova show 命令，你会发现实例实际上仍然在运行，同时拥有 10.0.0.2 的 IP 地址。由于能够访问实例，所以我们可以进入实例并进一步查看。首先，显而易见的是，没有发现 Trove guest agent 日志文件。

```
ubuntu@trove-book:~$ nova show m1
+-------------------+----------------------------------------------------+
| Property          | Value                                              |
+-------------------+----------------------------------------------------+
| flavor            | m1.small (2)                                       |
[. . .]
```

```
| id                  | 8b920495-5e07-44ae-b9a5-6c0432c12634        |
| image               | mysql (50b966c1-3c47-4786-859c-77e201d11538) |
[. . .]
| name                | m1                                          |
[. . .]
| private network     | 10.0.0.2                                    |
[. . .]
| status              | ACTIVE                                      |
[. . .]
+-------------------+---------------------------------------------------+
ubuntu@trove-book:~$ ssh 10.0.0.2
[. . .]

ubuntu@m1:~$ ls -l /var/log/trove/
total 0
```

接下来查看 /var/log/upstart/ 中的文件，看看之前发生了什么，并找到 trove-guest.log 文件。

```
ubuntu@m1:~$ sudo cat /var/log/upstart/trove-guest.log
Warning: Permanently added '10.0.0.1' (ECDSA) to the list of known
hosts.
Permission denied, please try again.
Permission denied, please try again.
Permission denied (publickey,password).
rsync: connection unexpectedly closed (0 bytes received so far)
[Receiver]
rsync error: error in rsync protocol data stream (code 12) at io.c(226)
[Receiver=3.1.0]
```

我们将在第 7 章进一步讲解关于构建 guest 镜像的问题，现在请注意，这里的问题是，devstack guest 镜像是为了开发而设计的，并且在第 1 次启动时把 Trove guest agent 代码 rsync 到了 guest 实例上。要做到这一点，需要为 devstack 主机上的 ubuntu 用户将 Trove 的公钥写入 .ssh/authorized_keys 文件中。在这个例子中，这一步并没有完成。

在 2.1.6 节讲解了如何添加这个密钥到你的机器上，在第 7 章中将更详细地讲解这些内容。

假设 trove-guest 服务成功启动，则你将会看到 guest agent 日志文件 /var/log/trove/trove-guestagent.log。

如果 guest agent 启动有错误，则这些错误将会记录到这个文件上。例如，尝试启动一个 guest 失败时，下面的内容就会出现在 guest agent 日志文件中。

```
2015-03-03 14:36:24.849 CRITICAL root [-] ImportError: No module named
oslo_concurrency
2015-03-03 14:36:24.849 TRACE root Traceback (most recent call last):
2015-03-03 14:36:24.849 TRACE root File "/home/ubuntu/trove/contrib/
trove-guestagent",
line 34, in <module>
2015-03-03 14:36:24.849 TRACE root sys.exit(main())
2015-03-03 14:36:24.849 TRACE root File "/home/ubuntu/trove/trove/cmd/
guest.py", line 60,
in main
2015-03-03 14:36:24.849 TRACE root from trove import rpc
2015-03-03 14:36:24.849 TRACE root File "/home/ubuntu/trove/trove/rpc.
py", line 36, in
<module>
2015-03-03 14:36:24.849 TRACE root import trove.common.exception
2015-03-03 14:36:24.849 TRACE root File "/home/ubuntu/trove/trove/
common/exception.py",
line 20, in <module>
2015-03-03 14:36:24.849 TRACE root from oslo_concurrency import
processutils
2015-03-03 14:36:24.849 TRACE root ImportError: No module named oslo_
concurrency
2015-03-03 14:36:24.849 TRACE root
```

这些信息帮助我们了解为什么 trove create 调用失败了，以及怎么补救（https://bugs.launchpad.net/trove/+bug/1427699）。

在默认情况下，devstack 会配置系统以将调试信息记录到不同的日志文件中，这在故障排除中是很有用的。

在主机上执行如下 trove database-list 命令的同时，也可以在 trove-guestagent.log 文件中看到输出：

```
ubuntu@trove-book:~$ trove database-list fd124f41-68de-4f51-830b-
dbc9ad92a7fa
+--------------------+
| Name               |
```

```
+-------------------+
| performance_schema |
| trove-book         |
+-------------------+
2015-03-17 16:49:13.385 DEBUG trove.guestagent.datastore.mysql.service
[-] ---Listing
Databases--- from (pid=918) list_databases /home/ubuntu/trove/trove/
guestagent/datastore/
mysql/service.py:423
2015-03-17 16:49:13.512 DEBUG trove.guestagent.datastore.mysql.service
[-] database_names =
<sqlalchemy.engine.base.ResultProxy object at 0x360fe90>. from (pid=918)
list_databases
/home/ubuntu/trove/trove/guestagent/datastore/mysql/service.py:451
2015-03-17 16:49:13.516 DEBUG trove.guestagent.datastore.mysql.service
[-] database =
('performance_schema', 'utf8', 'utf8_general_ci'). from (pid=918) list_
databases
/home/ubuntu/trove/trove/guestagent/datastore/mysql/service.py:455
2015-03-17 16:49:13.519 DEBUG trove.guestagent.datastore.mysql.service
[-] database =
('trove-book', 'utf8', 'utf8_general_ci'). from (pid=918) list_databases
/home/ubuntu/trove/
trove/guestagent/datastore/mysql/service.py:455
2015-03-17 16:49:13.539 DEBUG trove.guestagent.datastore.mysql.service
[-] databases =
[{'_collate': 'utf8_general_ci', '_character_set': 'utf8', '_name':
'performance_schema'},
{'_collate': 'utf8_general_ci', '_character_set': 'utf8', '_name':
'trove-book'}] from
(pid=918) list_databases /home/ubuntu/trove/trove/guestagent/datastore/
mysql/service.py:462
```

了解 Trove 如何工作的最好方式是启用调试（下面将会进行描述），在执行命令时查看各种日志文件。当这些命令通过系统工作时，你将能够跟踪请求信息，了解系统的工作及错误出现在什么地方。在 6.3 节也会讲解如何改变被记录的信息。

6.3 理解 Trove 日志级别

你可以将 Trove 生成的诊断的信息分类为调试、信息化、审计、警告、错误和危险信息。在默认情况下，Trove 服务和 guest agent 都被配置为信息化的日志级别。此外，在某些情况下也会生成回溯信息。

在配置 devstack 时，默认是通过 --debug 命令行参数启动服务，--debug 命令行也允许调试消息。你也可以在配置文件中启用调试（来自于 /etc/trove/trove.conf），如下所示：

```
8    use_syslog = False
9    debug = True
```

日志文件中的消息标识生成它们的日志级别。如下面一些高亮显示的例子所示：

```
2015-04-25 20:20:17.458 DEBUG trove.instance.models [-] Server api_
status(NEW). from
    (pid=64018) _load_servers_status /opt/stack/trove/trove/instance/models.
py:1186
    2015-04-25 20:20:17.465 INFO eventlet.wsgi [-] 192.168.117.5 - - [25/
Apr/2015 20:20:17] "GET
    /v1.0/70195ed77e594c63b33c5403f2e2885c/instances HTTP/1.1" 200 741
0.422295
    2015-04-25 20:14:49.889 ERROR trove.guestagent.api [req-0af7d974-9bc8-
4233-adc5-4ad826410b4d
    radmin trove] Error calling stop_db
    2015-04-25 20:14:49.889 TRACE trove.guestagent.api Traceback (most
recent call last):
    2015-04-25 20:14:49.889 TRACE trove.guestagent.api File "/opt/stack/
trove/trove/
    guestagent/api.py", line 62, in _call
```

另外，你能够配置 Trove 来改变消息代码的颜色。在终端上每一类消息都将以不同的颜色（见图 6-1）显示。

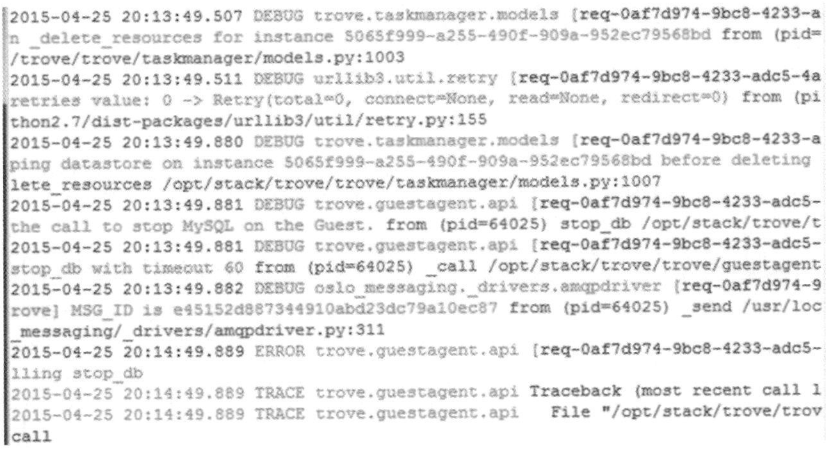

```
2015-04-25 20:13:49.507 DEBUG trove.taskmanager.models [req-0af7d974-9bc8-4233-a
n _delete_resources for instance 5065f999-a255-490f-909a-952ec79568bd from (pid=
/trove/trove/taskmanager/models.py:1003
2015-04-25 20:13:49.511 DEBUG urllib3.util.retry [req-0af7d974-9bc8-4233-adc5-4a
retries value: 0 -> Retry(total=0, connect=None, read=None, redirect=0) from (pi
thon2.7/dist-packages/urllib3/util/retry.py:155
2015-04-25 20:13:49.880 DEBUG trove.taskmanager.models [req-0af7d974-9bc8-4233-a
ping datastore on instance 5065f999-a255-490f-909a-952ec79568bd before deleting
lete_resources /opt/stack/trove/trove/taskmanager/models.py:1007
2015-04-25 20:13:49.881 DEBUG trove.guestagent.api [req-0af7d974-9bc8-4233-adc5-
the call to stop MySQL on the Guest. from (pid=64025) stop_db /opt/stack/trove/t
2015-04-25 20:13:49.881 DEBUG trove.guestagent.api [req-0af7d974-9bc8-4233-adc5-
stop_db with timeout 60 from (pid=64025) _call /opt/stack/trove/trove/guestagent
2015-04-25 20:13:49.882 DEBUG oslo_messaging._drivers.amqpdriver [req-0af7d974-9
rove] MSG_ID is e45152d887344910abd23dc79a10ec87 from (pid=64025) _send /usr/loc
_messaging/_drivers/amqpdriver.py:311
2015-04-25 20:14:49.889 ERROR trove.guestagent.api [req-0af7d974-9bc8-4233-adc5-
lling stop_db
2015-04-25 20:14:49.889 TRACE trove.guestagent.api Traceback (most recent call 1
2015-04-25 20:14:49.889 TRACE trove.guestagent.api   File "/opt/stack/trove/trov
call
```

图 6-1　带有颜色的错误消息编码

如下所示为通过嵌入 ANSI 颜色代码到信息配置来产生一个特定的类的信息（代码来自 /etc/trove/trove.conf）：

```
logging_exception_prefix = %(color)s%(asctime)s.%(msecs)03d TRACE
%(name)s \
   ^[[01;35m%(instance)s^[[00m
logging_debug_format_suffix = ^[[00;33mfrom (pid=%(process)d)
%(funcName)s \
   %(pathname)s:%(lineno)d^[[00m
logging_default_format_string = %(asctime)s.%(msecs)03d %(color)
s%(levelname)s \
   %(name)s [^[[00;36m-%(color)s]  ^[[01;35m%(instance)s%(color)s%(message)
s^[[00m
logging_context_format_string = %(asctime)s.%(msecs)03d %(color)
s%(levelname)s \
   %(name)s [^[[01;36m%(request_id)s ^[[00;36m%(user)s %(tenant)s%(color)s] \
   ^[[01;35m%(instance)s%(color)s%(message)s^[[00m
```

%color 标记通过代码解释生成的消息，适当的转义字符用于介绍生成消息的类型。如下代码来自 trove/openstack/common/log.py。若要进一步定义这些颜色，则请参考 http://en.wikipedia.org/ wiki/ANSI_escape_code#Colors。

```
699        class ColorHandler(logging.StreamHandler):
700            LEVEL_COLORS = {
701                logging.DEBUG: '\033[00;32m', # GREEN
```

```
702                    logging.INFO: '\033[00;36m', # CYAN
703                    logging.AUDIT: '\033[01;36m', # BOLD CYAN
704                    logging.WARN: '\033[01;33m', # BOLD YELLOW
705                    logging.ERROR: '\033[01;31m', # BOLD RED
706                    logging.CRITICAL: '\033[01;31m', # BOLD RED
707               }
```

对于 OpenStack 初学者来说，在实例的启动过程中，超时是一个普遍的问题。这个问题常见的原因是所使用的虚拟机资源不足（硬件），并且启动 guest 实例的操作花费了太长时间。

在默认情况下，当 Nova 启动一个 Trove 对应的实例时，会使用如下命令行。请注意，这里提供了 -enable-kvm 命令行选项并且在 -machine 选项中提供了 accel=kvm。

```
qemu-system-x86_64 -enable-kvm -name instance-00000003 -S \
-machine pc-i440fx-trusty,accel=kvm,usb=off -m 2048 \
-realtime mlock=off -smp 1,sockets=1,cores=1,threads=1 \
[. . .]
```

在一个典型的开发环境中，用户在虚拟化环境中运行 Ubuntu。OpenStack 安装在虚拟化的 Ubuntu 环境中。

如果这种环境不设置启用基于内核的虚拟机（kvm），kvm 有时被称为虚拟化技术，则由 Nova 启动的嵌套虚拟机的性能会很差，虽然它最终会启动，但是不会满足默认的超时时间。

要验证 kvm 是否被启用，需要执行 kvm-ok 命令。如果启用了 kvm，则以下是你应该看到的：

```
ubuntu@trove-book:~$ kvm-ok
INFO: /dev/kvm exists
KVM acceleration can be used
```

根据你正在运行的虚拟化软件的不同，启用虚拟化技术的步骤也不同，请查阅软件文档。在裸机上运行 devstack 时，可能只要在 BIOS 中设置相应的选项。并不是所有的处理器都支持 VT 扩展。

6.4　在 Trove 中使用 OpenStack 分析库

OpenStack Profiler（OSProfiler）是一个跨项目的分析库。OpenStack 包含多个项目，且每个项目（如 Trove）由多个服务组成。由于这比较复杂，所以我们经常难于理解为什么某些地方运行缓慢。

OpenStack Profiler 可以通过提供与执行时间相关的详细的调用关系图帮助我们理解复杂的 OpenStack 系统的工作情况。OSProfiler 项目地址为 https://github.com/stackforge/osprofiler。

若要启用 OSProfiler，则你需要执行以下步骤。首先，在使用 devstack 运行 OpenStack 之前，将以下行添加到 localrc 中：

```
CEILOMETER_BACKEND=mysql
CEILOMETER_NOTIFICATION_TOPICS=notifications,profiler
ENABLED_SERVICES+=,ceilometer-acompute,ceilometer-acentral
ENABLED_SERVICES+=,ceilometer-anotification,ceilometer-collector
ENABLED_SERVICES+=,ceilometer-alarm-evaluator,ceilometer-alarm-notifier
ENABLED_SERVICES+=,ceilometer-api
```

一旦完成了 devstack，你就需要通过更改 Trove 配置文件，使得 Trove 可以使用 Profiler。按照如下所示编辑 trove.conf、trove-taskmanager.conf、trove-conductor.conf 和 trove-guestagent.conf 文件：

```
[profiler]
enabled = true
trace_sqlalchemy = true
```

在安装 devstack 时（运行 stack.sh），在文件 /etc/trove/api-paste.ini 中已经配置了 osprofiler 过滤器。这包括在 pipeline 中加入 osprofiler，并指定过滤器如下：

```
[pipeline:troveapi]
pipeline = faultwrapper osprofiler authtoken authorization
contextwrapper ratelimit \
    extensions troveapp
[filter:osprofiler]
paste.filter_factory = osprofiler.web:WsgiMiddleware.factory
hmac_keys = SECRET_KEY
enabled = yes
```

189

前面的配置要求你建立一个共享的密令，然后必须提供该密令，以生成一个 profiler 回溯。此示例使用字符串 SECRET_KEY，但你可以用任何字符串替换它。

最后，重启 Trove 服务。这将完成 OSProfiler 的配置。现在，你可以通过添加 --profile 命令行参数来跟踪一个操作，如下所示：

```
ubuntu@trove-book:~$ trove --profile SECRET_KEY list
+----+------+----------+------------------+--------+----------+------+
| ID | Name | Datastore | Datastore Version | Status | Flavor ID | Size |
+----+------+----------+------------------+--------+----------+------+
+----+------+----------+------------------+--------+----------+------+
Trace ID: 8bf225b1-0f98-4999-affc-303eb2f74b04
To display the trace, use the following command:
osprofiler trace show --html 8bf225b1-0f98-4999-affc-303eb2f74b04
```

--profile 只接收一个参数，这个参数就是在 api-paste.ini 文件中 hmac_keys 设置的值。因为我们使用了字符串 SECRET_KEY，所以这里在命令行上将提供同样的字符串。

请注意，一旦命令完成，则 profiler 将提供一个命令来获取跟踪信息。你现在可以通过一个更复杂的命令来演示 profiler（例如 trove create）。

```
ubuntu@trove-book:/etc/trove$ trove --profile SECRET_KEY create m2 2
--size 2
+------------------+-------------------------------------+
| Property         | Value                               |
+------------------+-------------------------------------+
| created          | 2015-04-28T19:52:23                 |
| datastore        | mysql                               |
| datastore_version | 5.6                                |
| flavor           | 2                                   |
| id               | 1697d595-7e1d-4173-85e2-664a152d280c |
| name             | m2                                  |
| status           | BUILD                               |
| updated          | 2015-04-28T19:52:23                 |
| volume           | 2                                   |
+------------------+-------------------------------------+
Trace ID: a9e7c4b6-9e28-48a0-a175-feffd3ed582d
To display the trace, use the following command:
osprofiler trace show --html a9e7c4b6-9e28-48a0-a175-feffd3ed582d
```

在默认情况下，你将看到的唯一的跟踪点是从 SQL Alchemy 生成的（在所有的 Trove 服务中，trace_sqlalchemy 被设置为 true）。这个 create 调用的跟踪包括所有进入其内部的 SQL Allchemy 调用的详细统计分析。如图 6-2 所示为在浏览器中查看一个概要文件。

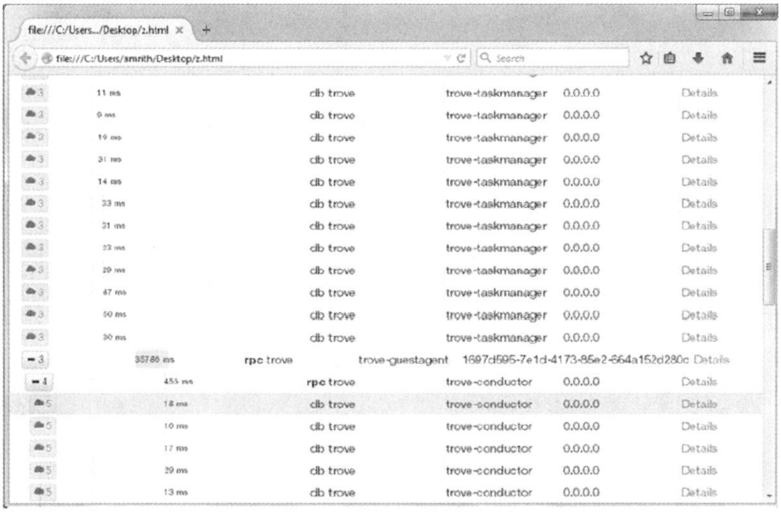

图 6-2　在浏览器中查看一个概要文件

OSProfiler 文档中记录了检测代码的四种方法（详细信息请参考 https://github.com/stackforge/osprofiler）。下面对每一项进行总结，并且跟踪 Trove create 命令涉及的代码。

6.4.1　在开始和停止位置之间分析代码

第 1 种方法通过建立一个开始和停止位置，定义了一个在分析器中突出显示的区域。

```python
def prepare():
    profiler.start("name", {"key": "value"})

    # code to be profiled here

    profiler.stop({"information": "dictionary"})
```

6.4.2　使用 Python 结构分析一个代码块

第 2 种方法通过使用 Python 结构创建代码块，以不同的方式定义代码的区域。

```python
with profiler.Trace("name", info={" key": "value"}):
```

```
    # some code here
```

6.4.3 使用修饰器分析一个方法

第 3 种方法通过描述方法本身，来定义一个要分析的代码块作为一个完整的方法。

```
@profiler.trace("name", info={"key": "value"}, hide_args=False)
def prepare():
    # If you need to hide the arguments in profile, use hide_args=True
```

6.4.4 使用修饰器分析整个类

生成分析信息的第 4 种方法是对整个类进行分析。

```
@profiler.trace_cls("name", info={"key": "value"}, hide_args=False,
trace_private=False)
class TraceThisClass(object):

    # this method will be profiled
    def public_method(self):
    pass


# this private method is only profiled if trace_private is True
def _private_method(self):
    pass
```

在前面的示例中，启用性能分析的各种方法接收一些参数，这些参数可以增加程序状态的分析信息。例如，profiler.start() 方法接收一个 name 和一个字典。同样，profiler.stop() 也需要接收一个字典。其他方法接收的信息参数是用户提供的任意字典，而且这些信息会被跟踪记录以供之后使用。

在我们说明 create() 和 restart() 中的代码是如何被用于检测以启用分析器之前，我们研究了分析器的操作。在等待实例上线时，使用下面的命令捕获分析过程：

```
ubuntu@trove-book:/opt/stack/trove$ trove --profile SECRET_KEY create
instance-1 2 --size 2
+------------------+------------------------------------+
| Property         | Value                              |
+------------------+------------------------------------+
| created          | 2015-04-29T09:05:47                |
```

```
| datastore         | mysql                                |
| datastore_version | 5.6                                  |
| flavor            | 2                                    |
| id                | 31836a32-01b3-4b0f-8bc2-979eb5d5bcb5 |
| name              | instance-1                           |
| status            | BUILD                                |
| updated           | 2015-04-29T09:05:47                  |
| volume            | 2                                    |
+-------------------+--------------------------------------+
Trace ID: d8d15088-c4e8-4097-af93-19783138392c
To display the trace, use the following command:
osprofiler trace show --html d8d15088-c4e8-4097-af93-19783138392c
```

osprofiler命令的输出可以是 --json 或 --html 格式（下面的命令显示的是 --html，图 6-3 显示了浏览器中的输出）。

```
ubuntu@trove-book:/opt/stack/trove$ osprofiler trace show --html \
> d8d15088-c4e8-4097-af93-19783138392c > /tmp/z.html
```

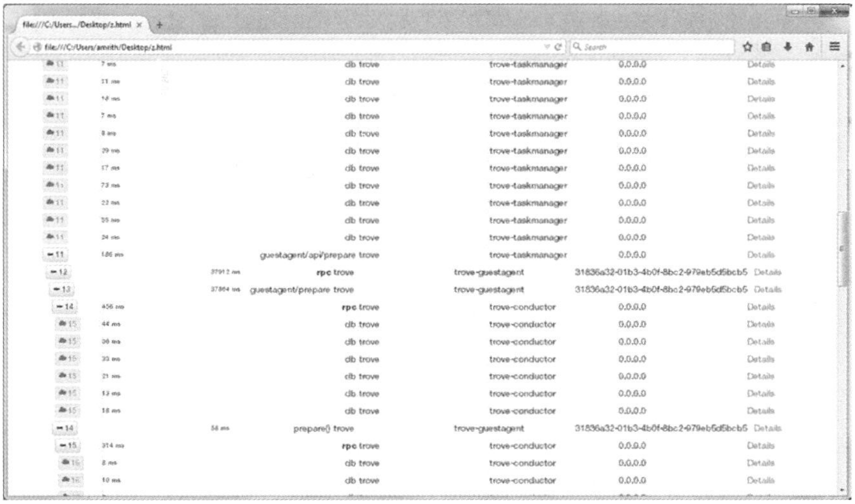

图 6-3　在浏览器中 osprofiler —html 命令的输出

接下来，我们描述生成上述追踪的 create() 调用的分析过程。一旦调试了代码，则你需要重启所有的 Trove 服务。

你可以像在如下例子中所示，在 Trove API 服务中调用 create() 方法提前捕捉请求。这是在下列方法中产生的许多变化之一（在 trove/instance/service.py 中可以找到）。

```
+           profiler.start("models.Instance.create", {"before": "models.
Instance.create()"})
    instance = models.Instance.create(context, name, flavor_id,
                                image_id, databases, users,
                                datastore, datastore_version,
@@ -244,6 +266,7 @@ class
InstanceController(wsgi.Controller):
                                availability_zone, nics,
                                configuration, slave_of_id,
                                replica_count=replica_count)
    profiler.stop({"after": "models.Instance.create()"})
```

生成配置文件的一个可读的 JSON（JavaScript Object Notation）版本的分析，通过简单的 JSON 格式化程序传递给分析器进行输出。

```
osprofiler trace show --json d8d15088-c4e8-4097-af93-19783138392c | \
> python -m json.tool > /tmp/z.json
```

```
130        {
131            "children": [],
132            "info": {
133                "finished": 1575,
134                "host": "0.0.0.0",
135                "info.start": "models.Instance.Create()",
136                "info.stop": "models.Instance.Create()",
137                "name": "models.Instance.create",
138                "project": "trove",
139                "service": "api",
140                "started": 1322
141            },
142            "parent_id": "59d4a51c-73cd-4102-b7ed-1b5e7b7df65c",
143            "trace_id": "7bccb7d9-4aeb-491e-a077-a72b923622b1"
144        },
```

如之前所示，传递给 profiler.start() 调用的参数可以被保存，并且提供给分析器输出。从图 6-3 的分析器输出中，我们可以计算出此调用的执行花费了 253 毫秒。

用相似的方式，你可以在 prepare() 方法中设置跟踪点分析 guest agent 代码。task manager 会启动一个实例，并在消息队列中放置 prepare 消息。当你在 Trove 实例上启动

guest agent 时，它连接到消息队列，接收 prepare 消息并继续处理这些消息。如下所示已启用了 profiler 的代码，并描述了启动实例上的 MySQL 服务的初始步骤。

```
+        with profiler.Trace("prepare()",
+                            info={"MySqlAppStatus.get().begin_install()":
""}):
+           MySqlAppStatus.get().begin_install()
+
+        with profiler.Trace("prepare()",
+                            info={"app.install_if_needed": ""}):
+           # status end_mysql_install set with secure()
+           app = MySqlApp(MySqlAppStatus.get())
+           app.install_if_needed(packages)
+
+        with profiler.Trace("prepare()",
+                            info={"device:path": ""}):
+           if device:path:
+               #stop and do not update database
+               app.stop_db()
+               device = volume.VolumeDevice(device:path)
+               # unmount if device is already mounted
+               device.unmount_device(device:path)
+               device.format()
+               if os.path.exists(mount_point):
+                   #rsync exiting data
+                   device.migrate_data(mount_point)
+               #mount the volume
+               device.mount(mount_point)
+               LOG.debug("Mounted the volume.")
+               app.start_mysql()
```

查看 profiler 输出，我们就能够看到这些都被触发了，因此可以确定执行每个代码块花费的时间，以及在其上下文代码中执行的服务。

```
892        "info": {
893            "finished": 17909231,
894            "host": "31836a32-01b3-4b0f-8bc2-979eb5d5bcb5",
895            "info.MySqlAppStatus:get():begin_install()": "",
896            "name": "prepare()",
```

```
897            "project": "trove",
898            "service": "trove-guestagent",
899            "started": 17909173
900        },
901        "parent_id": "6a1eb340-73e0-48d2-a629-1723733a2036",
902        "trace_id": "71560f39-f83f-410f-ab3e-bcffb1b4cba9"
903    },
904    {
905        "children": [],
906        "info": {
907            "finished": 17912682,
908            "host": "31836a32-01b3-4b0f-8bc2-979eb5d5bcb5",
909            "info.app:install_if_needed": "",
910            "name": "prepare()",
911            "project": "trove",
912            "service": "trove-guestagent",
913            "started": 17909347
914        },
915        "parent_id": "6a1eb340-73e0-48d2-a629-1723733a2036",
916        "trace_id": "cb16c3c3-164b-4b30-b507-8367c3b792a7"
917    },
918    {
919        "children": [],
920        "info": {
921            "finished": 17929383,
922            "host": "31836a32-01b3-4b0f-8bc2-979eb5d5bcb5",
923            "info.device:path": "",
924            "name": "prepare()",
925            "project": "trove",
926            "service": "trove-guestagent",
927            "started": 17912744
928        },
929        "parent_id": "6a1eb340-73e0-48d2-a629-1723733a2036",
930        "trace_id": "89bde862-6cae-486d-8476-120602e3ec9a"
931    }
```

6.5　总结

Trove 服务记录诊断信息。有些日志文件驻留在 Trove 控制器节点上，其他日志文件在 guest 实例上。本章介绍了如何通过查看这些日志文件进行调试和故障排除。

为了访问 guest 实例上的信息，你通常需要在 guest 实例上访问命令行（shell）。能否访问命令行取决于如何构建 guest 镜像。本章说明了如何在由 OpenStack（tarballs.openstack.org）提供的开发测试的镜像所启动的实例上访问 shell。

当错误发生时，你需要查看各种服务生成的日志文件。在某些情况下，你也需要查看由系统服务生成的日志文件。我们模拟了一些常见的故障情况，然后说明故障排除步骤。

虽然这不是在操作 Trove 中出现的完整的排错步骤，但是我们也说明了一些常见的错误实例来讲解 Trove 的排除。这个过程中涉及启用调试及在查看不同的日志文件中记录的消息时执行一些命令。启用调试后，记录的大量消息将帮助你了解正常运行的系统中消息的处理，同时帮助你在错误发生时能够发现错误和异常。

这里有一个有用的调试工具 OSProfiler，它不仅可以帮助你了解系统的性能，也能够帮助你了解系统的消息流。我们讲解了如何使用 OSProfiler 工具检测代码，以及如何从系统中找到 profiler 回溯。

第 7 章
构建 Trove guest 镜像

在前面的几章中，我们讲解了 Trove 的下载、配置和操作步骤，详细描述了 Trove 的结构，并展示了各种 Trove 结构组件是如何共同工作的。

在之前提到，我们可以通过启动由 Glance 注册的 guest 镜像来创建 Trove guest 实例，但并没有深入分析怎样创建这些镜像。

正如第 2 章所述，Trove 并没有为其支持的全部数据库提供 guest 镜像，而是提供了一个可操作的数据库服务（DBaaS）框架。为了运行 DBaaS，你需要为相应的数据库创建或获取 guest 镜像。

有些 guest 镜像可以从 OpenStack（http://tarballs.openstack.org/trove/images/ubuntu/）中获得。Trove 持续集成（CI）系统使用这些镜像，你也可以将它们用于开发和测试，但它们不适合用于生产环境。Tesora（www.tesora.com）还为多个数据库提供了可下载的生成就绪的 guest 镜像。

本章将详细介绍 guest 镜像，并提供构建自己的 guest 镜像的详细说明。本章也介绍了 Trove 提供的相关元件（trove-integration 项目），并展示了如何利用它们来构建自己的 guest 镜像。

7.1 使用预先构建的 Trove guest 镜像

Trove guest 镜像具有如下特点。

- 由 Glance 注册。
- 由 Nova 启动。
- 包含由 Trove 提供的，可以提供 DBaaS 功能的部分组件。

7.1.1　Trove guest 镜像组件

Trove guest 镜像至少应该包括相应数据库的 Trove guest agent（或者可以获取和启动 Trove guest agent）。

如前所述，Trove 暴露了包括配置和管理在内的数据库操作的公共 API。Trove 往往需要在 guest 实例上实现特定数据库的代码，这是由 Trove guest agent 完成的。

回顾由 tarballs.openstack.org 提供的 guest 镜像，这些镜像内不包含 guest agent 的代码，相反，它们在启动主机系统时复制代码，这就是必须将 Trove 的 ssh 密钥添加到 ubuntu 用户的 authorized_keys 文件中的原因，如果未进行添加，则会导致如第 6 章所示的调试和故障排除出现错误。要特别注意，这些镜像仅适用于测试，不适用于生产环境。

7.1.2　注册 Trove guest 镜像

一旦构建了 guest 镜像，你就需要在 Glance 和 Trove 中注册。我们在第 2 章中简要列出了安装 Percona 5.5 的步骤，在第 5 章中列出了注册 MongoDB 2.4.9 的 guest 镜像的步骤。在本节中，我们将详细讲解这些步骤。

首先，用 Glance 注册一个 guest 镜像，如下所示（与第 2 章中的例子一样），Glance 会存储该镜像以供后续使用。镜像会获得一个 Glance ID，你会在之后用到这个 ID。

```
ubuntu@trove-controller:~$ glance image-create --name  percona \
> --disk-format qcow2 \
> --container-format bare   --is-public True   --file ~/downloaded-
images/percona.qcow2

+-----------------+------------------------------------+
| Property        | Value                              |
+-----------------+------------------------------------+
| checksum        | 963677491f25a1ce448a6c11bee67066   |
| container_format | bare                              |
| created_at      | 2015-03-18T13:19:18                |
| deleted         | False                              |
| deleted_at      | None                               |
| disk_format     | qcow2                              |
| id              | 80137e59-f2d6-4570-874c-4e9576624950 |
| is_public       | True                               |
| min_disk        | 0                                  |
| min_ram         | 0                                  |
```

```
| name           | percona                              |
| owner          | 979bd3efad6f42448ffa55185a122f3b     |
| protected      | False                                |
| size           | 513343488                            |
| status         | active                               |
| updated_at     | 2015-03-18T13:19:30                  |
| virtual_size   | None                                 |
+----------------+--------------------------------------+
```

这些信息足够让你使用 Nova 引导镜像。若使用 Trove 引导镜像，则需要一些额外的步骤。使用 Trove 注册时，会将如前展示的 Glance 镜像的 ID 映射为数据库类型及其版本的名字。本例用到的数据库类型是 Percona 5.5。

首先，通过如下所示的命令注册 percona 作为数据库类型。

```
ubuntu@trove-controller:~ $ t rove-manage datastore_update percona ''
```

第 2 个参数（这里是一个空字符串）表示你只是注册了 percona 数据库类型，你会在之后提供关于它的更多信息。

其次，将指定的数据库类型及版本与 Glance 镜像关联，并提供一些关于 guest 镜像的额外信息。

```
ubuntu@trove-controller:~ $ trove-manage datastore_version_update
percona 5.5
\> percona 80137e59-f2d6-4570-874c-4e9576624950
\> "percona-server-server-5.5" 1
```

如下所示为对以上各参数的说明。

● `trove-manage datastore_version_update` 是命令，percona 是数据库类型，5.5 是数据库的版本号。

● `percona` 代表了数据库管理类的名字，根据类名可关联到 Trove guest agent 内的特定数据库类型，对于 Percona 而言，其对应的管理类就是 `trove.guestagent.datastore.mysql.manager.Manager`。Trove 支持的每个数据库都有相应的 `Manager` 类，其类名可以在各种 Trove 配置文件中通过参数进行配置（也称为段）。

● `80137e59-f2d6-4570-874c-4e9576624950` 是 Glance 镜像的 ID。此 ID 是在之前所示的 `glance image-create` 命令的输出中提供的。

- percona-server-server-5.5 是传递到 guest agent 的 prepare() 信息中的安装包的名称列表，通常用于 guest agent 安装最新的软件包或更新软件包到最新版本。
- 最后的参数 1 表明数据库版本应被标记为活跃。

你可以通过执行 trove-manage datastore_version_update -h 命令获取所有的帮助信息。

接下来指定要使用的数据库类型的默认版本。

```
ubuntu@trove-controller:~$ trove-manage datastore_update percona 5.5
```

在一个拥有 percona 数据库类型并且 guest 镜像适用于 5.5 和 5.6 版本的系统中，如果 trove-creat 命令部分没有指定数据库类型的版本，那么该命令指定应该启动的数据库类型的版本。在一个配置了 Percona 的 5.5、5.6 版本的系统中，先前的命令会将 Percona 5.5 设置为默认版本。

在这个系统中，trove create m2 2 --datastore percona --size 3 命令会启动 Percona 5.5 的实例。要启动 Percona 5.6 的实例，则你必须将 --datastore_version 5.6 命令行参数指定到 trove create 的命令中。

Trove 配置组允许你指定若干配置项，然后将其应用到一个或多个数据库实例中。Trove 需要一个验证规则列表，以确保配置组中的设置适用于某个特定的数据库。在定义一个配置组并将其关联到一个实例之前，你需要提供这些规则。如果数据库类型（由 Trove 支持）的默认规则不够用，那么 guest 镜像应向用户提供一组验证规则。

接下来，通过执行以下命令为 Percona 5.5 的用户端镜像注册验证规则：

```
ubuntu@trove-controller:~ $ trove-manage db_load_datastore_config_
parameters \
> percona 5.5 ./validation_rules.json
```

最后，在一个安装了多个数据库类型的系统上，如果用户没有为 trove create 命令提供一个数据库类型，那么哪种数据库类型将被启动呢？这时可以通过指定 /etc/trove.conf 中的 default_datastore 参数实现。这里，我们强制系统启动 Percona 而不是 MySQL，第 2 章提供的更改如下。

```
ubuntu@trove-controller:~ $ sed -i \
> 's/default_datastore = mysql/default_datastore = percona/' \
> ./trove.conf
```

```
ubuntu@trove-controller:~ $ diff ./trove.conf.original ./trove.conf
10c10
< default_datastore = mysql
---
> default_datastore = percona
```

在做出更改之前，如果你没有指定 --datastore 选项，那么 trove create 命令将尝试启动 MySQL 数据库类型。在做出更改之后，trove create 命令将尝试启动 Percona 数据库类型。

7.2 使用磁盘镜像生成器构建 guest 镜像

如果你不想使用可从 http://tarballs.openstack.org/trove/images/ubuntu/ 上下载的预先构建的镜像（该镜像用于开发和测试）或由 Tesora 发布的镜像，那么你必须构建自己的镜像。

你可以使用生成镜像的任意机制，只要这个镜像可以被 Nova 启动。但在这个例子中，我们重点采用了流行的磁盘镜像生成器（Disk Image Builder，简写为 DIB，最初是由 Hewlett-Packard Development 公司和 NTT DoCoMo 公司编写的）工具来构建 guest 镜像。你 可 以 在 https://git.openstack.org/cgit/openstack/diskimage-builder/tree/doc/source/user_guide 中找到使用 DIB 构建镜像的在线文档。

7.2.1 安装磁盘镜像生成器

首先在将构建镜像的机器上安装 DIB。DIB 是 I/O 和 CPU 密集型，至少需要 4GB 的内存，但是强烈建议使用更大的内存。

DIB 可以直接通过源代码库运行。安装 DIB 和克隆源代码库一样简单。

```
ubuntu@trove-book:/opt/stack$ git clone
https://git.openstack.org/openstack/diskimage-builder
Cloning into 'diskimage-builder'...
remote: Counting objects: 10617, done.
remote: Compressing objects: 100% (5445/5445), done.
remote: Total 10617 (delta 5965), reused 8516 (delta 4300)
Receiving objects: 100% (10617/10617), 1.75 MiB | 1006.00 KiB/s, done.
Resolving deltas: 100% (5965/5965), done.
Checking connectivity... done.
```

你还需要确保在你的机器上安装了 qemu-ing 和 kpartx。如果没有安装，则你需要安装它们。可以使用以下命令进行安装：

```
ubuntu@trove-book:/opt/stack$ sudo apt-get install qemu-utils kpartx
```

7.2.2　磁盘镜像生成器元件

DIB 的功能是通过执行提供给它的一系列命令来实现的。当一系列命令执行完毕后，会完成 guest 镜像的构建。这一系列命令由命令行提供，每个命令都是一个 DIB 元件。

一个 DIB 依次由一系列必须按照特定顺序执行的脚本集合组成。实际上，DIB 是一个框架，这些脚本在里面以指定的顺序执行，并且每个脚本都遵照自己的上下文。我们将在 7.3.1 节进一步讲解上下文。

1. 磁盘镜像生成器元件

DIB 装载了大量的元件，你可以自由地使用这些元件创建自己的镜像。

注意如下所示的高亮显示的 apt-conf、rhel、rhel7、yum、centos、fedora、opensuse、ubuntu 和 debian 元件。DIB 是可以在多个操作系统上运行的工具，你可以用它来生成包含许多操作系统的 guest 镜像。DIB 元件在 diskimage-builder/elements 中提供。

```
ubuntu@trove-book:/opt/stack/diskimage-builder/elements$ ls
apt-conf                   dib-run-parts         pypi
apt-preferences            disable-selinux       ramdisk
apt-sources                dkms                  ramdisk-base
architecture-emulation-binaries   dpkg       rax-nova-agent
baremetal                  dracut-network        redhat-common
base                       dracut-ramdisk        rhel
cache-url                  element-manifest      rhel7
centos                     enable-serial-console rhel-common
centos7                    epel                  rpm-distro
centos-minimal             fedora                select-boot-kernel-initrd
cleanup-kernel-initrd      fedora-minimal        selinux-permissive
cloud-init-datasources     hwburnin              serial-console
cloud-init-nocloud         hwdiscovery           simple-init
debian                     ilo                   source-repositories
debian-minimal             install-static        stable-interface-names
debian-systemd             install-types         svc-map
```

debian-upstart	ironic-agent	uboot
debootstrap	ironic-discoverd-ramdisk	**ubuntu**
deploy	iso	ubuntu-core
deploy-baremetal	local-config	ubuntu-minimal
deploy-ironic	manifests	ubuntu-signed
deploy-kexec	mellanox	vm
deploy-targetcli	modprobe-blacklist	**yum**
deploy-tgtadm	**opensuse**	yum-minimal
devuser	package-installs	zypper
dhcp-all-interfaces	pip-cache	
dib-init-system	pkg-map	

2. Trove 相关的元件

除了 DIB 提供的元件，Trove 也提供了自己所支持的数据库的大量的相关元件，你也可以使用这些构造自己的镜像。在 trove-integration 仓库的 trove-integration/scripts/files/elements 目录下可以找到 Trove 相关的元件。

```
ubuntu@trove-book:/opt/stack/trove-integration/scripts/files/elements$
ls -l
total 68
drwxrwxr-x 5 ubuntu ubuntu 4096 Apr 23 19:48 fedora-guest
drwxrwxr-x 3 ubuntu ubuntu 4096 Apr 23 19:48 fedora-mongodb
drwxrwxr-x 3 ubuntu ubuntu 4096 Apr 23 19:48 fedora-mysql
drwxrwxr-x 3 ubuntu ubuntu 4096 Apr 23 19:48 fedora-percona
drwxrwxr-x 3 ubuntu ubuntu 4096 Apr 23 19:48 fedora-postgresql
drwxrwxr-x 3 ubuntu ubuntu 4096 Apr 23 19:48 fedora-redis
drwxrwxr-x 3 ubuntu ubuntu 4096 Apr 23 19:48 ubuntu-cassandra
drwxrwxr-x 3 ubuntu ubuntu 4096 Apr 23 19:48 ubuntu-couchbase
drwxrwxr-x 3 ubuntu ubuntu 4096 Apr 23 19:48 ubuntu-couchdb
drwxrwxr-x 4 ubuntu ubuntu 4096 Apr 23 19:48 ubuntu-db2
drwxrwxr-x 6 ubuntu ubuntu 4096 Apr 23 19:48 ubuntu-guest
drwxrwxr-x 3 ubuntu ubuntu 4096 Apr 23 19:48 ubuntu-mongodb
drwxrwxr-x 4 ubuntu ubuntu 4096 Apr 23 19:48 ubuntu-mysql
drwxrwxr-x 4 ubuntu ubuntu 4096 Apr 23 19:48 ubuntu-percona
drwxrwxr-x 3 ubuntu ubuntu 4096 Apr 23 19:48 ubuntu-postgresql
drwxrwxr-x 3 ubuntu ubuntu 4096 Apr 23 19:48 ubuntu-redis
drwxrwxr-x 4 ubuntu ubuntu 4096 Apr 23 19:48 ubuntu-vertica
```

7.2.3　使用 Trove 相关的元件构建 guest 镜像

构建自己的 guest 镜像的方法之一是使用 Trove 提供的相关元件。如前所述，这些元件在 trove-integration 仓库的 `trove-integration/scripts/files/elements` 目录下可以找到。

`disk-image-create` 命令的命令行帮助提供了有关系统中各种选项的非常详细的信息。该命令位于 `disk-image-builder/bin` 中。

```
ubuntu@trove-book:/opt/stack/diskimage-builder$ bin/disk-image-create
--help
Usage: disk-image-create [OPTION]... [ELEMENT]...

Options:
    -a i386|amd64|armhf -- set the architecture of the image(default amd64)
    -o imagename -- set the imagename of the output image file(default
image)
    -t qcow2,tar,vhd,raw -- set the image types of the output image files
(default qcow2)
        File types should be comma separated. VHD outputting requires the
vhd-util
        executable be in your PATH.
    -x -- turn on tracing
    -u -- uncompressed; do not compress the image - larger but faster
    -c -- clear environment before starting work
    --image-size size -- image size in GB for the created image
    --image-cache directory -- location for cached images(default ~/.cache/
image-create)
    --max-online-resize size -- max number of filesystem blocks to support
when resizing.
        Useful if you want a really large root partition when the image is
deployed.
        Using a very large value may run into a known bug in resize2fs.
        Setting the value to 274877906944 will get you a 1PB root file
system.
        Making this value unnecessarily large will consume extra disk space
        on the root partition with extra file system inodes.
    --min-tmpfs size -- minimum size in GB needed in tmpfs to build the
image
```

--mkfs-options -- option flags to be passed directly to mkfs.
   Options should be passed as a single string value.
--no-tmpfs -- do not use tmpfs to speed image build
--offline -- do not update cached resources
--qemu-img-options -- option flags to be passed directly to qemu-img.
   Options need to be comma separated, and follow the key=value pattern.
--root-label label -- label for the root filesystem. Defaults to
'cloudimg-rootfs'.
--ramdisk-element -- specify the main element to be used for building
ramdisks.
      Defaults to 'ramdisk'. Should be set to 'dracut-ramdisk' for
platforms such
      as RHEL and CentOS that do not package busybox.
--install-type -- specify the default installation type. Defaults to
'source'. Set to
      'package' to use package based installations by default.
-n skip the default inclusion of the 'base' element
-p package[,package,package] -- list of packages to install in the image
-h|--help -- display this help and exit

ELEMENTS_PATH will allow you to specify multiple locations for the
elements.

NOTE: At least one distribution root element must be specified.

NOTE: If using the VHD output format you need to have a patched version
of vhd-util
   installed for the image
      to be bootable. The patch is available here: https://github.com/
emonty/vhd-util/blob/
   master/debian/patches/citrix
      and a PPA with the patched tool is available here: https://
launchpad.net/~openstack-
   ci-core/+archive/ubuntu/vhd-util

Examples:
   disk-image-create -a amd64 -o ubuntu-amd64 vm ubuntu
   export ELEMENTS_PATH=~/source/tripleo-image-elements/elements
   disk-image-create -a amd64 -o fedora-amd64-heat-cfntools vm fedora
heat-cfntools

先前提供的示例命令会创建一个完全可用的 Nova 镜像，第 1 个是 Ubuntu 系统中的，第 2 个是 Fedora 系统中的。

由 Trove 提供的相关元件要求设置多个配置选项。因此，你必须为安装包设置几个适当的环境变量，变量设置失败将会导致错误。下面的输出列出并解释了这些变量。下面展示的设置中的值参考了第 2 章中描述的基于 devstack 安装的默认设置的值。

```
# HOST_USERNAME is the name of the user on the Trove host machine.
# It is used to identify the location of the authorized_keys, id_rsa,
and
# id_rsa.pub files that are to be used in guest image creation.
export HOST_USERNAME=ubuntu

# HOST_SCP_USERNAME is the name of the user on the Trove host machine
# used to connect from the guest while copying the guest agent code
# during the upstart process.
export HOST_SCP_USERNAME=ubuntu

# GUEST_USERNAME is the name of the user on the Trove guest who will
# run the guest agent and perform a number of other jobs. This user
# is created during the image build process if it does not exist.
export GUEST_USERNAME=ubuntu

# NETWORK_GATEWAY is set to the IP address of the Trove host machine and
used
# during the rsync process to copy the guest agent code during the
upstart
# process
export NETWORK_GATEWAY=10.0.0.1

# REDSTACK_SCRIPTS is a pointer to files in the trove-integration
project.
# redstack is the old name for trove-integration, at the time when Trove
was
# called red dwarf.
export REDSTACK_SCRIPTS=/opt/stack/trove-integration/scripts

# PATH_TROVE is the path to the Trove source code and this is used
# in the rsync of code to the guest.
```

```
export PATH_TROVE=/opt/stack/trove

# ESCAPED_PATH_TROVE is the escaped version of PATH_TROVE and is used
# for much the same purpose as PATH_TROVE.
export ESCAPED_PATH_TROVE='\/opt\/stack\/trove'

# SSH_DIR is a path to the .ssh directory for the user on the host
# and is used in the image creation process to obtain the the
# authorized_keys, id_rsa and id_rsa.pub files.
export SSH_DIR=/home/ubuntu/.ssh

# GUEST_LOGDIR is the location on the guest where the Trove log
# file is to be stored.
export GUEST_LOGDIR=/var/log/trove/

# ESCAPED_GUEST_LOGDIR is the escaped version of GUEST_LOGDIR.
export ESCAPED_GUEST_LOGDIR='\/var\/log\/trove\/'

# the DIB element cloud-init-datasources uses this value to determine
# the data sources that must be queried during first boot to obtain
# instance metadata.
export DIB_CLOUD_INIT_DATASOURCES='ConfigDrive'

# DATASTORE_PKG_LOCATION is not used in the creation of the MySQL
instance
# but is used by some databases (currently DB2 and Vertica) to identify
the
# location of a downloaded package containing the database. Other
databases
# merely obtain this using apt-get or the appropriate package management
# command. This variable is used for databases that do not allow this,
and
# for example, require the user to click on a license agreement in order
to
# obtain the database software.
export DATASTORE_PKG_LOCATION=""
```

一旦将前面的两个变量设置为适当的值，你就可以使用下面的命令创建 MySQL 数据库的一个 Trove guest 镜像：

```
/opt/stack/diskimage-builder/bin/disk-image-create -a amd64 \
-o /home/ubuntu/images/ubuntu_mysql/ubuntu_mysql -x \
--qemu-img-options compat=0.10 ubuntu vm heat-cfntools cloud-init-
datasources \
    ubuntu-guest ubuntu-mysql
```

这将生成默认的 qcow2（在 qcow 写时复制）格式的镜像，该镜像将被存储在 /home/
ubuntu/images/ubuntu_mysql/ubuntu_mysql.qcow2 中。

7.2.4　使用 redstack 构建 guest 镜像

除了提供多个数据库的相关元件，Trove 还提供了 redstack，可以在 Trove 环境中执行许多有用的操作，其中之一就是构建 guest 镜像。

如下所示，你可以使用 Trove 相关的元件与单个 redstack 命令轻松地构建一个 guest 镜像：

```
ubuntu@trove-book:/opt/stack/trove-integration/scripts$ ./redstack
build-image mysql
[. . .]
Converting image using qemu-img convert
+ qemu-img convert -c -f raw /tmp/image.mQWg8TpZ/image.raw -O qcow2 -o
compat=0.10 /home/
    ubuntu/images/ubuntu_mysql/ubuntu_mysql.qcow2-new
+ OUT_IMAGE_PATH=/home/ubuntu/images/ubuntu_mysql/ubuntu_mysql.qcow2-new
+ finish_image /home/ubuntu/images/ubuntu_mysql/ubuntu_mysql.qcow2
+ '[' -f /home/ubuntu/images/ubuntu_mysql/ubuntu_mysql.qcow2 -a 0 -eq 0
']'
+ mv /home/ubuntu/images/ubuntu_mysql/ubuntu_mysql.qcow2-new /home/
ubuntu/images/ubuntu_
    mysql/ubuntu_mysql.qcow2
+ echo 'Image file /home/ubuntu/images/ubuntu_mysql/ubuntu_mysql.qcow2
created...'
Image file /home/ubuntu/images/ubuntu_mysql/ubuntu_mysql.qcow2
created...

ubuntu@trove-book:/opt/stack/trove-integration/scripts$ cd /home/ubuntu/
images/ubuntu_mysql
```

```
ubuntu@trove-book:~/images/ubuntu_mysql$ ls -l
total 484572
drwxrwxr-x 3 ubuntu ubuntu      4096 May  1 07:30 ubuntu_mysql.d
-rw-r--r-- 1 ubuntu ubuntu 497549312 May  1 07:33 ubuntu_mysql.qcow2
```

前面的命令已经生成了一个 mysql 镜像（ubuntu_mysql.qcow2）。你可以在命令行上使用 percona、mongodb、redis、cassandra、couchbase、postgresql、couchdb、vertica 或者 db2 代替 mysql，redstack 将为你构建与这些数据库相关的一个 guest 镜像。在运行此命令时，无论是生成 Vertica 还是 DB2 的 guest 镜像，请确保你下载了该数据库软件（可以通过点击 Web 链接来下载），并将其放置在环境变量 DATASTORE_PKG_LOCATION 标识的位置。

例如，如果你想构建 Ubuntu 的 DB2 Express-C 的 guest 镜像，则你可以从 IBM 的 www-01.ibm.com/software/data/db2/express-c/download.html 下载 DB2 Express-C（Linux 64 位）软件，然后完成注册过程，查看并接受许可证协议，然后才能下载 .tar.gz 文件。

现在把已经下载好的 .tar.gz 文件放在机器上可以访问的一个位置，你将在这个位置运行 disk-image-create 或者 redstack build-image 命令，这个位置可以在一个可访问的文件系统中，也可以在使用 wget 可以访问的位置。然后设置环境变量 DATASTORE_PKG_LOCATION。假设该文件存储在 /home/ubuntu/db2/<filename>.tar.gz 中，则你应该设置 DATASTORE_PKG_LOCATION 为该路径的名称；假设该文件存储在 www.somewhere.com/db2/db2-linux-64-bit.tar.gz 的一些专用的可通过网络访问的仓库中，则你需要设置 DATASTORE_PKG_LOCATION 为 URL（统一资源定位器）。

注意 使用 redstack 或 DIB 工具创建一个需要明确的权限来下载的数据库的 guest 镜像，不会自动赋予你重新发布镜像的权利。确保你无论使用已创建的 guest 镜像做了什么，都要遵循你所接受的软件许可协议。

7.3　磁盘镜像生成器的工作原理

我们在前面描述了如何使用相关元件运行 DIB 并生成 Trove 磁盘镜像。在本节中，我们将更深入地研究 DIB 的操作。

disk-image-create 命令行提供了一系列元件来构建 guest 镜像。镜像的构建是在一个 chroot 环境中进行的，DIB 可以在 chroot 环境外和 chroot 环境中执行命令，这使得 DIB 可以从 chroot 环境外复制文件到 chroot 环境内，然后在 chroot 环境内执行命令。

DIB 利用镜像的内容构建一个文件系统，创建一个文件（作为一个回环设备），并复制整个文件系统到该文件中。回环设备是一个 ext4 文件系统，可以容纳所需的所有内容。

DIB 开始于一个基础分布式元件，该元件提供了作为文件系统起点的基础分布式镜像；然后以指定的顺序执行其他元件，每个元件包括一组修改正在构建的文件系统内容的命令。

我们将讲解一些简单的元件，并讲解各元件的相关组件，从 Trove 提供的 ubuntu-mysql 的相关元件开始讲解。

```
ubuntu@trove-book:/opt/stack/trove-integration/scripts/files/elements$
find ubuntu-mysql
ubuntu-mysql
ubuntu-mysql/install.d
ubuntu-mysql/install.d/30-mysql
ubuntu-mysql/pre-install.d
ubuntu-mysql/pre-install.d/20-apparmor-mysql-local
ubuntu-mysql/pre-install.d/10-percona-apt-key
ubuntu-mysql/README.md
```

ubuntu-mysql 元件是个目录，内部是一个 README.md 文件。建议（但不强制）所有元件都包含一个 README 文件。

此外，该目录可以包含其他文件和目录，以及一些对 DIB 有特殊意义的目录。这些目录被称为阶段目录。

每个阶段目录中（例如在前面例子中的 install.d、pre-install.d）的都是可执行文件，这些文件的名称中都有两位数的数字前缀。

7.3.1　元件内的阶段

表 7-1 提供了元件内各阶段的概述。

表 7-1　元件内的阶段

阶段名称	运行地点	描　　述
root.d	Outside chroot	root.d是运行过程的第1阶段，它用于适应初始文件系统，并使其适用于元件内的后续阶段，通常用来适应可选择的分布式或自定义设置
extra-data.d	Outside chroot	extra-data.d阶段用于将数据从主机环境复制到 chroot 环境中，在元件的后期阶段使用。 由于本阶段运行在 chroot 环境外，所以它已经完全可以访问主机，并且应当将文件复制到由 $TMP_HOOKS_PATH 指定的位置。在后期阶段（运行在 chroot 环境中）可以把它移动到最终位置
pre-install.d	Inside chroot	这是在 chroot 环境中执行的第1阶段，通常用于在安装实际的软件包前定制环境。这使它成为注册将在后续阶段中使用的仓库、密钥和其他信息的理想场所
install.d	Inside chroot	在 pre-install.d 后，这个阶段在 chroot 环境中立即执行，通常用于安装软件包，并执行特定镜像的其他操作。 在下一步（post-install.d）运行前，需要先进行所有的 install.d 步骤。 如果有需要稍后运行的操作，比如所有的包都已安装好，并在 post-install.d 之前运行任何元素，那么在这里做这些操作
post-install.d	Inside chroot	此步骤在所有的 install.d 命令被执行后进行，并且通常用于处理第1次引导镜像前必须（镜像创建过程中）执行的所有任务。 例如，假设在 install.d 中安装的一个包并不会在实例启动时自动注册，那么这是运行 chkconfig 的一个好地方
block-device.d	Outside chroot	本阶段通过添加分区或执行分区的清理工作等自定义将要构建的镜像
finalise.d	Inside chroot	本阶段在 block-device.d 后运行，可以执行调整分区、文件系统的任意操作，并在根文件系统已经被复制到挂载的（回环）文件系统之后执行。 本阶段在最后被执行，所以在所有元件的较早阶段被执行之后才被执行
cleanup.d	Inside chroot	这是清理根文件系统的内容，以及删除在生成过程中所需的任何临时设置的最后机会

7.3.2　执行顺序

DIB 以特定的顺序执行特定的命令。接下来，我们将介绍如何构建这种顺序。

首先，DIB 识别所有涉及的元件。因为元件具有相关性，所以命令行上所提供的元件列表可以被扩展为包含其他必须被执行的元件的列表。

一旦元件的最终列表构造完成，DIB 就会开始第 1 阶段即 root.d，并在所有元件中标识所有命令，用于在 root.d 阶段执行。它构造这些元件的有序列表，首先对两位数的数字前缀进行大小排序，然后按字母顺序对数字前缀进行排序，最后顺序执行命令。

当在一个阶段已经执行完所有命令后，DIB 将移动到下一个阶段，并重复相同的过程。

为了说明这一点，我们创建了两个虚构的元素：1st-element 和 2nd-element。在所有阶段中，这些元素都会被填充命令编号 10-< 阶段 >-f 和 20-< 阶段 >-f 在第 1 阶段，以及 10-< 阶段 >-s 和 20-< 阶段 >-s 在第 2 阶段。然后运行下面的 disk-image-create 命令。

```
ubuntu@trove-book:~/elements$ /opt/stack/diskimage-builder/bin/disk-
image-create -n \ > -a amd64 -o /tmp/test centos 1st-element 2nd-element
```

如下所示为来自 root.d 和 pre-install.d phases 阶段执行后的输出，我们已经在虚拟元件中突出显示了这些命令。

```
Target: root.d

 Script                                Seconds
-------------------------------------- ----------
10-centos6-cloud-image                  11.384
10-root-f                                0.007
10-root-s                                0.011
20-root-f                                0.009
20-root-s                                0.009
50-yum-cache                            0.068
90-base-dib-run-parts                   0.037


Target: pre-install.d

 Script                                Seconds
-------------------------------------- ----------

00-fix-requiretty                       0.022
00-usr-local-bin-secure-path            0.010
01-override-yum-arch                    0.010
01-yum-install-bin                      0.022
01-yum-keepcache                        0.015
02-package-installs                     36.148
02-yum-repos                            0.015
```

10-pre-install-f	**0.017**
10-pre-install-s	**0.008**
15-remove-grub	0.033
20-pre-install-f	**0.010**
20-pre-install-s	**0.008**
99-package-uninstalls	0.157

正如你所看到的，一个阶段内的所有命令一起执行，并且 DIB 从一个阶段进入另一个阶段。在一个阶段的内部，该阶段的所有命令（对于所有候选元件）是有序的，并根据一个确定的顺序执行。

7.4 Trove 涉及的元件

在上一节中，我们展示了 DIB 如何使用元件并执行命令创建镜像。在本节中我们将详细研究 Trove 的元件并解释它们的功能。

在这个例子中，我们会用到 MySQL 元件，也会了解其他元件的一些特性，包括通过 DB2 元件使用 DATASTORE_PKG_LOCATION。

为了构建 MySQL guest 镜像，可以使用 ubuntu-guest 和 ubuntu-mysql 相关的元件。这些元件位于 trove-integration 仓库的 scripts/files/elements/ubuntu-guest 和 scripts/files/elements/ubuntu-mysql 下。

ubuntu-mysql 元件很简单。

```
ubuntu@trove-book:/opt/stack/trove-integration/scripts/files/elements/
ubuntu-mysql$ find.
    .
./install.d
./install.d/30-mysql
./pre-install.d
./pre-install.d/20-apparmor-mysql-local
./pre-install.d/10-percona-apt-key
./README.md
```

从该元件的布局描述中看到，该元件显然仅仅定义了三个命令。

```
pre-install.d/20-apparmor-mysql-local
pre-install.d/10-percona-apt-key
```

```
install.d/30-mysql
```

ubuntu-guest 涉及更多的元件，它定义了下面这些命令：

```
./pre-install.d/60-loopback-host      ./extra-data.d/20-guest-upstart
./pre-install.d/04-baseline-tools     ./extra-data.d/62-ssh-key
./pre-install.d/01-trim-pkgs          ./extra-data.d/15-reddwarf-dep


./install.d/05-base-apps
./install.d/98-ssh
./install.d/62-ssh-key                ./post-install.d/10-ntp
./install.d/50-user                   ./post-install.d/05-ipforwarding
./install.d/20-etc                    ./post-install.d/90-apt-get-update
./install.d/15-reddwarf-dep           ./post-install.d/62-trove-guest-
sudoers
./install.d/99-clean-apt
```

我们从测试 extra-data.d 阶段开始，这是第 1 个有命令的阶段。这些命令将按下面
的顺序执行：

```
./extra-data.d/15-reddwarf-dep
./extra-data.d/20-guest-upstart
./extra-data.d/62-ssh-key
```

```
ubuntu@trove-book:/opt/stack/trove-integration/scripts/files/elements/
ubuntu-guest$ cat -n ./extra-data.d/15-reddwarf-dep
     1  #!/bin/bash
     2
     3  set -e
     4  set -o xtrace
     5
     6  # CONTEXT: HOST prior to IMAGE BUILD as SCRIPT USER
     7  # PURPOSE: Setup the requirements file for use by 15-reddwarf-dep
     8
     9  source $_LIB/die
    10
    11  REQUIREMENTS_FILE=${REDSTACK_SCRIPTS}/files/requirements/ubuntu-
requirements.txt
    12
    13  [ -n "$TMP_HOOKS_PATH" ] || die "Temp hook path not set"
```

```
14    [ -e ${REQUIREMENTS_FILE} ] || die "Requirements not found"
15
16    sudo -Hiu ${HOST_USERNAME} dd if=${REQUIREMENTS_FILE} of=${TMP_
HOOKS_PATH}/requirements.txt
```

回想一下，extra-data.d 阶段是在 chroot 环境外运行的，并将 chroot 环境外的文件复制到 chroot 环境中的某处（$TMP_HOOKS_PATH），随后把文件放到最终位置。

这个文件用于把 requirements.txt 文件复制到 guest 实例，而该文件是 trove-integration 仓库的一部分。这个文件定义了一个需要安装在 guest 中的 Python 库。

这一阶段的另外两个命令是 20-guest-upstart 和 62-ssh-key，这两个命令为 $HOST_USERNAME 标识的用户复制 guest 实例的配置文件和 ssh 相关的文件（private key、public key、authorized_keys）到 $TMP_HOOKS_PATH 路径中。

一旦 extra-data.d 阶段完成，DIB 将进入 pre-install.d 阶段。pre-install.d 阶段在 chroot 环境下进行。我们观察到这两个元件有针对这个阶段的命令，并且执行的顺序如下：

```
pre-install.d/01-trim-pkgs
pre-install.d/04-baseline-tools
pre-install.d/10-percona-apt-key
pre-install.d/20-apparmor-mysql-local
pre-install.d/60-loopback-host
```

这些命令执行了准备镜像过程的一部分。01-trim-pkgs 在基础镜像上删除一些包，并有助于减小 Trove 镜像的大小。04-baseline-tolls 在 guest 实例上安装了一些基本工具。10-percona-apt-key 注册 Percona 的 APT（高级包装工具）密匙，并使用 sources.list 文件注册 Percona，sources.list 被 apt 用于允许后续的命令从 Percona 仓库安装软件。20-apparmor-mysql-local 在 guest 实例上配置 AppArmor，并允许数据库写入 /tmp 目录。最后，60-loopback-host 使用 127.0.0.1 的 IP 地址添加主机名到 /etc/hosts 文件中，这使得 guest 实例可以解析自己的主机名。

一旦 pre-install.d 阶段完成，DIB 就会移动到 install.d 阶段，install.d 是在 chroot 环境中执行的。我们观察到这两个元件有针对这个阶段的命令，并且执行的顺序如下：

```
install.d/05-base-apps
```

```
install.d/15-reddwarf-dep
install.d/20-etc
install.d/30-mysql
install.d/50-user
install.d/62-ssh-key
install.d/98-ssh
install.d/99-clean-apt
```

05-base-apps 中的命令安装 ntp 和 apparmor-utils 包。15-reddwarf-dep 收集带有相同名称的 extra-data.d 命令，并根据如下所示的 requirements.txt 文件执行 pip 的安装。

```
20  TMP_HOOKS_DIR="/tmp/in_target.d"
21
22  pip install -q --upgrade -r ${TMP_HOOKS_DIR}/requirements.txt
```

extra-data.d/20-guest-upstart 命令传递 guest.conf 到 $TMP_HOOKS_PATH，20-etc 命令将此文件复制到 guest 实例文件系统的 /etc/trove/guest 目录。

如下所示，30-mysql 命令在 guest 镜像上执行实际的 MySQL 服务的安装。

```
ubuntu@trove-book:/opt/stack/trove-integration/scripts/files/elements$
cat -n ./ubuntu-mysql/install.d/30-mysql
 1  #!/bin/sh
 2
 3  # CONTEXT: GUEST during CONSTRUCTION as ROOT
 4  # PURPOSE: Install controller base required packages
 5
 6  set -e
 7  set -o xtrace
 8
 9  export DEBIAN_FRONTEND=noninteractive
10  apt-get -y install libmysqlclient18 mysql-server-5.6 percona-xtrabackup
11
12  cat >/etc/mysql/conf.d/no_perf_schema.cnf <<_EOF_
13  [mysqld]
14  performance:schema = off
15  _EO F_
```

50-user 命令在 guest 实例上添加 $GUEST_USERNAME 用户。62-ssh-key 命令完成由

extra-data.d/62-ssh-key 开始的工作，并安装 private key、public key 和 guest 实例上合适位置的 authorized_keys 文件。98-ssh 命令配置 openssh-server 软件包，99-clean-api 命令清理不需要的仓库。

在 install.d 阶段的所有命令都完成后，DIB 移动到 post-install.d，并在 chroot 环境中执行以下命令：

```
./post-install.d/05-ipforwarding
./post-install.d/10-ntp
./post-install.d/62-trove-guest-sudoers
./post-install.d/90-apt-get-update
```

05-ipforwarding 命令启用 /etc/sysctl.conf 中的 IP 转发，10-ntp 配置 NTP 62-trove-guest-sudoers 添加 $GUEST_USERNAME 用户到 guest 上的 sudoers 列表（使得 $GUEST_USERNAME 可以不需要密码来执行 sudo 命令）。90-apt-get-update 仅仅运行 apt-get 来更新相关的仓库元数据，这样就完成了 ubuntu-guest 和 ubuntu-mysql 元件提供的命令。DIB 处理镜像创建过程的其余部分。

接下来，我们研究了 ubuntu-db2 元件中的 extra-data.d/20-copy-db2-pkgs。这个元件用来生成一个 DB2 Express-C 的 guest 镜像。DB2 是一个来自 apt 仓库（前面的 install.d/30-mysql 的安装方式）并获得许可但是未安装的数据库。

```
14 # First check if the package is available on the local filesystem.
15 if [ -f "${DATASTORE_PKG_LOCATION}" ]; then
16     echo "Found the DB2 Express-C packages in ${DATASTORE_PKG_
LOCATION}."
17     dd if="${DATASTORE_PKG_LOCATION}" of=${TMP_HOOKS_PATH}/db2.tar.gz
18 # else, check if the package is available for download in a private
repository.
19 elif wget ${DATASTORE_DOWNLOAD_OPTS} "${DATASTORE_PKG_LOCATION}" -O
${TMP_HOOKS_ PATH}/db2.tar.gz; then
20     echo "Downloaded the DB2 Express-C package from the private
repository"
21 else
22     echo "Unable to find the DB2 package at ${DATASTORE_PKG_LOCATION}"
23     echo "Please register and download the DB2 Express-C packages to a
private repository or local filesystem."
24     exit -1
25 fi
```

请注意，此命令将从 ${DATASTORE_PKG_ LOCATION} 指定的位置复制一个安装文件，并将其放置在 ${TMP_HOOKS_PATH}/db2.tar.gz 位置。先前所示的代码也试图处理提供的位置是本地文件或通过 URL 访问的情况。由于这是 extra-data.d 阶段的一部分，所以它在 chroot 环境外执行。安装 DB2 的过程由 install.d/10-db2 完成，这个命令使用的文件被保存在先前的 extra-data.d 阶段。

从前面的讨论中可以明白，元件执行的步骤是，相同的命令将被手动执行，用来设置一个机器作为 guest 实例。DIB 提供了一个框架，在其中保存这些命令，在适当的情况下（在 chroot 内外）执行，并以正确的顺序生成所需的镜像。

7.5　使用 guest agent 代码

Trove guest 实例是一个为了响应用户的 trove create 请求而启动的虚拟机。本实例中安装了：

- 一个由用户选择的数据库；
- 适用于该数据库的 Trove guest agent。

在上一节显示（install.d/30-mysql）了如何将 guest 数据库安装到镜像中，但并没有描述如何将实际的 guest agent 代码复制到镜像中。

有两种方法可以将 guest agent 代码安装 guest 实例上：

- 在运行期间安装；
- 在镜像创建时安装到 guest 镜像。

trove-integration 的 Trove 相关元件（DIB 元件）采用了模板方式，我们接下来将对其进行深入研究。

7.5.1　在运行时安装 guest agent 代码

在前面使用 Trove 相关元件创建 guest 镜像的例子中，我们强调了三个步骤：install.d/30-mysql、extra-data.d/20-guest-upstart 和 install.d/20-etc。第 1 个步骤着重于 guest 数据库（这种情况下是 MySQL）的安装，另外两个步骤创建将在 guest 实例上执行的新增的配置文件。

Ubuntu 使用 upstart（代替 init 守护进程）在系统启动过程中创建任务和服务。

20-guest-upstart 命令基于模板生成新增的配置文件，并将其放置在 $TMP_HOOKS_ PATH 中，20-etc 命令安装此配置文件。extra-data.d 阶段运行在 chroot 环境外，install.d 阶段运行在 chroot 环境内。

这两个阶段的结果是，guest 实例会得到一个安装在 /etc/init 中的 trove-guest. conf 文件，如下所示。

```
ubuntu@m1:/$ cat -n /etc/init/trove-guest.conf
1  description "Trove Guest"
2  author "Auto-Gen"
3
4  start on (filesystem and net-device-up IFACE!=lo)
5  stop on runlevel [016]
6  chdir /var/run
7  pre-start script
8       mkdir -p /var/run/trove
9       chown ubuntu:root /var/run/trove/
10
11      mkdir -p /var/lock/trove
12      chown ubuntu:root /var/lock/trove/
13
14      mkdir -p /var/log/trove/
15      chown ubuntu:root /var/log/trove/
16
17      # Copy the trove source from the user's development environment
18      if [ ! -d /home/ubuntu/trove ]; then
19              sudo -u ubuntu rsync -e 'ssh -o UserKnownHostsFile=/dev/
                null -o StrictHostKeyChecking=no' -avz --exclude='.*'
                ubuntu@10.0.0.1:/opt/stack/trove/  /home/ubuntu/trove
20      fi
21
22      # Ensure conf dir exists and is readable
23      mkdir -p /etc/trove/conf.d
24      chmod -R +r /etc/trove
25
26  end script
27
28  script
```

```
39
40      exec su -c "/home/ubuntu/trove/contrib/trove-guestagent $TROVE_
CONFIG" ubuntu
41  end script
```

加粗显示的代码在每次 trove-guest 服务开始（包括首次 guest 实例的引导）时，都会被执行。它将验证目录（/home/ubuntu/trove）是否存在，如果不存在，则会使用 rsync 从主机上复制 Trove 的源代码。

这将使得 Trove guest agent 代码被填充到 guest 实例中，然后启动（见第 40 行代码）。

我们已经描述了在主机上注册 Trove 公钥的过程，这有利于使用 ssh 从主机上复制 Trove 代码的 rsync 操作。

Trove 相关的元件用于开发和测试，不用于生产环境。在启动时复制 guest agent 到 guest 的这种机制对开发者来说有一些独特的优点。

例如，假设你需要修改 Trove，涉及改变 guest agent 的部分代码。为了测试这段代码，你需要启动新的 guest 实例，新的代码将会出现在 guest 实例上并可立即使用。

与安装 guest agent 代码到 guest 镜像的方案做一下对比。对 guest agent 代码的任何改变都需要生成新的 guest 镜像，用 Glance 和 Trove 注册，然后才针对一个位置对其进行测试。

从开发的角度来看，这种方案是理想的，但是从主机使用 rsync 命令复制代码对于希望构建一个已生产就绪的 guest 镜像方案来说有一些明显的缺点。首先，该方案要求 guest 必须在运行时访问源代码，这意味着不同的实例有可能需要运行不同版本的 guest agent 代码。它也是一个可用于破坏 guest 实例的潜在载体。同时，这个 rsync 操作需要一定的时间，推迟了启动 guest 实例的时间，是不可取的。

出于这些原因，生产就绪的镜像应略有不同，接下来会说明。

7.5.2　构建时安装 guest agent 代码

生产就绪的 guest 镜像代码通常会安装到 guest 镜像中。在本节中，我们会介绍如何对其进行实现。

guest agent 代码在 guest 镜像创建的过程中是可用的。它被放置在生成 guest 镜像的机器的本地文件系统中，或者某些基于网络访问的仓库中。在这两种情况下，extra-data.d 命令可用于复制所需要的 guest agent 代码到 $TMP_HOOKS_PATH。install.d 阶段中的后续命令会安装 guest agent 代码到 guest 镜像上的最终位置。

在实例启动时，guest 实例可直接获取 guest agent 的代码并启动。这种方法有一定的优点，但也有些复杂。

如果 Trove 主机的代码和 guest agent 代码之间存在依赖关系，则这种方法将采用 Trove 主机和 guest 镜像之间的一个版本依赖。需要重点强调的是，这并没有引入任何额外的超出在运行时安装 guest agent 代码方案的风险。在这两种情况下的目标是，在主机和 guest agent 上运行一致的代码，其涉及的难题仅仅是启动一个新实例的便利性和在 guest 上拥有正确安装和执行的代码。与请求构建（或获取）一个新 guest 镜像，并在 Glance 和 Trove 中注册，然后启动一个新的实例的方案对比一下。

在生产环境下，这种方法多是被优先选择的。

7.6　不同的操作系统中的 guest 镜像

DIB 可以运行在多个操作系统中，包括 Ubuntu、RHEL、Fedora、CentOS 和 openSUSE。此外 DIB 还发布了所有这些操作系统的相关元件。

Trove 还提供了用于 Fedora 操作系统的某些数据库的相关元件。

```
ubuntu@trove-book:/opt/stack/trove-integration/scripts/files/elements$
ls -1 fedora* -d
    fedora-guest
    fedora-mongodb
    fedora-mysql
    fedora-percona
    fedora-postgresql
    fedora-redis
```

我们现在探讨这些元件，并着重于研究这些元件和前面介绍的 ubuntu 元件之间的主要区别。

```
ubuntu@trove-book:/opt/stack/trove-integration/scripts/files/elements$
find fedora-mysql/
    fedora-mysql/
    fedora-mysql/install.d
    fedora-mysql/install.d/10-mysql
    fedora-mysql/README.md
```

像 ubuntu 的 install.d/30-mysql 命令一样，fedora 的命令 10-mysql 安装 MySQL 服务和 Percona XtraBackup。

```
ubuntu@trove-book:/opt/stack/trove-integration/scripts/files/elements$
cat -n fedora-mysql/
install.d/10-mysql
     1  #!/bin/sh
     2
     3  # CONTEXT: GUEST during CONSTRUCTION as ROOT
     4  # PURPOSE: Install controller base required packages
     5
     6  set -e
     7  set -o xtrace
     8
     9  yum -y install mysql mysql-server-5.6 percona-xtrabackup
```

fedora-guest 元件与 ubuntu-guest 元件非常相似，并提供了如下所示的命令。这些命令执行和 ubuntu 系统相同的功能。

```
./install.d/62-ssh-key
./install.d/50-user
./install.d/20-etc
./install.d/15-reddwarf-dep

./post-install.d/60-loopback-host
./post-install.d/05-ipforwarding
./post-install.d/90-yum-update
./post-install.d/62-trove-guest-sudoers

./extra-data.d/20-guest-upstart
./extra-data.d/62-ssh-key
./extra-data.d/15-reddwarf-dep
```

有关生成 Trove 兼容的 RedHat 企业版 Linux 镜像的更多信息，请访问 www.rdoproject. org/forum/discussion/1010/creation-of-trove-compatible-images-for-rdo/p1。

7.7 总结

Trove 实例是为 Trove 专门创建的 guest 镜像启动的 Nova 实例。这种镜像将生成一个实例，并带有一个正在运行的数据库服务和相关数据库的 Trove guest agent。

本章描述了 Trove guest 镜像的结构和在 Glance、Trove 中注册 Trove guest 镜像的过程，研究了 Trove 默认数据库类型的概念、Trove 数据库类型的默认版本及如何配置这些版本。

本章还深入研究了磁盘镜像的构建工具，包括如何安装 DIB，以及 Trove 和 DIB 如何提供 DIB 元件和相关元件，讲解如何使用 Trove 相关的元件和 Trove redstack 命令构建一个 guest 镜像。

本章还研究了 DIB 是如何工作的，以及它如何从一个基础操作系统镜像构建 guest 镜像，并转换到一个有确定的执行顺序的元件上，讲解了其中 DIB 执行命令的阶段和一个元件的结构，并详细研究了 Trove 相关的元件。

本章还介绍了安装 Trove guest agent 代码到 guest 实例上的两种方法：第 1 种是在实例运行时安装 guest agent 代码；第 2 种是在镜像构建时安装 guest agent 代码，并对比了这两种方法的优点和缺点。如果它们在运行时复制 guest agent 代码，则这种方案更适合用于开发和测试，在开发周期中可以快速迭代，并更快地启动和配置 requirements。在构建时安装 guest agent 代码的镜像在生成环境下会更好一些。

本章和前面的章节讲解了 DBaaS、Trove 的快速安装和操作、Trove 组件和架构的深入理解、高级操作和配置、怎样调试和排除故障，以及怎样构建 Trove 的 guest 镜像。

附录将提供一些参考材料，其中包括 Trove 配置文件的详细信息、Trove API 和 Trove 命令行界面。

第 8 章
生产环境下 Trove 的运作

在前面的章节中，我们研究了 Trove 的下载、配置和操作的相关步骤，研究了 Trove 的架构及其各个组件一起工作的方式，展示了如何构建 Trove guest 镜像。

其中，我们重点讲解了 Trove 是如何工作的，以及各种组件如何一起工作才能实现数据库即服务（DBaaS）的功能。在前面的章节中，我们并没有特别关注怎样运行这样的服务，这是本章要讲解的重点。

在本章中，我们将讲解如何组织架构并操作和部署 Trove，并讲解规模化操作 Trove 的一些最佳实践和注意事项。

在生产环境下操作 Trove 时有很多事情要做，并且在规模化中需要对基础环境进行一些设置。这里不打算讲解所有的细节，但是会演示这些领域的一些最佳实践，并会提供一些参考示例，你可以从中查阅相关实现细节。

8.1 Trove 的基础设施配置

正常运行的 Trove 实例有几个基本组件，包括 Trove 控制器、基础设施数据库及 Trove 消息总线使用的传输机制。

图 8-1 展示了 OpenStack 系统的体系架构及 Trove 在哪个位置融入这个架构。

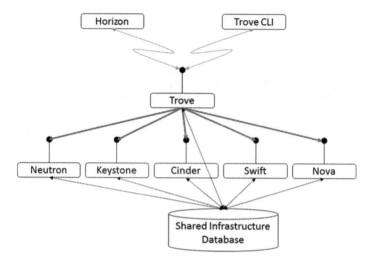

图 8-1　一个带有 Trove 的 OpenStack 系统的简单部署

图 8-1 显示了一个简单的 OpenStack 系统。Trove 是一个由 Neutron、Keystone、Cinder、Swift 和 Nova 提供服务的用户。当用户从 Trove 请求一个实例，这会导致一些请求被发送给底层的基础服务。

要注意，各个服务仅通过它们的公共 API 相互通信。因此，我们同样可以进行如图 8-2 所示的部署。

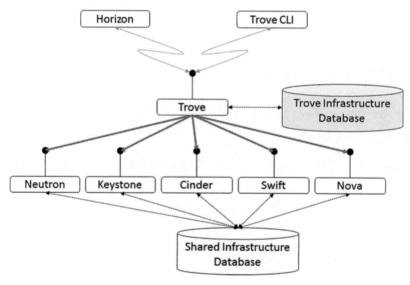

图 8-2　带有 Trove 专用基础数据库的部署

8.1.1　配置 Trove 使用专用基础设施

Trove 不需要与其他服务共享基础设施数据库。事实上，每个服务都可以被配置为拥有自己的专用基础设施数据库。

与此类似，大部分 OpenStack 服务使用某种形式的消息总线（Trove 使用 Oslo 消息库 `oslo.messaging` 提供的消息总线），Trove 不需要和其他 OpenStack 服务共享同一个消息总线的基础设施。实际上，Trove 使用自己的消息总线是非常明智的。

图 8-2 显示了使用共享消息队列和共享基础设施数据库的 OpenStack 核心服务，而 Trove 有一个专用的消息队列和基础设施数据库。

OpenStack 的核心服务也可以有专用的消息队列和基础设施数据库。

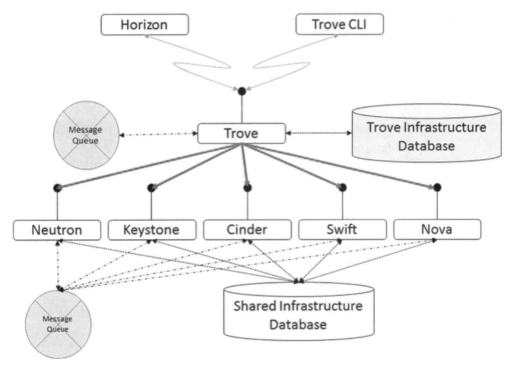

图 8-3　有一个专用的消息列队和基础设施数据库的 Trove

当经营规模庞大时，个别 OpenStack 服务组件可能需要额外的可扩展性和弹性。为此，可以采用如图 8-4 所示的水平扩展架构来部署。

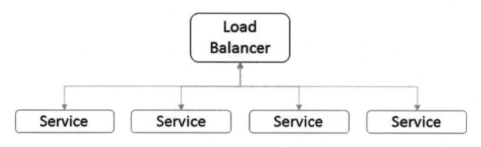

图 8-4　一个水平扩展的 OpenStack 的服务和负载均衡器

在这个描述中，负载均衡器可能只是一个循环 DNS（域名系统）或更复杂的负载均衡器，可以将传输流路由到每一个基于规则的服务实例。

在任何情况下，服务实例都会共享同一个消息队列和基础设施数据库。

在图 8-4 中，该服务的 IP 地址是负载平衡器对外的 IP 地址。

对 Trove 而言，它有三个主要的控制器端组件（Trove API、Trove task manager 和 Trove conductor），可以进一步拓展这些服务，如图 8-5 所示。

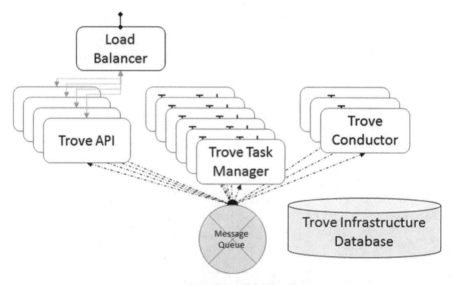

图 8-5　展示不同 Trove 组件的拓展

Trove 的每个组件都可以独立地拓展。

- 如果会有大量的 API 的并发连接，那么你应该拓展 API 服务。
- Trove 中很多的繁重任务都是由 task manager 完成的，所以你应该将其与 API 服务一起扩展。

- 如果会有大量的实例运行，则需要拓展 Trove conductor 服务。

所有这些单独的服务组件都引用相同的底层基础设施数据库和消息队列。负载均衡器用于将到达的请求发送到多个 Trove API 服务实例中的一个。task manager 和 conductor 不直接暴露公共接口和接收工作，它们通过共享消息队列与系统的其余部分通信。

Trove 和 OpenStack 的其余部分被设计为松耦合系统，这种松耦合的好处是可以根据工作负载来拓展个别组件。

拓展组件的另一个好处是通过冗余来改善服务的可靠性。

以类似的方式，底层基础设施数据库和消息队列也可以根据这些技术的最佳实践进行拓展。基础设施数据库通常是 MySQL 数据库，可以使用 Galera（PerconaXtraDB）集群进行拓展。

8.1.2　AMQP 服务器上的安全配置

Trove 使用 oslo.messaging 作为其底层的 RPC 机制。RabbitMQ、Qpid 和 ZeroMQ 之类的基于 AMQP 的解决方案通常用作底层传输，但 RabbitMQ 是最常见的选择。

RabbitMQ 和 Qpid 支持传输层安全（TLS），ZeroMQ 目前不支持 TLS。TLS 可以和 ZeroMQ 一起工作，但是要使用 IPsec 或其他机制来实现。

尤其是在 Trove 下，我们强烈建议 AMQP 服务和消息队列中的通信安全不仅仅通过使用 TLS 实现，还可以通过该消息队列流量发送的网络的物理隔离来实现。

关于配置 oslo.messaging 和底层 AMQP 实现以适当和安全地使用 SSL 操作的详细说明，可以参考 *OpenStack Security Guide*，网址为 http://docs.openstack.org（第 4 章请参考 http://docs.openstack.org/security-guide/content/ secure_communication. html，第 12 章 请 参 考 http://docs.openstack.org/security-guide/content/ message_queuing.html），该文档提出了一些有用的参考架构和案例研究。

目前 oslo.messaging 不支持任何消息级别的信任如消息签名或发件人验证，因此，你需要在一个已认证的安全传输基础上操作它。在使用 ZeroMQ 时需要注意其他事项。

TLS 可以通过 RabbitMQ 指定的 rabbit_use_ssl=True 来启动，Qpid 需要指定每个 Trove 服务的配置文件 qpid_protocol=ssl。这些配置设置是 Trove 指定的并在 Trove 配置文件中设置。

8.1.3　为访问 AMQP 服务器提供凭证

你需要提供给 Oslo 消息库一个凭据，它需要利用这个凭据来访问 AMQP 服务器。根据你选择的 AMQP 驱动，配置选项略有不同。RabbitMQ 和 Qpid 提供了一种机制来指定凭证和访问服务器，但是 ZeroMQ 没有这样的机制。

如果使用 RabbitMQ，则你需要指定 rabbit_userid 和 rabbit_password 等选项，使用 Qpid 时你需要指定 qpid_username 和 qpid_password 及服务的其他具体参数。

正如第 4 章所述，在默认情况下 Trove API 服务从 /etc/trove/trove.conf（在命令行中指定）中读取配置。同样，Trove task manager 通常从 /etc/trove/trove-taskmanager.conf 中读取配置，Trove conductor 从 /etc/trove/trove-conductor.conf 中读取配置。

guest 实例在启动时会被提供一个配置文件，这个文件是在启动时由 task manager 生成的，以配置选项 guest_config 指定位置的模板为基础生成。

最简单的配置是使所有这些文件提供相同的凭据。但是，这既不是必需的，也不是明智的方案。不同的服务使用不同的凭据是有好处的。下面是一个简单的设置，其中的控制器节点服务共享一组凭据，guest 使用不同的凭据：

```
ubuntu@trove-book:~$ grep 'rabbit_' /etc/trove/trove.conf
rabbit_password = trovepassword
rabbit_userid = troverabbit
ubuntu@trove-book:~$ grep 'rabbit_' /etc/trove/trove-taskmanager.conf
rabbit_password = trovepassword
rabbit_userid = troverabbit
ubuntu@trove-book:~$ grep 'rabbit_' /etc/trove/trove-conductor.conf
rabbit_password = trovepassword
rabbit_userid = troverabbit
ubuntu@trove-book:~$ grep 'rabbit_' /etc/trove/trove-guestagent.conf
rabbit_password = guestpassword
rabbit_host = 10.0.0.1
rabbit_userid = troveguest
```

此外，你可以在 RabbitMQ 级别限制这些用户的访问控制权限。以下就是这样一个系统内的一些限制权限信息：

```
root@trove-book:~# rabbitmqctl list_permissions
Listing permissions in vhost "/" ...
```

```
[. . .]
troveguest (trove.*|guestagent) (trove.*|guestagent)
(guestagent.*|trove.*)
troverabbit .* .* .*
...done.
```

有关如何操作的更多信息，请参阅各个 AMQP 服务的文档。

8.2　guest 安全

guest 实例包含用户请求的数据库服务及 Trove guest agent。为了服务器上的数据安全，以及规范数据库和服务的操作，需要加固 guest，并防止在其上进行未授权的操作。

8.2.1　在 guest 实例上使用 SSH

Trove 提供的数据库的最终用户不需要运行数据库实例的 shell 访问权限。用户可以在数据库实例上执行的所有操作，都可以可通过命令行界面或用户界面来执行。

操作者可能希望保留访问一个实例 shell 的功能，用来调试一些特定的问题或者做一些很少用到的维护操作。在 guest 实例环境中有多个接口，一个连接到专用的管理网络，另一个连接到公共网络，建议配置 ssh 守护进程（sshd）只监听专用管理接口。你可以在 sshd 的配置文件（sshd_config）中进行配置。下面的示例文本来自一个 Ubuntu guest 实例：

```
# Use these options to restrict which interfaces/protocols sshd will
bind to
#ListenAddress ::
ListenAddress 10.0.0.3
```

在实例启动时你只可以这样做一次（并且它知道自己的 IP 地址）。

禁止 root 登录实例，并要求 SSH 带有证书，会大大增加实例的安全性。这些在 sshd_config 中设置。

```
PermitRootLogin no
PasswordAuthentication no
```

在镜像上放置一个公钥（authorized_keys），用于引导 guest 实例并保护私钥。只有拥有私钥的用户才能够登录。接着配置 authorized_keys 文件，并从可以使用 ssh 用户端连接到机器的 IP 地址的限制中指定。你可以通过配置 /etc/hosts.allow 实现同样的功能，最好是两者都做。若想了解更多的信息，则请参考 man ssh 和 man hosts. allow 命令。

我们强烈建议你采用上述方式及其他一些在 guest 实例上正确配置 SSH 的步骤。此外，建议在 guest 实例上配置 AppArmor、SE Linux 或其他强制访问的控制系统。

如果你需要配置一个系统，并且最终用户对系统有 shell 访问权限，那么这里给你提供一些建议。

将需要 shell 权限访问 guest 实例的所有用户放置在单个组中，并给那个组的所有用户配置 sshd 以允许对系统基于密钥基础的认证。将 authorized_keys 文件从 ~/.ssh/ authorized_keys 的默认位置移动到用户没有写权限的安全位置（sshd_config 中的 AuthorizedKeysFile）。配置 sshd，将用户放到一个已经登录并禁用 X11 和转发端口的 chroot 环境中，在该环境中仅仅包含用户有权访问的文件。

但是，这样做也需要你用 sshd 在公共接口上监听，这是不可取的，然而考虑到这也限制了 SSH 允许的源地址，这也是必需的。

8.2.2　使用安全组和安全网络

关联一个安全组是一种明智的行为，这个安全组只允许通过指定的数据库端口的流量。例如，一个 MySQL 实例被限制为仅仅可以访问 3306 端口和 TCP 协议。

安全组通过 Nova Networking 或 Neutron 配置，我们应尽可能地使用它。通过 Nova 来操作安全组是有利的。此外，如果你设置了 trove-taskmanager.conf 中的针对数据库类型的 tcp_ports 和 udp_ports 参数，那么这些端口将被传递给 Nova Networking 或 Neutron 用于创建安全组。如下是一些定义（在 common/cfg.py 中）。

```
422 # Mysql
423 mysql_group = cfg.OptGroup(
424     'mysql', title='MySQL options',
425     help="Oslo option group designed for MySQL datastore")
426 mysql_opts = [
427     cfg.ListOpt('tcp_ports', default=["3306"],
428             help='List of TCP ports and/or port ranges to open '
429                   'in the security group (only applicable '
430                   'if trove_security_groups_support is True).'),
431     cfg.ListOpt('udp_ports', default=[],
```

```
432                    help='List of UDP ports and/or port ranges to open '
433                         'in the security group (only applicable '
434                         'if trove_security_groups_support is True).'),
```

如下所示是这些设置在 trove-taskmanager.conf 文件中的样例。

```
[mysql]
tcp_ports = 3306
```

8.3　Trove 作为其他 OpenStack 服务的用户端

Trove 是其他 OpenStack 服务的用户端，当需要提供资源时，它作为用户端和这些服务交互。例如，在需要提供一个计算实例，它会与 Nova 交互；在需要提供块存储时，它会与 Cinder 交互。

8.3.1　私有 OpenStack 结构中的消费服务

end point 服务可以定制，这往往是一个操作者会用到的配置选项。图 8-6 显示了这个配置。

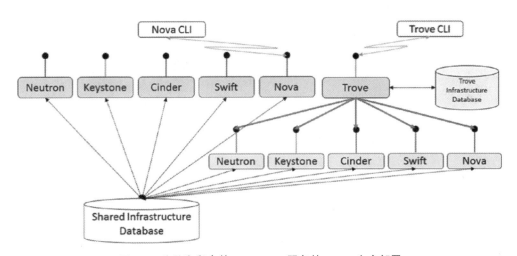

图 8-6　公共和私有的 OpenStack 服务的 Trove 生产部署

Trove 是 OpenStack 系统所提供的服务之一。该系统在上层暴露了多个服务（Trove、Nova、Swift、Cinder、Keystone 和 Neutron），而所有这些服务会暴露它们的公共 API 给最终用户。

在内部，一个私有的 OpenStack 结构被操作，并且 Trove 被配置为指向这些内部服务。操作者这样做有一些原因，另外，某些实际情况是用于操作 Trove 的硬件与用于 Nova 计算服务的硬件不同，并且存储的配置通常也有所不同。

当以这种方式配置时，Trove 请求的 Nova 实例将通过 Trove 使用的内部 OpenStack 结构来提供，并且用户在内部的 OpenStack 系统中没有访问 Nova end point 来直接操作实例的权限。

为了做到这一点，操作者设置了适当的 Trove 配置参数（来自 common/cfg.py）来标识被覆盖的服务。在创建一个用户端并从这些服务请求资源时，Trove 使用指定的 end point。

```
50 cfg.StrOpt('nova_compute_url', help='URL without the tenant
segment.'),

55 cfg.StrOpt('neutron_url', help='URL without the tenant segment.'),

60 cfg.StrOpt('cinder_url', help='URL without the tenant segment.'),

70 cfg.StrOpt('swift_url', help='URL ending in AUTH_.'),

75 cfg.StrOpt('trove_auth_url', default='http://0.0.0.0:5000/v2.0',
76 help='Trove authentication URL.'),
```

这些是指向私有 OpenStack 结构暴露的 end point。如果没有这些覆盖项，则 Trove 会指向 Keystone 并使用公共 URL。

当请求私有 OpenStack 的 end point 时，Trove 仍然会使用由请求者提供的凭据。换句话说，当 Trove 提供资源时，它使用最终用户的凭证来做到这一点。

8.3.2 使用隐藏租户和服务租户

如先前所述，Trove 默认使用请求者提供的凭证。一些操作者可以选择改变 Trove 提供资源的方式，并使用一个不同的租户来代替 Trove 提供资源。

在最简单的结构中，Trove 提供的所有资源都通过一个内部服务租户来提供。另一种结构采用一个固定的用户租户和隐藏租户的映射，并使用隐藏租户的凭证提供资源。

可以通过拓展 Trove 和更换 Trove 用于创建与其他服务通信的用户端的模式，来做到这一点。

当 Trove 希望创建一个用户端来请求一些服务如 Nova 或 Cinder 时，它使用 remote_nova_client 和 remote_cinder_client 标识的方法。这种配置的完整列表如下（来自 common/cfg.py）：

```
ubuntu@trove-book:/opt/stack/trove/trove$ grep trove.common.remote
common/cfg.py -C 3 -n
285-        help='Maximum size (in bytes) of each segment of the backup'
286-             'file.'),
287- cfg.StrOpt('remote_dns_client',
288:         default='trove.common.remote.dns_client',
289-         help='Client to send DNS calls to.'),
290- cfg.StrOpt('remote_guest_client',
291:         default='trove.common.remote.guest_client',
292-         help='Client to send Guest Agent calls to.'),
293- cfg.StrOpt('remote_nova_client',
294:         default='trove.common.remote.nova_client',
295-         help='Client to send Nova calls to.'),
296- cfg.StrOpt('remote_neutron_client',
297:         default='trove.common.remote.neutron_client',
298-         help='Client to send Neutron calls to.'),
299- cfg.StrOpt('remote_cinder_client',
300:         default='trove.common.remote.cinder_client',
301-         help='Client to send Cinder calls to.'),
302- cfg.StrOpt('remote_heat_client',
303:         default='trove.common.remote.heat_client',
304-         help='Client to send Heat calls to.'),
305- cfg.StrOpt('remote_swift_client',
306:         default='trove.common.remote.swift_client',
307-         help='Client to send Swift calls to.'),
308- cfg.StrOpt('exists_notification_transformer',
309-         help='Transformer for exists notifications.'),
```

remote.py 模块（common/remote.py）包含如下初始化内容：

```
188 create_dns_client = import_class(CONF.remote_dns_client)
189 create_guest_client = import_class(CONF.remote_guest_client)
190 create_nova_client = import_class(CONF.remote_nova_client)
191 create_swift_client = import_class(CONF.remote_swift_client)
192 create_cinder_client = import_class(CONF.remote_cinder_client)
```

```
193 create_heat_client = import_class(CONF.remote_heat_client)
194 create_neutron_client = import_class(CONF.remote_neutron_client)
```

当一个新的示例被创建时，例如，task manager 执行 create() 方法（instances/models.py）：

```
665-  @classmethod
666-  def create(cls, context, name, flavor_id, image_id, databases, users,
667-             datastore, datastore_version, volume_size, backup_id,
668-             availability_zone=None, nics=None, configuration_id=None,
669-             slave_of_id=None, cluster_config=None, replica_
count=None):
670-
671- datastore_cfg = CONF.get(datastore_version.manager)
672: client = create_nova_client(context)
673- try:
674-     flavor = client.flavors.get(flavor_id)
675- except nova_exceptions.NotFound:
676-     raise exception.FlavorNotFound(uuid=flavor_id)
677-
678- deltas = {'instances': 1}
679- volume_support = datastore_cfg.volume_support
680- if volume_support:
681-     validate_volume_size(volume_size)
682-     deltas['volumes'] = volume_size
```

第 672 行很重要，用于创建 Nova 用户端。通过设置 CONF.remote_nova_client 并提供一个实现，操作者可以指定底层实例的提供方式。我们通过 Nova 用户端来说明这种情况，在其他用户端中也是如此。

在默认情况下，Nova 用户端通过如下所示的来自 common/ remote.py 的代码被创建。上下文中的凭据被用于创建 Nova 用户端。

```
89 def nova_client(context):
90     if CONF.nova_compute_url:
91         url = '%(nova_url)s%(tenant)s' % {
92                 'nova_url': normalize_url(CONF.nova_compute_url),
93                 'tenant': context.tenant}
94     else:
```

```
95          url = get_endpoint(context.service:catalog,
96                          service:type=CONF.nova_compute_service:type,
97                          endpoint_region=CONF.os_region_name,
98                          endpoint_type=CONF.nova_compute_endpoint_
type)
99
100     client = Client(context.user, context.auth_token,
101                     bypass_url=url, project_id=context.tenant,
102                     auth_url=PROXY_AUTH_URL)
103     client.client.auth_token = context.auth_token
104     client.client.management_url = url
105     return client
```

该段代码的另一种实现是指定服务租户或隐藏租户的凭据，如下所示。

当 Trove 的代码启动一个 Nova 实例时，它依赖于由 remote_ nova_client 配置参数标识的代码，这个参数（默认）在 trove.common.remote.nova_client 被设置。

nova_client 的另一种实现与如下所示的类似（如下代码来自 https://review.openstack.org/#/c/193010）。

```
from oslo.config import cfg as oslo_cfg
from trove.common import cfg
from trove.common.remote import normalize_url
import trove.openstack.common.log as logging
from novaclient.v1_1.client import Client as NovaClient

CONF = cfg.CONF
PROXY_AUTH_URL = CONF.trove_auth_url
LOG = logging.getLogger(__name__)

def nova_client_trove_admin(context=None):
    """
    Returns a nova client object with the trove admin credentials
    :param context: original context from user request
    :type context: trove.common.context.TroveContext
    :return novaclient: novaclient with trove admin credentials
    :rtype: novaclient.v1_1.client.Client

    """
    client = NovaClient(CONF.nova_proxy_admin_user,
```

```
                         CONF.nova_proxy_admin_pass,
                         CONF.nova_proxy_admin_tenant_name,
                         auth_url=PROXY_AUTH_URL,
                         service:type=CONF.nova_compute_service:type,
                         region_name=CONF.os_region_name)
    if CONF.nova_compute_url and CONF.nova_proxy_admin_tenant_id:
        client.client.management_url = "%s/%s/" % (
            normalize_url(CONF.nova_compute_url),
            CONF.nova_proxy_admin_tenant_id)
    return client
```

根据这个实现，Nova 实例除了通过用户请求 Trove 实例的上下文来启动，还可以使用一个凭证集来启动。另外，除了默认的计算服务，它还能以 Nova 服务请求 Nova 实例。

在实际情况下通常有多个 Nova 服务，为特定的用户端（如 Trove）保留一个私有的 Nova 服务是有好处的。这个私有的 Nova 服务可以基于专用硬件提供实例，并存在于最终用户不能直接访问的一个特定环境中。

8.4　总结

Trove 可以在许多网站上部署并且规模化生产。在本章中，我们回顾了操作者使用的一些实践方案。这些方案并不详尽，用户必须参考一些大型生产部署的最佳实践操作。

其中包括正确配置 Trove 依赖的底层基础设施所使用的技术。我们讲解了 Trove 和其他服务通过扩展来处理拥有许多用户和实例的大型部署。

消息队列的安全性是非常重要的，我们介绍了一些 AMQP 服务安全传输的重要技术。

你必须保证 guest 实例的安全，一个连接到 guest 实例的 shell 用户的无心操作，可能会导致数据库发生一些事故，并成为潜在的数据丢失和服务中断的因素。我们提供了一些提高 guest 实例安全性的技术，其中包括如何在实例中配置 SSH，展示了如何通过修改 trove-taskmanager.conf 文件来做到这一点。

Trove 是 OpenStack 其他服务的用户端，一些操作者将 Trove 作为 OpenStack 的私有设置。这有时是可行的，因为用于数据库的硬件与直接通过公开计算服务供应的硬件有所不同。

一些操作者根据 Trove 使用的隐藏租户或服务租户配置 Trove 来提供资源，我们讲解了其实现方式，包括其中的各种配置参数。

附录 A
Trove 配置选项

本附录更详细地介绍了 Trove 配置选项，并记录了可以用来自定义 Trove 操作的大量的重要设置。

Trove 有大量的配置选项，并且三个 Trove 服务（API、task manager、conductor）都有自己的配置文件，Trove guest agent 也一样。

A.1 Trove 配置文件

Trove 服务（`trove-conductor`、`trove-taskmanager`、`trove-api`）和 Trove guest agent 接收许多命令行选项，用来指定要使用的配置选项。

例如，`trove-conductor` 服务的命令行提供了以下三个选项：`--config-dir`、`--config-file` 和 `--log-config`。

```
--config-dir DIR    Path to a config directory to pull *.conf files from.
                    This file set is sorted, so as to provide a
                    predictable parse order if individual options are
                    over-ridden. The set is parsed after the file(s)
                    specified via previous --config-file, arguments hence
                    over-ridden options in the directory take precedence.

--config-file PATH   Path to a config file to use. Multiple config files
                    can be specified, with values in later files taking
                    precedence. The default files used are: None.

--log-config-append PATH, --log_config PATH
                    The name of a logging configuration file. This file is
```

```
appended to any existing logging configuration files.
For details about logging configuration files, see the
Python logging module documentation.
```

除了排序和优先级，--config-dir 和 --config-file 也用于指定通用的配置选项，--log-config 用于指定日志的配置信息。

在一个由 devstack 启动的系统中，Trove 控制节点的 Trove 服务（在 Ubuntu 系统上）调用是这样的：

```
/usr/local/bin/trove-api --config-file=/etc/trove/trove.conf
/usr/local/bin/trove-taskmanager  --config-file=/etc/trove/trove-
taskmanager.conf
/usr/local/bin/trove-conductor --config-file=/etc/trove/trove-conductor.
conf
```

Trove 控制节点上的每个 Trove 服务都有自己的配置文件。Trove API 服务使用 /etc/trove/trove.conf 文件，而 Trove task manager 和 Trove conductor 服务分别使用 /etc/trove/trove-taskmanager.conf 和 /etc/trove/trove-conductor.conf 文件。

典型的 Trove guest agent 调用是这样的：

```
/home/ubuntu/trove/contrib/trove-guestagent --config-dir=/etc/trove/conf.d

ubuntu@m1:/etc/trove/conf.d$ ls -l
total 8
-rw-rw-r-- 1 root root 123 Apr 24 11:06 guest_info.conf
-rw-rw-r-- 1 root root 937 Apr 24 11:06 trove-guestagent.conf
```

Trove guest agent 使用 --config-dir 选项，并且通常在该目录中有两个配置文件。我们现在看一下配置选项和配置文件的结构。

Trove 的配置选项在许多地方都有定义，但大多数选项是在 trove/common/cfg.py 中定义的。Trove 使用 oslo.config 库解析并管理配置文件。在 http://docs.openstack.org/developer/oslo.config/ 上可以找到有关 oslo.config 的详细文档。

配置文件的大多数部分为纯文本。每一部分都包含许多对名字和值，封闭在一个 "[" 和 "]" 之间，例如 [mysql] 或 [mongodb]。一个设置项就是类似下面的一行：

```
bind_port = 9000
```

配置文件通常开始于一个 [DEFAULT] 部分。如果没有明确的 [DEFAULT] 部分，而你也没有指定其他部分的名字，则配置文件默认在 [DEFAULG] 部分。

　　配置文件系统是和命令行解析机制一起工作的。考虑如下配置文件格式：

```
[DEFAULT]
    bind_port = 9000

[mysql]
    port = 3306

    volume_support = True
```

这些相同的选项在代码中的格式是相似的，如下所示。

```
ubuntu@trove-book:/opt/stack/trove$ cat -n opts.py
1   from oslo_config import cfg
2
3   opts = [
4       cfg.IntOpt('bind_port', default=9000)
5   ]
6
7 mysql_opts = [
8       cfg.IntOpt('port', default=3306),
9       cfg.BoolOpt('volume_support', default=True),
10  ]
11
12  CONF = cfg.CONF
13
14  CONF.register_opts(mysql_opts, group='mysql')
15  CONF.register_opts(opts)
16
17
18  print CONF.bind_port
19  print CONF.mysql.port
20  print CONF.mysql.volume_support
21

ubuntu@trove-book:/opt/stack/trove$ python opts.py
9000
3306
True
```

A.2 Trove 配置选项

本节提供了几个 Trove 的配置选项,对其默认值进行了简要说明。由于每个 Trove 服务使用它自己的配置文件,所以我们也列出了配置文件,并将这些值指定在"服务"列:API 指 Trove API 服务和 trove.conf 配置文件;TM 指 Trove task manager 服务和 the trove-taskmanager.conf 文件;CO 指 Trove conductor 服务和 the trove-conductor.conf 文件;GA 指 guest agent。guest agent 的值在 Trove 控制实例的模板文件中指定,并在启动时提供给 guest 实例。每个参数的默认值的作用是,如果没有在任何配置文件或命令行上提供相应的值,那么这个值将被设置为默认值。

表 A-1　常规配置选项

选　　项	描　　述	服　务	默　认　值
admin_roles	指定要添加到管理员用户的角色	API	['admi']
agent_call_high_timeout	等待 guest agent 执行长时间运行的操作的最大时间限制	API TM	60 秒
agent_call_low_timeout	等待 guest agent 执行短时间运行的操作的最大时间限制	API TM	5 秒
agent_heartbeat_expiry	在具有"有效"心跳的实例上,某些操作(如故障切换)是不允许的。如果实例的最新心跳消息比这个时间早,那么该实例被认为心跳过期	TM	60 秒
agent_heartbeat_time	必须响应心跳请求的最大时间	TM	10 秒
agent_replication_snapshot_timeout	复制快照完成的最大时间限制	TM	36000 秒
api_paste_config	API 服务的 paste.deploy 配置文件的名称	API	api-paste.ini
backlog	WSGI Socket 储备	API	4096
backup_aes_cbc_key	是用于加密和解密备份的默认密码。如果启用了加密(见 backup_use_openssl_encryption),则该字符串将被直接传递给 openssl	GA	default_aes_cbc_key
backup_chunk_size	读写备份的块大小	GA	65536
backup_segment_max_size	Swift 上的备份的每个段的最大大小	GA	2147483648

选　　项	描　　述	服　务	默　认　值
backups_page_size	显示备份列表时每页的行数	TM	20
backup_swift_container	用于备份的 Swift 容器的名称	GA	database_backups
backup_use_gzip_compression	说明备份是否使用 gzip 压缩	GA	True
backup_use_openssl_encryption	说明备份是否应当使用 SSL 加密。用于加密的密码是 backup_aes_cbc_key 选项的值	GA	True
backup_use_snet	将数据传送到 Swift 时是否使用内部网络	GA	False
bind_host	将数据传送到 Swift 时是否使用内部网络	API	0.0.0.0(all interfaces)
bind_port	API 服务上被监听的端口	API	8779
black_list_regex	从主机的 IP 地址列表中排除的 IP 地址，用来排除内部网络	TM API	None
block_device:mapping	用于映射 Nova 实例上的 Cinder 卷的设备的名称	TM API	vdb
cinder_endpoint_type	Cinder 使用的 end point 类型	TM API	publicURL
cinder_service:type	一些 OpenStack 的实现可能有多个 Cinder end point 和服务类型，这个选项用于确定要使用的 end point	TM API	volumev2
cinder_url	Cinder 服务的 URL（不含 tenant 的证书）	TM API	None
cinder_volume_type	Cinder 卷的使用类型	TM	None
cloudinit_location	cloudinit 脚本的文件夹路径	TM	/etc/trove/cloudinit
cluster_delete_time_out	集群删除等待的最大时间	TM	180 seconds
clusters_page_size	展示集群列表时的每页行数	TM API	20
cluster_usage_timeout	等待一个集群变活跃的最大时间	TM API	675 seconds
conductor_manager	conductor manager 的类名称	CO	trove.conductor.manager.Manager

选　项	描　述	服　务	默　认　值
conductor_queue config_dir	conductor manager 的合格的类名称	CO GA	trove-conductor /etc/trove/conf.d
config_file	只在 guest agent（默认）的命令行上指定，用来指向配置文件的目录	API TM CO	API:'/etc/trove/ trove. conf' Task Manager: '/etc/trove/trove- taskmanager.conf' Conductor: '/etc/ t r o v e / t r o v e - conductor. conf'
configurations_ page_size	每页列出配置组时的行数	TM API	20
databases_page_ size	每页列出数据库时的行数	TM API	20
datastore_ manager	用于在 guest agent 上确定 datastore manager，这是数据库类型的名称。这个值于实例创建时提供并放置在 guest_info.conf 里	GA	
datastore_ registry_ext	扩展默认的 datastore manager 以便可以使用自定义的 manager	GA	{}
debug	调试消息是否应该记录或不记录。通常在命令行上指明，也可以被放置在配置文件中	API TM CO GA	False
default_ datastore	create 调用时未指定数据库类型时的默认值，如果该值没有指定，则必须在 create 调用时指定数据库类型	API	None
default_neutron_ networks	当 Neutron 用于网络时，这是 Neutron 网络的网络 ID 列表，这些网络必须关联到 guest 实例，忽略在 create 调用时指定的其他接口	TM API	None
default_ password_length	生成密码的默认长度（如作为根启用）。这将被直接传递给 passlib.utils. generate_password() 作为大小参数	GA	36

选　　项	描　　述	服　　务	默　认　值
device_path	MySQL 实例的数据卷路径	TM API	/dev/vdb
dns_account_id	使用 DNS 连接的证书	TM API	""
dns_auth_url	DNS 授权的 URL	TM API	""
dns_domain_id	DNS 域的 ID	TM API	""
dns_domain_name	DNS 域名	TM API	""
dns_driver	Trove 使用 DNS 的驱动	TM API	trove.dns.driver. DnsDriver
dns_endpoint_url	DNS 的 end point	TM API	0.0.0.0
dns_hostname	添加 DNS 条目时使用的主机名	TM API	""
dns_instance_ entry_factory	添加 DNS 条目的 factory	TM API	trove.dns.driver. DnsInstanceEntry Factory
dns_management_ base_url	DNS 服务的管理 URL	TM API	""
dns_passkey	DNS 访问的密码	TM API	""
dns_region	DNS 的 region 名称	TM API	""
dns_service_type	DNS（如果配置）服务类型	TM API	""
dns_time_out	发出 DNS 请求时的超时时间	TM API	120 seconds
dns_ttl	DNS 条目上的存活时间	TM API	300 seconds
dns_username	DNS 访问的用户名	TM API	""
format_options	格式化卷时使用的选项。此选项与 volume_ fstype 一同传递给 mkfs 命令	GA	-m 5

选　　项	描　　述	服　务	默　认　值
guest_config	渲染 guest agent 配置时要使用的模板的名称	TM	/etc/trove/trove-guestagent.conf
guest_id	在 guest_info.conf 中指定，配置文件通过 task manager 提供并在 guest agent 启动前被安装在 guest 实例上	GA	
guest_info	带有 guest 配置信息的文件名称。该文件将与基于通过 guest_config 参数指定的模板生成的配置文件一起放置	TM	guest_info.conf
heat_endpoint_type	Heat 使用的 end point 类型	TM API	publicURL
heat_service_type	Heat 服务的名字，用于查询 Keystone	TM API	orchestration
heat_time_out	与 Heat 的服务交互的超时时间	TM API	60 seconds
heat_url	Heat 服务的 URL（不含 tenant 证书）	TM API	None
host	Heat 服务的 URL（不含 tenant 证书）	API TM CO GA	0.0.0.0
hostname_require_valid_ip	用于验证伴随着一个 MySQL 用户名指定的主机名。默认情况下，MySQL 的通配符 % 是允许的。此选项规定了其他值是否有效	GA	True
http_delete_rate	API delete 请求的限制速率	API	每分钟 200Byte
http_get_rate	API GET 请求的限制速率	API	每分钟 200Byte
http_mgmt_post_rate	management API POST 请求的限制速率	API	每分钟 200Byte
http_post_rate	API POST 请求的限制速率	API	每分钟 200Byte
http_put_rate	API PUT 请求的限制速率	API	每分钟 200Byte
ignore_dbs	当展示 MySQL 的数据库列表时忽略的数据库列表	GA API	'lost+found', '#mysql50#lost+found', 'mysql', 'information_schema']

选　项	描　　述	服　务	默　认　值
ignore_users	展示用户列表时应该忽略的 MySQL 用户名单（这些都是数据库使用的内部用户 ID，并且不应该通过 Trove 暴露）	GA API	'os_admin', 'root'，注意 devstack 创建的默认的 guest agent 模板（/etc/trove/trove-guestagent.conf）只指定了 os_admin
injected_config_location	配置文件注入到 guest 的目录的名称	TM	/etc/trove/conf.d
instances_page_size	展示实例列表时每页的行数	TM API	20
ip_regex	主机 IP 地址的列表中包含 IP 地址的正则表达式。这种"白名单"过滤器在连同由 black_list_regex 指定的"黑名单"过滤器中应用	TM API	None
log_config_append	确定是否要追加到现有的日志文件。默认值（如果未指定）为 True	API TM CO GA	True
log_date_format	在一个消息中记录日期和时间的格式	API TM CO GA	%Y-%m-%d %H:%M:%S
log_dir	该位置用来放置日志的输出。guest agent 指定的默认模板是 /var/log/trove	API TM CO GA	None
log_file	放置日志输出的文件名称。guest agent 指定的默认模板是 trove-guestagent.log	API TM CO GA	None
max_accepted_volume_size	Trove guest 实例的数据卷的最大千兆字节容量	API	5 (gigabytes)
max_backups_per_user	每个租户允许备份的最大数量	API	50

选　项	描　述	服　务	默　认　值
max_header_line	一个 WSGI 消息头的最大字节长度, 如果使用 Keystone V3, 则这个值可能需要生成	API	16384 (bytes)
max_instances_per_user	每个租户实例的最大数量	API	5
max_volumes_per_user	每个租户拥有卷的最大数量	API	20
mount_options	挂载数据卷时, 传递给 mount 命令的选项	GA	defaults,noatime
network_driver	使用网络驱动的名称。当使用 Neutron 时, 更改为 trove.network.neutron.NeutronDriver	TM API	trove.network.nova.NovaNetwork
network_label_regex	匹配 Trove 专用网络的名称的正则表达式。当使用 Neutron 时改变为 .*	TM	^private$
neutron_endpoint_type	Neutron 使用的 end point 类型	API TM	publicURL
neutron_service_type	Neutron 服务的名称, 用于查询 Keystone	TM API	network
neutron_url	Neutron 服务的 URL（不含 tenant 证书）	TM API	None
notification_driver	通知使用的驱动程序的名称	TM API	[]
nova_compute_endpoint_type	Nova 使用的 end point 类型	API TM	publicURL
nova_compute_service_type	Nova 服务的名称, 用于查询 Keystone	TM API	Compute
nova_compute_url	Nova 服务的 URL（不含 tenant 证书）	TM API	None
nova_proxy_admin_pass	连接到 Nova 时使用的代理管理员的用户密码	TM	' '
nova_proxy_admin_tenant_name	连接到 Nova 时使用的代理管理员租户的名称	TM	' '
nova_proxy_admin_user	连接到 Nova 时使用的代理管理员用户的名称	TM	' '
num_tries	检查一个卷是否存在的次数	GA	3

选　　项	描　　述	服　务	默　认　值
os_region_name	Trove 实例所在的 OpenStack 的 region 的名称，用于搜索服务目录	GA TM API CO	RegionOne
profiler.enabled	启用 OpenStack 分析器	TM API CO GA	False
profiler.trace_sqlalchemy	使用 OpenStack 分析器启动 SQLAlchemy 驱动程序的跟踪。启用后，通过 Trove 服务执行的 SQL 查询会被记录在分析器的输出中	TM API CO GA	True
quota_driver	用于管理 Trove 配额的驱动程序	TM API	trove.quota.quota .DbQuotaDriver
reboot_time_out	等待一个实例从启动到变为 ACTIVE 的时间	API	120 秒
region	此服务所在的 region	GA TM API	LOCAL_DEV
remote_cinder_client	Cinder 用户端的实现	GA API TM	trove.common. remote.cinder_client
remote_dns_client	DNS 用户端的实现	GA API TM	trove.common. remote.dns_client
remote_guest_client	guest agent 用户端的实现	GA API TM	trove.common.remote. guest_client
remote_heat_client	Heat 用户端的实现	GA API TM	trove.common. remote.heat_client
remote_neutron_client	Neutron 用户端的实现	GA API TM	trove.common. remote.neutron_ client

选　　项	描　　述	服　务	默　认　值
remote_nova_client	Nova 用户端的实现	GA API TM	trove.common. remote.nova_client
remote_swift_ client	Swift 用户端的实现	GA API TM	trove.common. remote .swift_client
report_interval	周期性任务运行间隔	GA TM	10 秒
resize_time_out	等待调整大小执行完成的最大时间	TM	600 秒
restore_usage_ timeout	等待恢复操作完成的最大时间	TM	36000 秒
revert_time_out	等待 Nova 实例执行还原操作后，返回到 ACTIVE 的最大时间	TM	600 秒
root_grant	授予 MySQL root 用户权限	GA	ALL
root_grant_option	授予用户 GRANT 权限	GA	True
rpc_backend	RPC 服务后端	GA TM CO API	Rabbit
server_delete_ time_out	等待服务器的删除操作的最大时间	TM	60 秒
sql_query_ logging	允许在 guest 实例上通过 SQL Alchemy 进行 不安全的查询记录	GA	False
state_change_ wait_time	等待实例状态变化的最长时间	GA	180 秒
storage_ namespace	存储空间（对象存储备份）	GA	strove.guestagent. strategies. storage.swift
storage_strategy	存储策略（对象存储备份）	GA	SwiftStorage
swift_endpoint_ type	对象存储服务的 end point 类型	GA API TM	publicURL

续表

选　项	描　述	服　务	默　认　值
swift_service_type	对象存储服务的服务类型，用于在 Keystone 中查找	GA API TM	object-store
swift_url	对象存储服务的 URL	GA API TM	None
taskmanager_manager	task manager 的实现	TM	trove.taskmanager.manager.Manager
taskmanager_queue	API 用来发送消息到 task manager 的 task manager 的队列名称	API	Taskmanager
tcp_keepidle	WSGI 的 TCP 保持空闲的超时时间	API	600 秒
template_path	Trove 模板文件的位置	TM	/etc/trove/templates/
trove_api_workers	API 工作线程数	API	可用的核的数量
trove_auth_url	Trove 认证 URL	TM CO GA	http://0.0.0.0:5000/v2.0
trove_conductor_workers	conductor 工作线程数	CO	可用的 CPU 数量
trove_dns_support	启用 Trove 的 DNS 支持	TM API	False
trove_security_group_name_prefix	Trove 安全组的名称前缀；用于在实例 ID 前加前缀	TM	SecGroup
trove_security_group_rule_cidr	创建 Trove 安全规则时使用的 CIDR	TM	0.0.0.0/0
trove_security_groups_support	启用 Trove 安全组	TM	True
trove_volume_support	启用持续性卷（Cinder）的支持	TM API	True
update_status_on_fail	当一个实例未能在配置的 usage_timeout 内转变为活跃时，将服务和实例的任务状态置为 ERROR	TM	True
upgrade_levels.conductor	conductor 服务的当前软件等级	CO	icehouse

续表

选　　项	描　　述	服　务	默　认　值
upgrade_levels .guestagent	guest agent 服务的当前软件等级	GA	icehouse
upgrade_levels .taskmanager	task manager 服务的当前软件等级	TM	icehouse
usage_sleep_time	检查一个活跃的 guest 的休眠时间	TM	5 秒
usage_timeout	等待 guest 转变为活跃的时间	TM	600 秒
use_heat	将 Heat 作为实例供给	TM	False
use_nova_server_ config_drive	使用配置驱动文件注入 Nova 实例	TM	False
use_nova_server_ volume	提供 Cinder 卷给 Nova 实例。如果为 False, 则卷和实例都独立创建	TM	False
users_page_size	展示用户时每页的最大行数	GA API	20
verbose	启用详细错误日志记录	TM API GA CO	False
verify_swift_ checksum_on_ restore	在恢复操作的过程中，验证 Swift 对象的校验和	GA	True
volume_format_ timeout	卷格式化操作过程中等待的最大时间	GA	120 秒
volume_fstype	格式化操作过程中的卷类型	GA	Ext3
volume_time_out	关联卷操作时等待的最大时间	TM API	60 秒

A.3　特定的数据库配置选项

表 A-2　Cassandra 特定的配置选项

选　　项	描　　述	服　务	默　认　值
cassandra .backup_incremental_ strategy	增量备份加速器。目前未实现	GA	{}
cassandra .backup_incremental_ strategy	备份命名空间。目前未实现	GA	None

选　　项	描　　述	服　务	默　认　值
cassandra .backup_strategy	备份策略。目前未实现	GA	None
cassandra .device_path	实例的数据卷路径	TM API	/dev/vdb
cassandra .mount_point	挂载到实例上的数据卷（device:path）的位置	TM GA	/var/lib/ cassandra
cassandra .replication_strategy	复制策略。目前未实现	GA	None
cassandra .restore_namespace	恢复命名空间。目前未实现	GA	None
cassandra .tcp_ports	guest 实例上的安全组支持被启动时，需要打开的 TCP 端口或端口范围列表	TM API	7000, 7001, 9042, 9160
cassandra .udp_ports	guest 实例上的安全组支持被启动时，需要打开的 UDP 端口或端口范围列表	TM API	None
cassandra .volume_support	是否将数据存储在 Cinder 卷（如果设置为 False，则使用临时卷）	TM API	True

表 A-3　CouchBase 特定的配置选项

选　　项	描　　述	服　务	默　认　值
couchbase. backup_incremental_ strategy	增量备份加速器。目前未实现	GA	{}
couchbase. backup_namespace	CouchBase 的备份命名空间	GA	trove.guestagent .strategies. backup.experimental .couchbase_impl
couchbase. backup_strategy	CouchBase 的备份策略	GA	CbBackup
couchbase. device_path	CouchBase 实例数据卷路径	TM API	/dev/vdb

选　项	描　　述	服　务	默　认　值
couchbase.mount_point	挂载到实例上的数卷（device_path) 的位置	TM GA	/var/lib/couchbase
couchbase.replication_strategy	复制策略。目前未实现	GA	None
couchbase.restore_namespace	CouchBase 恢复命名空间	GA	trove.guestagent.strategies.restore.experimental.couchbase_impl
couchbase.root_on_create	CouchBase 实例上的 root 用户是否应该在默认情况下启用	API	True
couchbase.tcp_ports	guest 实例上的安全组支持被启动时，需要打开的 TCP 端口或端口范围列表	TM API	8091, 8092, 4369, 11209-11211, 21100-21199
couchbase.udp_ports	guest 实例上的安全组支持被启动时，需要打开的 UDP 端口或端口范围列表	TM API	None
couchbase.volume_support	是否将数据存储在 Cinder 卷（如果设置为 False，则使用临时卷）	TM API	True

表 A-4　CouchDB 特定的配置选项

选　项	描　　述	服　务	默　认　值
couchdb.backup_incremental_strategy	增量备份加速器。目前未实现	GA	{}
couchdb.backup_namespace	CouchDB 的备份空间。目前未实现	GA	None
couchdb.backup_strategy	CouchDB 的备份策略。目前未实现	GA	None
couchdb.device_path	CouchBase 实例数据卷路径	TM API	/dev/vdb

选　　项	描　　述	服　务	默　认　值
couchdb. mount_point	挂载到实例上的数据卷（device-path）的位置	TM GA	/ v a r / l i b / couchdb
couchdb. Replication_ strategy	复制策略。目前未实现	GA	None
couchdb. restore_namespace	CouchBase 恢复命名空间	GA	None
couchdb. root_on_create	在 CouchDB 上 root 用户是否应该在默认情况下启用	API	False
couchdb. tcp_ports	guest 实例上的安全组支持被启动时，需要打开的 TCP 端口或端口范围列表	TM API	['5984']
couchdb. udp_ports	guest 实例上的安全组支持被启动时，需要打开的 UDP 端口或端口范围列表	TM API	[]
couchdb. volume_support	是否将数据存储在 Cinder 卷（如果设置为 False，则使用临时卷）	TM API	True

表 A-5　DB2 特定的配置选项

选　　项	描　　述	服　务	默　认　值
db2.backup_increment _stragegy	增量备份加速器。目前未实现	GA	{}
db2.bakcup_namespace	DB2 备份命名空间	GA	None
db2. backup_strategy	DB2 备份策略	GA	None
db2. device_path	DB2 实例数据卷路径	TM API	/dev/vdb
db2. ignore_users	列出 DB2 数据库的用户时应该忽略的用户列表（这些是由数据库内部 'DB2INST1'] 用户使用的 ID，不应通过 Trove 被暴露）	GA	['PUBLIC', 'DB2INST1']
db2. mount_point	挂载到实例上的数据卷（device_path）的位置	TM GA	/home/ db2inst1/ db2inst1
db2. replication_ strategy	复制策略。目前未实现	GA	None

选　　项	描　　述	服　务	默　认　值
db2.restore_namespace	DB2 恢复命名空间	GA	None
db2.root_on_create	DB2 实例的 root 用户是否应该默认被启用	API	False
db2.tcp_ports	guest 实例上的安全组支持被启动时，需要打开的 TCP 端口或端口范围列表	TM API	50000
db2.udp_ports	guest 实例上的安全组支持被启动时，需要打开的 UDP 端口或端口范围列表	TM API	None
db2.volume_support	是否将数据存储在 Cinder 卷（如果设置为 False，则使用临时卷）	TM API	True

表 A-6　MongoDB 特定的配置选项

选　　项	描　　述	服　务	默　认　值
mongodb.api_strategy	MongoDB 特定的 API 扩展实施的名字	API	trove.common.strategies .cluster.experimental .mongodb.api .MongoDbAPIStrategy
mongodb.backup_incremental_strategy	MongoDB 的增量备份策略。目前未实现	GA	{}
mongodb.backup_namespace	备份命名空间。目前未实现	GA	None
mongodb.backup_strategy	备份策略。目前未实现	GA	None
mongodb.cluster_support	是否启用 MongoDB 对集群的支持	API	True
mongodb.device_path	MongoDB 实例的数据卷	TM API	/dev/vdb
mongodb.guestagent_strategy	MongoDB 的 guest agent 的策略实现	GA	trove.common.strategies .cluster.experimental .mongodb.guestagent .MongoDbGuestAgentStrategy
mongodb.mount_point	挂载到实例上的数据卷（device_path）位置	TM GA	/var/lib/mongodb

选　项	描　述	服　务	默　认　值
mongodb. num_config_servers_ per_cluster	启动一个新创建的集群的配置服务器的数量	API	3
mongodb. num_query_routers_ per_cluster	启动一个新创建的集群的查询路由器的数量	API	1
mongodb.replication_ strategy	MongoDB 的复制策略。目前未实现	GA	None
mongodb.restore_ namespace	MongoDB 的恢复命名空间。目前未实现	GA	None
mongodb.taskmanager_ strategy	MongoDB 集群 task manager 的策略扩展	TM	trove.common.strategies .cluster.experimental .mongodb.taskmanager .MongoDbTaskManagerStrategy
mongodb.tcp_ports	guest 实例上的安全组支持被启动时，需要打开的 TCP 端口或端口范围列表	TM API	2500, 27017
mongodb.udp_ports	guest 实例上的安全组支持被启动时，需要打开的 UDP 端口或端口范围列表	TM API	None
mongodb.volume_ support	是否将数据存储在 Cinder 卷（如果设置为 False，则使用临时卷）	TM API	True

表 A-7 MYSQL 特定的配置选项

选　项	描　述	服　务	默　认　值
mysql.backup_ incremental_ strategy	MySQL 的增量备份加速器实现	GA	{'InnoBackupEx': 'InnoBackupExIncremental'}
mysql.backup_ namespace	MySQL 备份实现的备份命名空间	GA	trove.guestagent .strategies .backup.mysql_impl
mysql.backup_ strategy	MySQL 的备份策略	GA	InnoBackupEx

选　项	描　　述	服　务	默　认　值
mysql.device_path	实例的数据卷路径	TM API	/dev/vdb
mysql.mount_point	挂载到实例上的数据卷（device_path）位置	TM GA	/var/lib/mysql
mysql.replication_namespace	MySQL 复制命名空间。请注意，默认在 Kilo 版本进行更改	GA	trove.guestagent .strategies .replication.mysql_gtid
mysql.replication_strategy	MySQL 的复制策略。请注意，默认在 Kilo 版本进行更改	GA	MysqlGTIDReplication
mysql.restore_namespace	请注意，默认在 Kilo 版本进行更改	GA	trove.guestagent .strategies .restore.mysql_impl
mysql.root_on_create	MySQL 实例中的 root 用户在默认情况下是否应该启用	API	False
mysql.tcp_ports	guest实例上的安全组支持被启动时，需要打开的 TCP 端口或端口范围列表	TM API	3306
mysql.udp_ports	guest实例上的安全组支持被启动时，需要打开的 UDP 端口或端口范围列表	TM API	None
mysql.usage_timeout	等待 guest 变为活跃的最大时间	TM	400 秒
mysql.volume_support	是否将数据存储在 Cinder 卷（如果设置为 False，则使用临时卷）	TM API	True

表 A-8　Percona 特定的配置选项

选　项	描　　述	服　务	默　认　值
percona.backup_incremental_strategy	增量备份加速器	GA	{'InnoBackupEx': 'InnoBackupExIncremental'}
percona.backup_namespace	备份命名空间	GA	trove.guestagent. strategies .backup.mysql_impl

选　　项	描　　述	服　务	默　认　值
percona.backup_strategy	备份策略	GA	InnoBackupEx
percona.device_path	实例的数据卷路径	TM API	/dev/vdb
percona.mount_point	挂载到实例上的数据卷（device_path）的位置	GA TM	/var/lib/mysql
percona.replication_namespace	复制的命名空间	GA	trove.guestagent.strategies replication.mysql_gtid
percona.replication_password	Trove 复制用户的密码	GA	NETOU7897NNLOU
percona.replication_strategy	复制策略	GA	MysqlGTIDReplication
percona.replication_user	Percona 的复制用户	GA	slave_user
percona.restore_namespace	恢复命名空间	GA	trove.guestagent.strategies.restore.mysql_impl
percona.root_on_create	创建一个新实例时，是否默认启动 root 用户	API	False
percona.tcp_ports	guest 实例上的安全组支持被启动时，需要打开的 TCP 端口或端口范围列表	TM API	3306
percona.udp_ports	guest 实例上的安全组支持被启动时，需要打开的 UDP 端口或端口范围列表	TM API	None
percona.usage_timeout	等待一个实例变为 ACTIVE 的最大时间	TM	450 秒
percona.volume_support	是否将数据存储在 Cinder 卷（如果设置为 False，则使用临时卷）	TM	True

表 A-9 PostgreSQL 特定的配置选项

选 项	描 述	服 务	默 认 值
postgresql. backup_incremental_ strategy	增量备份加速器。目前尚未实现	GA	{}
postgresql. backup_namespace	PostgreSQL 的备份命名空间	GA	trove.guestagent .strategies .backup.experimental .postgresql_impl
postgresql. backup_strategy	PostgreSQL 的备份策略	GA	PgDump
postgresql. device_path	数据卷路径	TM API	/dev/vdb
postgresql. ignore_dbs	展示 PostgreSQL 的数据库列表时需要忽略的数据库列表	GA API	['postgres']
postgresql. ignore_users	列出 PostgreSQL 用户列表时需要忽略的用户列表（这些都是数据库内部使用的用户 ID，不应通过 Trove 被暴露）	GA API	['os_admin', 'postgres', 'root']
postgresql. mount_point	挂载到实例上的数据卷（device_ path）的位置	GA TM	/var/lib/postgresql
postgresql. restore_namespace	PostgreSQL 恢复命名空间	GA	trove.guestagent .strategies. restore.experimental .postgresql_impl
postgresql. root_on_create	创建一个新实例时，root 用户是否应该默认启动	API	False
postgresql. tcp_ports	guest 实例上的安全组支持被启动时，需要打开的 TCP 端口或端口范围列表	TM API	5432
postgresql. udp_ports	guest 实例上的安全组支持被启动时，需要打开的 UDP 端口或端口范围列表	TM API	None
postgresql. volume_support	是否将数据存储在 Cinder 卷（如果设置为 False 使用临时卷）	TM API	True

表 A-10 Redis 特定的配置选项

选 项	描 述	服 务	默 认 值
redis. backup_incremental_strategy	增量备份策略。目前尚未实现	GA	{}
redis. backup_namespace	备份命名空间。目前尚未实现	GA	None
redis. backup_strategy	备份策略。目前尚未实现	GA	None
redis. device:path	实例数据卷路径。Redis 不支持卷, 所以这个默认是 None	TM API	None
redis. mount_point	挂载到实例上的数据卷(device_path)的位置	GA TM	/var/lib/redis
redis. replication_strategy	复制策略。目前尚未实现	GA	None
redis. restore_namespace	恢复命名空间。目前尚未实现	GA	None
redis. tcp_ports	guest 实例上的安全组支持被启动时, 需要打开的 TCP 端口或端口范围列表	TM API	6379
redis. udp_ports	guest 实例上的安全组支持被启动时, 需要打开的 UDP 端口或端口范围列表	TM API	None
redis. volume_support	是否将数据存储在 Cinder 卷(如果设置为 False, 则使用临时卷)	TM API	False

表 A-11 Vertica 特定的配置选项

选 项	描 述	服 务	默 认 值
vertica. api_strategy	Vertica 特定的 API 服务拓展	API	trove.common.strategies.cluster.experimental.vertica.api.VerticaAPIStrategy
vertica. backup_incremental_strategy	增量备份策略。目前未实现	GA	{}
vertica. backup_namespace	备份命名空间。目前未实现	GA	None

选 项	描 述	服务	默 认 值
vertica. backup_strategy	备份策略。目前未实现	GA	None
vertica. cluster_member_count	Vertica 集群成员的最小数量	API	3
vertica. cluster_support	启用 Vertica 的集群支持	API	True
vertica. device:path	实例数据卷路径。Vertica 不支持卷操作，所以这个默认为 None	TM API	/dev/vdb
vertica. guestagent_strategy	Vertica 的 guest agent 策略实现	GA	trove.common.strategies .cluster.experimental .vertica.guestagent .VerticaGuestAgent Strategy
vertica. mount_point	挂载到实例上的数据卷（device_path）的位置	GA TM	/var/lib/vertica
vertica. readahead_size	Vertica 的预读参数大小（Vertica 特定的）	GA	2048
vertica. replication_strategy	复制策略。目前尚未实现	GA	None
vertica. restore_namespace	恢复命名空间。目前尚未实现	GA	None
vertica. taskmanager_strategy	Vertica 特定的 task manager 扩展	TM	trove.common.strategies .cluster.experimental .vertica.taskmanager .VerticaTaskManager Strategy

A.4　总结

在这个附录中，我们描述了可以用来改变 Trove 行为的各种配置选项，描述了每一个 Trove 服务如何确定各自的配置、每个服务的默认配置文件及许多配置选项的默认值。

我们提供了表 A-1 ～ 表 A-11 作为参考，帮助用户或 Trove 系统管理员配置最合适自己或需要的部署。

改变这些选项时需要小心，因为更改某些选项可能导致数据永久丢失和（或）服务的中断。

附录 B
Trove 命令行接口

本附录详细介绍 Trove 命令行接口（CLI），并记录了命令行中各种可用的命令和选项。

B.1　命令行接口

对于一个 Trove 操作员或管理员来说，在 CLI 中包含两个命令：trove 和 trove-manage。

trove 命令是一个与 Trove RESTful API 完全交互的 Python 程序。

trove-manage 命令是一个 Python 程序，它使用 SQLAlchemy 和 Trove 模型更改 Trove 基础设施数据库。我们依次研究这两个命令。

B.1.1　trove 命令

trove 命令提供了所有的子命令列表，支持适用于所有子命令的各种可选参数。这些信息可以通过发出 trove --help 命令访问。

表 B-1 提供了 trove 命令的子命令的概述（根据它们所提供的功能的类型分组）。

表 B-1　trove 子命令

功　能	子　命　令	描　述
Backup	backup-copy	（Kilo 版本未实现）从一个备份创建备份
	backup-create	创建一个实例的备份
	backup-delete	删除备份
	backup-list	列出可用的备份
	backup-list-instance	列举了一个实例可用的备份
	backup-show	显示备份的细节
Cluster	cluster-create	创建一个新的集群
	cluster-delete	删除集群
	cluster-instances	列出集群的所有实例
	cluster-list	列出所有集群
	cluster-show	展示一个集群的细节
Configuration	configuration-attach	关联一个配置组到一个实例
	configuration-create	创建配置组
	configuration-default	显示实例的默认配置
	configuration-delete	删除一个配置组
	configuration-detach	从实例中分离出一个配置组
	configuration-instances	列出与配置组关联的所有实例
	configuration-list	列出所有配置组
	configuration-parameter-list	列出了配置组的可用参数
	configuration-parameter-show	展示配置参数的细节
	configuration-patch	给配置组打补丁
	configuration-show	展示一个配置组的详细信息
	configuration-update	更新配置组
Database Instance	create	创建一个新的实例
	list	列出所有实例
	restart	重启一个实例
	show	展示一个实例的细节
	update	更新一个实例：编辑姓名、配置或副本源
	delete	删除实例

续表

功　　能	子　命　令	描　　述
Database and User	database-create	在实例上一个数据库
	Extensions	从实例删除一个数据库
	database-list	列出了一个实例可用的数据库
	user-create	在实例上创建一个用户
	user-delete	删除实例上的一个用户
	user-grant-access	给某个用户授权访问某个数据卷
	user-list	列出实例的用户
	user-revoke-access	撤销某个用户访问某数据库
	user-show	展示一个实例的一个用户的信息
	user-show-access	显示实例的用户的访问细节
	user-update-attributes	更新实例的用户的属性
	root-enable	在一个实例上启用 root 用户，如果存在则重置
	root-show	如果一个实例启用了 root 用户，则获取这个状态
Datastore	datastore-list	列出可用的数据库类型
	datastore-show	显示数据库类型的详细信息
	datastore-version-list	列出数据库类型的可用版本
	datastore-version-show	显示的数据库类型版本的详细信息
Database Replication	detach-replica	从复制源分离副本实例
	eject-replica-source	从集合中去除一个副本源
	promote-to-replica-source	创建一个复制品作为其集合的新副本源
Flavor	flavor-list	列出可用的 flavor
	flavor-show	显示 flavor 的细节
Limit	limit-list	列出一个租户的限制信息
Metadata	metadata-create	创建实例的数据库的元数据 <id>（在 Kilo 版本未实现）
	metadata-delete	删除实例 <id> 的元数据（在 Kilo 版本未实现）
	metadata-edit	用一个新值替换元数据值，这是无损的（在 Kilo 版本未实现）
	metadata-list	显示实例的所有元数据 <id>（在 Kilo 版本未实现）
	metadata-show	通过 key(key) 和实例 <id> 显示元数据项（在 Kilo 版本未实现）
	metadata-update	更新元数据，这是破坏性的（在 Kilo 版本未实现）
Resize	resize-instance	更新实例类型的大小
	resize-volume	更新实例卷的大小

功　能	子　命　令	描　述
Security	secgroup-add-rule	创建一个安全组规则
	secgroup-delete-rule	删除安全组规则
	secgroup-list	列出所有安全组
	secgroup-list-rules	列出安全组的所有规则
	secgroup-show	显示了一个安全组的详细信息

你可以通过执行 help 子命令显示每个命令的详细帮助。例如，要获得有关 backup-create 子命令的帮助信息，则可以键入以下内容：

```
ubuntu@trove-book:~$ trove help backup-create
usage: trove backup-create <instance> <name>
                      [--description <description>] [--parent <parent>]
Creates a backup of an instance.
Positional arguments:
  <instance>                 ID or name of the instance.
  <name>                     Name of the backup.
Optional arguments:
  --description <description> An optional description for the backup.
  --parent <parent>          Optional ID of the parent backup to
perform an

                             incremental backup from.
```

每个子命令都可能有额外的位置参数和可选参数。如之前所示，backup-create 子命令需要一个实例 ID 或名称作为第 1 个位置参数，以及备份名称作为第 2 个位置参数。命令也支持可选参数。你可以通过以下命令生成一个实例的备份：

```
ubuntu@trove-book:~$ trove backup-create m3 'backup of m3' \
> --description 'this is a backup of m3'
+-------------+------------------------------------------+
| Property    | Value                                    |
+-------------+------------------------------------------+
| created     | 2015-04-24T11:39:03                      |
| description | this is a backup of m3                   |
| id          | 109daea8-fa84-4b76-afd5-830e2fae3853     |
| instance_id | c399c99a-ee17-4048-bf8b-0ea5c36bb1cb     |
| locationRef | None                                     |
```

```
| name        | backup of m3                          |
| parent_id   | None                                  |
| size        | None                                  |
| status      | NEW                                   |
| updated     | 2015-04-24T11:39:03                   |
+-------------+---------------------------------------+
```

1. Backup 子命令

backup-copy

```
usage: trove backup-copy <name> <backup>
                         [--region <region>] [--description <description>]
Creates a backup from another backup.
Positional arguments:
  <name>                        Name of the backup.
  <backup>                      Backup ID of the source backup.
Optional arguments:
  --region <region>            Region where the source backup resides.
  --description <description>   An optional description for the backup.
```

注意　backup-copy 子命令在 Kilo 版本后端还未实现。

在启动一个实例时，可以将先前生成的备份作为源提供给 create 子命令，这时，备份必须和你正在启动的实例在同一区域。backup-copy 命令可以从一个区域复制一个备份到另一个区域。

backup-create

```
usage: trove backup-create <instance> <name>
                         [--description <description>] [--parent <parent>]
Creates a backup of an instance.
Positional arguments:
  <instance>                   ID or name of the instance.
  <name>                       Name of the backup.
Optional arguments:
  --description <description>  An optional description for the backup.
  --parent <parent>            Optional ID of the parent backup to
perform an
```

incremental backup from.

backup-create 子命令被用来创建一个实例的备份。实例标识和备份的名称是强制性的参数。备份的名称不必是唯一的。

在提供 --parent 参数时，一个增量备份将以提供的父备份为起点产生。一种常见的做法是定期创建全备份，并频繁地创建一个增量备份。为了产生一些实例的备份链（在下面的 m3 例子中），应当使用的命令的顺序如下：

```
ubuntu@trove-book:~$ trove backup-create m3 'full backup 2'
+-------------+-------------------------------------+
| Property    | Value                               |
+-------------+-------------------------------------+
| description | full backup 2                       |
| id          | 109daea8-fa84-4b76-afd5-830e2fae3853 |
| instance_id | c399c99a-ee17-4048-bf8b-0ea5c36bb1cb |
| parent_id   | None                                |
[...]
ubuntu@trove-book:~$ trove backup-create m3 'incremental 1' \
> --parent 109daea8-fa84-4b76-afd5-830e2fae3853
+-------------+-------------------------------------+
| Property    | Value                               |
+-------------+-------------------------------------+
| description | full backup 2                       |
| id          | 8be95576-fe62-494b-a23f-cf47929a8b39 |
| instance_id | c399c99a-ee17-4048-bf8b-0ea5c36bb1cb |
| parent_id   | 109daea8-fa84-4b76-afd5-830e2fae3853 |
[...]

ubuntu@trove-book:~$ trove backup-create m3 'incremental 2' \
> --parent 8be95576-fe62-494b-a23f-cf47929a8b39
+-------------+-------------------------------------+
| Property    | Value                               |
+-------------+-------------------------------------+
| description | full backup 2                       |
| id          | 7f683ada-3870-40e5-8ec6-7abb0fb75e5b |
| instance_id | c399c99a-ee17-4048-bf8b-0ea5c36bb1cb |
| parent_id   | 8be95576-fe62-494b-a23f-cf47929a8b39 |
[...]
```

第 1 个备份是完整备份，第 2 个备份是一个以完整备份为父起点的增量备份，第 3 个备份是以第 2 个备份（即 incremental 1）作为父起点的增量备份。

另一种常见的做法是定期创建一个完整备份，并更频繁地创建一个增量备份，每个增量备份是基于完全备份的。这意味着该系统可以基于完整备份和一个增量备份恢复，而不依靠备份链完全恢复。

backup–delete

```
usage: trove backup-delete <backup>
Deletes a backup.
Positional arguments:
  <backup>  ID of the backup.
```

在想删除一个备份时，你只需要提供备份的 ID。如下所示的备份链是使用 backup-create 子命令的 --parent 选项创建的。

```
ubuntu@trove-book:~$ trove backup-show 8be95576-fe62-494b-a23f-cf47929a8b39 | grep parent_id
| parent_id  | 7f683ada-3870-40e5-8ec6-7abb0fb75e5b |
ubuntu@trove-book:~$ trove backup-show 7f683ada-3870-40e5-8ec6-7abb0fb75e5b | grep parent_id
| parent_id  | 109daea8-fa84-4b76-afd5-830e2fae3853 |
ubuntu@trove-book:~$ trove backup-show 109daea8-fa84-4b76-afd5-830e2fae3853 | grep parent_id
| parent_id  | None                                 |
```

试图在这条链（109daea8-fa84-4b76-afd5-830e2fae3853）的头删除完整备份时，会导致备份和所有的增量备份被删除。

```
ubuntu@trove-book:~$ trove backup-delete 109daea8-fa84-4b76-afd5-830e2fae3853
ubuntu@trove-book:~$ trove backup-list
+----+-------------+------+--------+-----------+---------+
| ID | Instance ID | Name | Status | Parent ID | Updated |
+----+-------------+------+--------+-----------+---------+
+----+-------------+------+--------+-----------+---------+
```

backup–list

```
usage: trove backup-list [--limit <limit>] [--datastore <datastore>]
Lists available backups.
```

```
Optional arguments:
    --limit <limit>              Return  up  to  N  number  of  the  most  recent
backups.
    --datastore <datastore>    Name  or  ID  of  the  datastore  to  list  backups
for.
```

生成一个可用的备份列表给用户。使用 backup-list-instance 子命令列出特定实例的备份。

backup–list–instance

```
usage: trove backup-list-instance [--limit <limit>] <instance>
Lists available backups for an instance.
Positional arguments:
  <instance>        ID or name of the instance.
Optional arguments:
--limit <limit>    Return up to N number of the most recent backups.
```

要生成所有备份列表给用户，则请使用 backup-list 子命令。

backup–show

```
usage: trove backup-show <backup>
Shows details of a backup.
Positional arguments:
  <backup>  ID of the backup.
```

该命令可显示指定备份的所有可用信息。

2. Cluster 子命令

cluster–create

```
usage: trove cluster-create <name> <datastore> <datastore_version>
                            [--instance <flavor_id=flavor_id,volume=volume>]
Creates a new cluster.
Positional arguments:
  <name>                    Name of the cluster.
  <datastore>               A datastore name or UUID.
  <datastore_version>       A datastore version name or UUID.
Optional arguments:
  --instance <flavor_id=flavor_id,volume=volume>
```

```
                           Create an instance for the cluster. Specify
                           multiple times to create multiple instances.
```

cluster-create 子命令启动实例的一个集群。强制性参数是集群的名称、数据库类型及其版本。

--instance 参数的格式取决于数据库的类型。对于 MongoDB，需要指定集群创建时的第 1 个分区的信息。此外，查询路由器和配置服务器也将被创建。查询路由器和配置服务器的数量由 Trove 的配置选项（在 trove-taskmanager.conf 中）mongodb.num_query_ routers_per_cluster 和 mongodb.num_config_servers_per_cluster 确定。

```
ubuntu@trove-book:~$ trove cluster-create c1 mongodb 2.4.9 \
> --instance flavor_id=2,volume=1 \
> --instance flavor_id=2,volume=1 \
> --instance flavor_id=2,volume=1
```

Vertica 指定将要创建集群的实例的信息。Vertica 的集群创建无须额外的实例。

cluster-delete

```
usage: trove cluster-delete <cluster>
Deletes a cluster.
Positional arguments:
<cluster> ID of the cluster.
```

cluster-delete 子命令删除为集群创建的所有实例和资源，包括（在 MongoDB 中）查询路由器和配置服务器。

cluster-instances

```
usage: trove cluster-instances <cluster>
Lists all instances of a cluster.
Positional arguments:
<cluster> ID or name of the cluster.
```

cluster-instance 子命令列出一个集群的一部分实例，包括（在 MongoDB 下）组成集群的查询路由器和配置服务器。

cluster-list

```
usage: trove cluster-list [--limit <limit>] [--marker <ID>]
Lists all the clusters.
```

Optional arguments:
```
  --limit <limit>   Limit the number of results displayed.
  --marker <ID>     Begin displaying the results for IDs greater than the
                    specified marker. When used with --limit, set this to the
                    last ID displayed in the previous run.
```

cluster-list 子命令列出系统中的所有集群。

cluster-show

```
usage: trove cluster-show <cluster>
Shows details of a cluster.
Positional arguments:
    <cluster> ID or name of the cluster.
```

给定一个集群，cluster-show 子命令显示有关集群的详细信息。

3. Configuration 子命令

configuration-attach

```
usage: trove configuration-attach <instance> <configuration>
Attaches a configuration group to an instance.
Positional arguments:
  <instance>         ID or name of the instance.
   <configuration>   ID of the configuration group to attach to the
instance.
```

有关 configuration 命令的详细信息请参见第 5 章。

configuration-create

```
usage: trove configuration-create <name> <values>
                        [--datastore <datastore>]
                        [--datastore_version <datastore_version>]
                        [--description <description>]
Creates a configuration group.
Positional arguments:
<name>                     Name of the configuration group.
  <values>                 Dictionary of the values to set.
Optional arguments:
  --datastore <datastore>  Datastore assigned to the configuration
                           group. Required if default datastore is not
```

```
                                        configured.
  --datastore_version <datastore_version>
                                        Datastore version ID assigned to the
                                        configuration group.
  --description <description>           An optional description for the
                                        configuration group.
```

configuration-default

```
usage: trove configuration-default <instance>
Shows the default configuration of an instance.
Positional arguments:
  <instance>  ID or name of the instance.
```

configuration-delete

```
usage: trove configuration-delete <configuration_group>
Deletes a configuration group.
Positional arguments:
  <configuration_group>  ID of the configuration group.
```

configuration-detach

```
usage: trove configuration-detach <instance>
Detaches a configuration group from an instance.
Positional arguments:
  <instance>  ID or name of the instance.
```

configuration-instances

```
usage: trove configuration-instances <configuration_group>
Lists all instances associated with a configuration group.
Positional arguments:
  <configuration_group>  ID of the configuration group.
```

configuration-list

```
usage: trove configuration-list
Lists all configuration groups.
```

configuration-parameter-list

```
usage: trove configuration-parameter-list <datastore_version>
```

```
                                        [--datastore <datastore>]
   Lists available parameters for a configuration group.
   Positional arguments:
     <datastore_version>      Datastore version name or ID assigned to the
                              configuration group.
   Optional arguments:
      --datastore <datastore>  ID  or  name  of  the  datastore  to  list
configuration
                              parameters for. Optional if the ID of the
                              datastore_version is provided.
```

configuration-parameter-show

```
usage: trove configuration-parameter-show <datastore_version> <parameter>
                                        [--datastore <datastore>]
Shows details of a configuration parameter.
Positional arguments:
  <datastore_version>      Datastore version name or ID assigned to the
                           configuration group.
  <parameter>              Name of the configuration parameter.
Optional arguments:
  --datastore <datastore>  ID or name of the datastore to list configuration
                           parameters for. Optional if the ID of the
                           datastore_version is provided.
```

configuration-patch

```
usage: trove configuration-patch <configuration_group> <values>
Patches a configuration group.
Positional arguments:
  <configuration_group>  ID of the configuration group.
  <values>               Dictionary of the values to set.
```

configuration-show

```
usage: trove configuration-show <configuration_group>
Shows details of a configuration group.
Positional arguments:
  <configuration_group>  ID of the configuration group.
```

configuration-update

```
usage: trove configuration-update <configuration_group> <values>
                                  [--name <name>]
                                  [--description <description>]
```
Updates a configuration group.
Positional arguments:
```
<configuration_group>       ID of the configuration group.
<values>                    Dictionary of the values to set.
```
Optional arguments:
```
--name <name>    Name of the configuration group.
--description <description>  An optional description for the
configuration
                             group.
```

4. Database Instance 子命令

create

```
usage: trove create <name> <flavor_id>
                    [--size <size>]
                    [--databases <databases> [<databases> ...]]
                    [--users <users> [<users> ...]] [--backup <backup>]
                    [--availability_zone <availability_zone>]
                    [--datastore <datastore>]
                    [--datastore_version <datastore_version>]
                    [--nic <net-id=net-uuid,v4-fixed-ip=ip-addr,port-id=
port-uuid>]
                    [--configuration <configuration>]
                    [--replica_of <source:instance>] [--replica_count
<count>]
```
Creates a new instance.
Positional arguments:
```
<name>                      Name of the instance.
  <flavor_id>               Flavor of the instance.
```
Optional arguments:
```
  --size <size>             Size of the instance disk volume in GB used
for database
                            data directory.
                            Required when volume support is enabled.
```

```
--databases <databases> [<databases> ...]
                        Optional list of databases to create on instance.
--users <users> [<users> ...] Optional list of users to create on the
instance in the form user:password.
--backup <backup>             A backup ID which will be loaded into the
instance.
--availability_zone <availability_zone>
                        The Zone hint to give to nova.
--datastore <datastore>       A datastore name or ID.
--datastore_version <datastore_version>
                        A datastore version name or ID.
--nic <net-id=net-uuid,v4-fixed-ip=ip-addr,port-id=port-uuid>
                        Create a NIC on the instance. Specify option
                        multiple times to create multiple NICs. net-
                        id: attach NIC to network with this ID
                        (either port-id or net-id must be
                        specified), v4-fixed-ip: IPv4 fixed address
                        for NIC (optional), port-id: attach NIC to
                        port with this ID (either port-id or net-id
                        must be specified).
--configuration <configuration>
                        ID of the configuration group to attach to
                        the instance.
--replica_of <source:instance>  ID or name of an existing instance to
                        replicate from.
--replica_count <count>       Number of replicas to create (defaults to 1).
```

trove create 命令用于创建一个新的实例。其 name 和实例的 flavor 是此命令唯一必需的参数。如果数据库类型需要 Cinder 卷作为持久位置存储数据，则还需要 --size 参数。

```
ubuntu@trove-book:~$ trove create m2  2
ERROR: Volume size was not specified. (HTTP 400)
```

我们接下来讲解其他常用的一些选项：对于支持数据库和用户扩展的数据库类型，你可以通过指定 --databases 和 --users 参数在新创建的实例上创建一组用户和数据库。使用 --backup 参数从现有的备份上启动一个数据库实例。--configuration 参数允许你将一个配置组关联到要启动的实例上。

list

```
usage: trove list [--limit <limit>] [--marker <ID>] [--include-clustered]
Lists all the instances.
Optional arguments:
  --limit <limit>  Limit the number of results displayed.
  --marker <ID>    Begin displaying the results for IDs greater than the
                   specified marker. When used with --limit, set this to
                   the last ID displayed in the previous run.
  --include-clustered Include instances that are part of a cluster
(default false).
```

list 子命令提供了租户启动的所有实例的列表。如果你指定了 --include-cluster 参数，则这将包括属于集群的一部分实例。

restart

```
usage: trove restart <instance>
Restarts an instance.
Positional arguments:
  <instance>  ID or name of the instance.
```

某些配置更改后，需要重启一个实例上的数据库服务。当这样的更改发生时，Trove 将把该实例置为 RESTART_REQUIRED 状态。

show

```
usage: trove show <instance>
Shows details of an instance.
Positional arguments:
  <instance> ID or name of the instance.
```

show 子命令显示了一个实例的详细信息。

update

```
usage: trove update <instance>
                    [--name <name>] [--configuration <configuration>]
                    [--detach-replica-source] [--remove_configuration]
Updates an instance: Edits name, configuration, or replica source.
Positional arguments:
```

```
  <instance>                          ID or name of the instance.
Optional arguments:
  --name <name>                       Name of the instance.
  --configuration <configuration>     ID of the configuration reference to
                                      attach.
  --detach-replica-source             Detach the replica instance from its
                                      replication source.
  --remove_configuration
                                      Drops the current configuration
                                      reference.
```

update 子命令可用于以 4 种方式操作实例，分别是更新名称（通过 --name 参数）、关联配置组（通过 --configuration 参数）、分离一个实例上的配置组（通过 --remove_configuration 参数）、从主节点分离副本（通过 --detach-replica-source 参数）。指定 --configuration 参数等效于创建一个实例，然后执行 trove configuration-attach 命令。

在同一时间只有一个配置组可以关联到一个实例上。一些配置更改可能需要重启实例。

delete

```
usage: trove delete <instance>
Deletes an instance.
Positional arguments:
<instance> ID or name of the instance.
```

delete 子命令删除一个实例及与实例相关联的用于永久存储的 Cinder 卷。

5. Database Extensions 子命令

database-create

```
usage: trove database-create <instance> <name>
                             [--character_set <character_set>]
                             [--collate <collate>]
Creates a database on an instance.
Positional arguments:
  <instance>                 ID or name of the instance.
  <name>                     Name of the database.
Optional arguments:
  --character_set <character_set>
```

```
                              Optional character set for database.
  --collate <collate>         Optional collation type for database.
```

对于支持数据库扩展的数据库类型，这个子命令将根据指定的参数创建一个数据库。

database-delete

```
usage: trove database-delete <instance> <database>
Deletes a database from an instance.
Positional arguments:
  <instance>   ID or name of the instance.
  <database>   Name of the database.
```

对于支持数据库扩展的数据库类型，这个子命令将删除一个指定的数据库。

database-list

```
usage: trove database-list <instance>
Lists available databases on an instance.
Positional arguments:
  <instance>   ID or name of the instance.
```

对于支持数据库扩展的数据库类型，这个子命令将列出任何给定的实例上的数据库。

user-create

```
usage: trove user-create <instance> <name> <password>
                         [--host <host>]
                         [--databases <databases> [<databases> ...]]
Creates a user on an instance.
Positional arguments:
  <instance>              ID or name of the instance.
  <name>                  Name of  user
  <password>              Password of user
Optional arguments:
  --host <host>           Optional host of user
  --databases <databases> [<databases> ...]
                          Optional list of databases.
```

对于支持用户扩展的数据库类型，这个子命令将在实例上创建一个用户。

user-delete

```
usage: trove user-delete [--host <host>] <instance> <name>
```

```
Deletes a user from an instance.
Positional arguments:
  <instance>    ID or name of the instance.
  <name>        Name of user.
Optional arguments:
  --host <host>  Optional host of user.
```

对于支持用户扩展的数据库类型，这个子命令将删除实例上的一个用户。如果用户是通过 --host 规则创建的，则该用户将仅在 user-delete 子命令中指定 --host 时删除。

user-grant-access

```
usage: trove user-grant-access <instance> <name> <databases> [<databases>
...]
                                      [--host <host>]
Grants access to a database(s) for a user.
Positional arguments:
<instance>                  ID or name of the instance.
<name>                      Name of user.
<databases>                 List of databases.
Optional arguments:
  --host <host>             Optional host of user.
```

对于支持用户扩展的数据库类型，此子命令将授予用户指定的数据库的访问权限。

user-list

```
usage: trove user-list <instance>
Lists the users for an instance.
Positional arguments:
  <instance>  ID or name of the instance.
```

对于支持用户扩展的数据库类型，此子命令将列出实例上注册的用户。

user-revoke-access

```
usage: trove user-revoke-access [--host <host>] <instance> <name>
<database>
Revokes access to a database for a user.
Positional arguments:
<instance>                ID or name of the instance.
```

```
  <name>                    Name of user.
  <database>                A single database.
Optional arguments:
  --host <host>             Optional host of user.
```

对于支持用户扩展的数据库类型，此子命令将撤销用户对指定数据库的访问权限。

user-show

```
usage: trove user-show [--host <host>] <instance> <name>
Shows details of a user of an instance.
Positional arguments:
  <instance>                ID or name of the instance.
  <name>                    Name of user.
Optional arguments:
  --host <host>             Optional host of user.
```

对于支持用户扩展的数据库类型，此子命令将显示实例上指定用户的信息。

user-show-access

```
usage: trove user-show-access [--host <host>] <instance> <name>
Shows access details of a user of an instance.
Positional arguments:
  <instance>                ID or name of the instance.
  <name>                    Name of user.
Optional arguments:
  --host <host>             Optional host of user.
```

对于支持用户扩展的数据库类型，此子命令将展示用户的权限信息。

user-update-attributes

```
usage: trove user-update-attributes <instance> <name>
                                    [--host <host>] [--new_name <new_name>]
                                    [--new_password <new_password>]
                                    [--new_host <new_host>]
Updates a user's attributes on an instance. At least one optional argument
must be provided.
Positional arguments:
  <instance>                          ID or name of the instance.
```

```
  <name>                             Name of user.
Optional arguments:
  --host <host>                      Optional host of user
  --new_name <new_name>              Optional new name of user
  --new_password <new_password>      Optional new password of user.
  --new_host <new_host>              Optional new host of user.
```

对于支持用户扩展的数据库类型，此命令可以用于操作用户的账号并更改密码、姓名、或用户可以连接到系统的主机。

root-enable

```
usage: trove root-enable <instance>
Enables root for an instance and resets if already exists.
Positional arguments:
  <instance>  ID or name of the instance.
```

对于支持用户扩展的数据库类型，此子命令会启用数据库超级用户账户并返回它的凭证。没有命令可以获取超级用户的凭证。如果忘记了凭证，则你可以再次执行该命令，并得到一个新的证书，废除上一个凭证。

root-show

```
usage: trove root-show <instance>
Gets status if root was ever enabled for an instance.
Positional arguments:
  <instance>  ID or name of the instance.
```

对于支持用户扩展的数据库类型，此命令会告诉你数据库超级用户是否曾被启用。

6. 由 trove 命令生成 JSON 输出

在默认情况下，trove 命令生成表格输出，这并不总是最好的选择。考虑需要将一些复杂的操作写成脚本，并使用 Trove CLI 执行单个操作的情况。使用一个易于解析的格式能够检索一个命令的输出有时是非常方便的。

这很容易使用带有 --json 命令行参数的 trove 命令来完成，如下所示。

```
ubuntu@trove-book:~$ trove database-list m1
+-------------------+
| Name              |
+-------------------+
```

```
| performance:schema |
+-------------------+
ubuntu@trove-book:~$ trove --json database-list m1
[
  {
    "name": "performance:schema"
  }
]
```

--json 是 trove 命令的一个可选参数，因此在命令行的末尾添加 --json 是错误的。

```
ubuntu@trove-book:~$ trove database-list m1 --json
[. . .]
error: unrecognized arguments: --json
Try 'trove help ' for more information.
```

7. 理解 trove 命令行做了什么

trove 命令是 Trove API 的 Python 封装。为了准确理解给定的命令做了什么，你可以使用 --debug 选项。

```
ubuntu@trove-book:~$ trove --debug database-list m1 2>&1 | grep -v
iso8601 | tail -n 11
DEBUG (session:195) REQ: curl -g -i --cacert "/opt/stack/data/CA/int-ca/
ca-chain.pem" -X
GET http://192.168.117.5:8779/v1.0/70195ed77e594c63b33c5403f2e2885c/
instances/0ccbd8ff-
a602-4a29-a02c-ea93acd79095/databases -H "User-Agent: python-
keystoneclient" -H "Accept:
application/json" -H "X-Auth-Token: {SHA1}4a5e77a83afc22dd9b484e3b98eae9
f708d6b254"
DEBUG (retry:155) Converted retries value: 0 -> Retry(total=0,
connect=None, read=None,
redirect=0)
DEBUG (connectionpool:383) "GET /v1.0/70195ed77e594c63b33c5403f2e2885c/
instances/0ccbd8ff-
a602-4a29-a02c-ea93acd79095/databases HTTP/1.1" 200 47
DEBUG (session:224) RESP: [200] date: Fri, 24 Apr 2015 12:04:40 GMT
content-length: 47
content-type: application/json
```

```
RESP BODY: {"databases": [{"name": "performance:schema"}]}
+-------------------+
| Name              |
+-------------------+
| performance:schema |
+-------------------+
```

前面的输出已被省略（我们展示了最后的 11 行代码），此处显示了与 Trove API 服务最后交互的内容。此命令（未经编辑）的完整输出显示了命令的完整行为，包括得到一个 Keystone 令牌，然后查询 Trove API 服务来获得实例的列表，等等。

环境变量

trove 命令使用各种环境变量存储租户名、用户名和密码等信息，用于用户端与 Keystone 进行身份验证。表 B-2 列出了这些环境变量。

表 B-2　trove 命令环境变量

命 令 行 选 项	环 境 变 量	描 述
--os-auth-system	OS_AUTH_SYSTEM	这两个选项之一必须指定
--os-auth-url	OS_AUTH_URL	通常情况下，OS_AUTH_URL（或 --os-auth-url）指向 Keystone end point，用户可以从中获取令牌
--database-service-name	TROVE_DATABASE_SERVICE_NAME	默认情况下，Trove 服务是注册在 Keystone 中作为 "database"
--os-database-api-version	OS_DATABASE_API_VERSIONS	目前仅 v1.0 支持
--json, --os-json-output	OS_JSON_OUTPUT	用于生成 JSON 输出，而不是格式输出
--profile	OS_PROFILE_HMACKEY	查看该参数的详细描述章节
--os-tenant-name	OS_TENANT_NAME	租户的名称
--os-auth-token	OS_AUTH_TOKEN	如果获得一个身份验证令牌，而你希望使用这个，则在这里指定
--os-tenant-id	OS_TENANT_ID	有时指定用来代替租户的名字
--os-region-name	OS_REGION_NAME	要执行命令的 region 名称

指定环境变量使得更容易执行 Trove 命令。当使用 devstack 安装的系统时，你可以

通过执行脚本 openrc 来设置所有相应的环境变量。

ubuntu@trove-book:~$ source devstack/openrc admin admin

你提供给该命令的参数是 OpenStack 的用户名和 OpenStack 的租户名字。

B.1.2 trove-manage 命令

Trove 安装方面的一些底层管理操作需要使用 trove-manage 命令。此命令提供的功能不通过 RESTful API 暴露。这些命令由操作员使用，并且这些命令的使用不频繁。

trove-manage 命令支持以下子命令，注册新的 guest 镜像并使用户可以使用此数据库类型。一旦你下载了镜像，就需要用 Glance 进行注册。

```
ubuntu@trove-controller:~/downloaded-images$ glance image-create --name
percona \
> --disk-format qcow2 \
> --container-format bare --is-public True < ./percona.qcow2
+-----------------+--------------------------------------+
| Property        | Value                                |
+-----------------+--------------------------------------+
| checksum        | 963677491f25a1ce448a6c11bee67066     |
| container_format | bare                                |
| created_at      | 2015-03-18T13:19:18                  |
| deleted         | False                                |
| deleted_at      | None                                 |
| disk_format     | qcow2                                |
| id              | 80137e59-f2d6-4570-874c-4e9576624950 |
| is_public       | True                                 |
| min_disk        | 0                                    |
| min_ram         | 0                                    |
| name            | percona                              |
| owner           | 979bd3efad6f42448ffa55185a122f3b     |
| protected       | False                                |
| size            | 513343488                            |
| status          | active                               |
| updated_at      | 2015-03-18T13:19:30                  |
| virtual_size    | None                                 |
+-----------------+--------------------------------------+
```

1. datastore_update 子命令

```
usage: trove-manage datastore_update [-h] datastore_name default_version
Add or update a datastore. If the datastore already exists, the default
version will be updated.
positional arguments:
  datastore_name      Name of the datastore.
  default_version     Name or ID of an existing datastore version to set as the
                      default. When adding a new datastore, use an empty string.
optional arguments:
-h, --help            show this help message and exit
```

你可以使用 datastore_update 子命令添加一个新的数据库类型（提供了一个空字符串作为版本）。下面的命令创建了一个名为 percona 的新的数据库类型。

```
ubuntu@trove-controller:$ trove-manage datastore_update percona ''
2015-03-18 09:23:24.469 INFO trove.db.sqlalchemy.session [-] Creating
SQLAlchemy engine with
args: {'pool_recycle': 3600, 'echo': False}
Datastore 'percona' updated.
```

你可以通过使用第 2 个位置的参数指定数据库类型的 default_version。设置 percona 数据库类型的默认版本为 version 5.5。

```
ubuntu@trove-controller:$ trove-manage datastore_update percona 5.5
2015-03-18 09:26:12.875 INFO trove.db.sqlalchemy.session [-] Creating
SQLAlchemy engine with
args: {'pool_recycle': 3600, 'echo': False}
Datastore 'percona' updated.
```

2. datastore_version_update 子命令

```
usage: trove-manage datastore_version_update [-h]
                                             datastore version_name manager
                                             image_id packages active
Add or update a datastore version. If the datastore version already
exists,
all values except the datastore name and version will be updated.
positional arguments:
  datastore       Name of the datastore.
  version_name    Name of the datastore version.
```

```
    manager        Name of the manager that will administer the datastore
    version.
    image_id       ID of the image used to create an instance of the datastore
    version.
    Packages       Packages required by the datastore version that are
installed
                   on first boot of the guest image.
    active         Whether the datastore version is active or not. Accepted
                   values are 0 and 1.
    optional arguments:
      -h, --help    show this help message and exit
```

一旦 Glance 镜像 ID 可以使用，datastore_version_update 命令就可用于注册 guest 镜像，并将镜像映射到数据库类型和版本。

一旦注册完成，数据库类型和版本就是键，将不会改变。当命令被再次发出时，如果有相同的数据库类型和版本的记录被发现，则其他 4 个参数将用于更新信息。如果没有找到匹配的项，则将创建一个新的记录。

下面的命令使用 Percona 5.5 来注册 Glance ID（如前面的例子所示）。

它设置镜像为 active（active 参数为 1），表明用户可以使用此镜像启动实例。如果将它设置为 0，则说明用户无法使用这个镜像启动实例。

```
ubuntu@trove-controller:~/downloaded-images$ trove-manage datastore_
version_update percona 5.5 \
> percona 80137e59-f2d6-4570-874c-4e9576624950 \
> "percona-server-server-5.5" 1
2015-03-18 09:25:17.610 INFO trove.db.sqlalchemy.session [-] Creating
SQLAlchemy engine with args: {'pool_recycle': 3600, 'echo': False}
Datastore version '5.5' updated.
```

3. db_load_datastore_config_parameters 子命令

```
usage: trove-manage db_load_datastore_config_parameters [-h]
                                                        datastore
                                                        datastore_version
                                                        config_file_location
Loads configuration group parameter validation rules for a datastore
version
    into the database.
```

```
positional arguments:
 datastore              Name of the datastore.
 datastore_version      Name of the datastore version.
 config_file_location   Fully qualified file path to the configuration group
                        parameter validation rules.
Optional arguments:
 -h, --help             show this help message and exit
```

当管理指定的数据库类型和版本的配置组时，db_load_datastore_config_ parameters 命令可导入要使用的验证规则（有关配置组的更多信息，请参阅第 5 章）。

数据库类型和版本被用作一个查找键，并且如果数据库类型、版本的组合已经有一组验证规则，则该规则将被更新。如果没有找到匹配的项，则将创建一个新的记录。

B.2　总结

与 Trove 交互可以使用两种方法。第 1 种方法是通过 Trove RESTful API，第 2 种方法是通过 Trove CLI。该 Trove CLI 包括两个命令：trove 命令和 trove-manage 命令。

每个命令都提供了一些执行特定功能的子命令。trove 命令是 Trove API 的一个包装，trove-manage 命令直接更改 Trove 基础设施数据库。

环境变量可以代替许多 trove 命令常用的参数，这些值可以用于所有 trove 子命令，使得 trove 命令更简短、更容易使用。

附录 C
Trove 中的 API

本附录详细描述了 Trove 的 API，并讲解 Trove 提供的各种接口。我们使用 `curl` 来展示如何利用 RESTful API 与 Trove 交互。

C.1 Trove API 服务的 end point

在接下来的例子中，我们使用地址为 `http://192.168.117.5:8779` 的 end point 与 Trove API 服务交互。在默认情况下，Trove API 服务使用 8779 端口。这是已经配置好的，如果想要修改服务端口，则可以在 `trove-api.conf` 文件中修改 `bind_port` 的值。

在开发环境中操作 Trove 时，可以允许服务监听服务器上的所有端口（`bind_host` 的默认值是 `0.0.0.0`）。但是在生产环境中，还是强烈建议让 Trove 只监听系统中的指定端口。

Trove API 服务暴露了一个 RESTful 接口。Trove 依赖 Keystone 以实现对接口访问的认证。这意味着你需要获取一个 Keystone 的 token 来附加在 Trove API 请求中。请求内容如下：

```
ubuntu@trove-book:~/api$ curl -s -d \
> '{"auth": {"tenantName": "admin", "passwordCredentials": \
> {"username" : "admin", "password": "882f520bd67212bf9670"}}}' \
> -H 'Content-Type: application/json' http://192.168.117.5:5000/v2.0/
tokens \
> | python -m json.tool
{
    [...]
    "token": {
        "audit_ids": [
            "T7s9WB8CQS6ntGSm3kH5-Q"
```

```
        ],
        "expires": "2015-04-24T13:52:46Z",
        "id": "60e360cdb7cf4abeb17f35e973809086",
        "issued_at": "2015-04-24T12:52:46.039378",
        "tenant": {
            "description": null,
            "enabled": true,
            "id": "70195ed77e594c63b33c5403f2e2885c",
            "name": "admin"
        }
    },
    [...]
}
```

为了向 Trove 发起请求，你需要记录下 keystone 返回值中的 tenant id 和 auth token（前面有高亮显示）。如下所示的简单请求可以不用 tenant ID。

```
ubuntu@trove-book:~/api$ curl -H "X-Auth-Token: 60e360cdb7cf4abeb17f35e973809086" \
> http://192.168.117.5:8779/ | python -m json.tool

{
    "versions": [
        {
            "id": "v1.0",
            "links": [
                {
                    "href": "http://192.168.117.5:8779/v1.0/",
                    "rel": "self"
                }
            ],
            "status": "CURRENT",
            "updated": "2012-08-01T00:00:00Z"
        }
    ]
}
```

C.2 API 的习惯用法

随后我们将展示每个 API 的数据参数。一些 API 允许在请求中加入附加数据参数。数据参数是个 JSON（JavaScript 标记对象）对象，包含了请求的附加信息。举个例子，表 C-1 中展示了修改实例大小的两个请求。

表 C-1　数据参数和一些命令参数格式的说明

CLI 命令	数 据 参 数	数据参数的格式

trove resize-volume m1 3	{
	　　"resize": {
	　　　　"volume": {
	　　　　　　"size": 3
	　　　　　}
	　　　}
	}
		{
		　　"resize": {
		　　　　"volume": volume
		　　　}
		}
		volume={
		　　"type": "object",
		　　"required": [
		　　　　"size"
		　　],
		　　"properties": {
		　　　　"size": volume_size,
		　　　　"required": True
		　　}
		}

trove resize-instance m1 3	{
	　　"resize": {
	　　"flavorRef": "3"
	　　}
	}
		{
		　　"resize": {
		　　　　"flavorRef": flavorRef
		　　}
		}
		flavorref={
		　　'oneOf': [
		　　non_empty_string,
		　　{
		　　　　"type": "integer"
		　　}
		　　]
		}

命令行调用（第 1 列）生成一个 API 调用，含有第 2 列所展示的数据参数。数据参数可以提供若干选项，上面展示的调用只提供了一部分，我们在最右边的一列也就是命令参数格式中展示了完整的数据参数的描述信息。

注意，将实例的大小调整到另一个实例类型，你有两种方式指定 flavorRef：第 1 种方式是使用一个非空字符串（non_empty_string），第 2 种方式是使用整数（integer）。在示例调用中我们使用了整数形式的 flavorRef。很重要的一点是：要知道在其他一些调用中，你也可以使用 URI（统一资源标识符）指定 flavorRef（https://192.168.117.5:8779/flavors/3），因此在接下来的章节中，我们不仅会在调用中使用 JSON 对象，还会使用一些 Trove API 服务接收的完整的 API 请求数据格式。

C.3　列出 API 的版本

标题	列出后端已知的所有 API 版本
URL	/
Method	GET
URL 参数	无
Headers	Accept: application/json Content-Type: application/json
数据参数	无

成功响应	```{
	    "versions": [
	        {
	            "id": "v1.0",
	            "links": [
	                {
	                    "href": "http://127.0.0.1:8779/v1.0/",
	                    "rel": "self"
	                }
	            ],
	            "status": "CURRENT",```

成功响应	`"updated": "2012-08-01T00:00:00Z"`
	　　　　　}
	　　　]
	　}

注意事项	API 版本接口请求列表中有所有支持的 API 版本，这次响应结果中只返回了一个支持的版本和版本号

C.4　实例 API

表 C-2 展示了与若干实例相关的 API。它们在 end point 中的 /v1.0/{tenant-id}/instances 和 /v1.0/{tenant-id}/instance/{id} 上都是可以访问的。

表 C-2　实例相关的 API

操 作	URI	描 述
GET	/v1.0/{tenant-id}/instances	列出实例
POST	/v1.0/{tenant-id}/instances	创建一个实例
GET	/v1.0/{tenant_id}/instances/{id}	显示实例的详情
POST	/v1.0/{tenant_id}/instances/{id}/action	执行一个实例操作
PATCH	/v1.0/{tenant_id}/instances/{id}	修改特定实例的属性
PUT	/v1.0/{tenant_id}/instances/{id}	更新实例的一些属性
DELETE	/v1.0/{tenant_id}/instances/{id}	销毁一个实例
GET	/v1.0/{tenant_id}/instances/{id}/backups	列出实例的备份
GET	/v1.0/{tenant_id}/instances/{id}/configuration	列出实例的配置信息

C.4.1　列出实例

标题	列出本租户可见的所有运行中的实例
URL	/v1.0/{tenant-id}/instances
Method	GET
URL 参数（可选）	include_clustered = [Boolean]

Headers	X-Auth-Token: <token> Accept: application/json Content-Type: application/json
数据参数	无

成功响应	对列出实例 API 的响应结果是一个实例字典。
	Code: 200
	<code>{
	　　"instances": [
	　　　　{
	　　　　　"datastore": {"type": "mysql", "version": "5.6"},
	　　　　　　"flavor": {"id": "2", "links": [...]
	　　　　　　},
	　　　　　　"id": "0ccbd8ff-a602-4a29-a02c-ea93acd79095",
	　　　　　　"ip": ["10.0.0.2"],
	　　　　　　"links": [...],
	　　　　　　"name": "m1",
	　　　　　　"status": "ACTIVE",
	　　　　　　"volume": {"size": 2}
	　　　　},
	　　]...
	}</code>

注意事项	列出实例的 API 提供了本租户可见的所有运行中的实例列表。返回信息和数据库类型无关。该 API 有一个可选的 URL 参数：include_clustered，默认值为 False。当设置为 True 时，在输出中将展示集群的一部分实例

C.4.2　创建实例

标题	列出本租户可见的所有运行中的实例
URL	/v1.0/{tenant-id}/instances
Method	GET
URL 参数（可选）	include_clustered = [Boolean]
Headers	X-Auth-Token: <token> Accept: application/json Content-Type: application/json
数据参数	无

成功响应	对列出实例 API 的响应结果是一个实例字典。
	
	Code: 200
	
	``
	{
	    "instances": [
	        {
	            "datastore": {"type": "mysql", "version": "5.6"},
	            "flavor": {"id": "2", "links": [...]
	            },
	            "id": "0ccbd8ff-a602-4a29-a02c-ea93acd79095",
	            "ip": ["10.0.0.2"],
	            "links": [...],
	            "name": "m1",
	            "status": "ACTIVE",
	            "volume": {"size": 2}
	        },
	    ]...
	}
	``

注意事项	列出实例的 API 提供了本租户可见的所有运行中的实例列表。返回信息和数据库类型无关。该 API 有一个可选的 URL 参数：include_clustered，默认值为 False。当设置为 True 时，在输出中将展示集群的一部分实例

创建实例 API 调用所需的数据参数如下：

```
{
    "instance": {
        "type": "object",
        "required": ["name", "flavorRef"],
        "additionalProperties": True,
        "properties": {
            "name": non_empty_string,
            "configuration_id": configuration_id,
            "flavorRef": flavorref,
            "volume": volume,
            "databases": databases_def,
            "users": users_list,
            "restorePoint": {
```

```
                "type": "object",
                "required": ["backupRef"],
                "additionalProperties": True,
                "properties": {
                    "backupRef": uuid
                }
            },
            "availability_zone": non_empty_string,
            "datastore": {
                "type": "object",
                "additionalProperties": True,
                "properties": {
                    "type": non_empty_string,
                    "version": non_empty_string
                }
            },
            "nics": nics
        }
    }
}
}

configuration_id = {
    'oneOf': [
        uuid
    ]
}

flavorref = {
    'oneOf': [
        non_empty_string,
        {
            "type": "integer"
        }]
}

volume = {
    "type": "object",
    "required": ["size"],
    "properties": {
```

```
                "size": volume_size,
                "required": True
            }
        }

    databases_def = {
        "type": "array",
        "minItems": 0,
        "items": {
            "type": "object",
            "required": ["name"],
            "additionalProperties": True,
            "properties": {
                "name": non_empty_string,
                "character_set": non_empty_string,
                "collate": non_empty_string
            }
        }
    }

    users_list = {
        "type": "array",
        "minItems": 0,
        "items": {
            "type": "object",
            "required": ["name", "password"],
            "additionalProperties": True,
            "properties": {
                "name": name_string,
                "password": non_empty_string,
                "host": host_string,
                "databases": databases_ref_list
            }
        }
    }

    nics = {
        "type": "array",
        "items": {
            "type": "object",
```

```
        }
    }

    host_string = {
        "type": "string",
        "minLength": 1,
        "pattern": "^[%]?[\w(-).]*[%]?$"
    }
```

创建的 API 可以用于创建单个实例或者一个现有实例的副本，如下所示。注意在前面的结构中支持 additionalProperties 属性。

1. 创建单个实例

请求如下：

```
'{"instance": {"users": [{"password": "password1", "name": "user1",
"databases": [{"name": "db1"}]}], "flavorRef": "2", "replica_count": 1,
"volume": {"size": 3}, "databases": [{"name": "db1"}], "name": "m5"}}'
```

响应如下：

```
{"instance": {"status": "BUILD", "updated": "2015-04-25T04:58:35",
"name": "m5", "links": [{"href": "https://192.168.117.5:8779/v1.0/7
0195ed77e594c63b33c5403f2e2885c/ instances/86652695-f51b-4c4e-815e-
a4d102f334ad", "rel": "self"}, {"href": "https://192.168.117.5:8779/
instances/86652695-f51b-4c4e-815e-a4d102f334ad", "rel": "bookmark"}],
"created": "2015-04-25T04:58:35", "id": "86652695-f51b-4c4e-
815ea4d102f334ad", "volume": {"size": 3}, "flavor": {"id": "2", "links":
[{"href": "https://192.168.117.5:8779/v1.0/70195ed77e594c63b33c5403f2e2885c/
flavors/2", "rel": "self"}, {"href": "https://192.168.117.5:8779/flavors/2",
"rel": "bookmark"}]}, "datastore": {"version": "5.6", "type": "mysql"}}}
```

2. 创建一个副本

请求如下：

```
'{"instance": {"volume": {"size": 3}, "flavorRef": "2", "name": "m5-
prime", "replica_of": "86652695-f51b-4c4e-815e-a4d102f334ad", "replica_
count": 1}}'
```

响应如下：

{"instance": {"status": "BUILD", "updated": "2015-04-25T05:04:22", "name": "m5-prime", "links": [{"href": "https://192.168.117.5:8779/v1. 0/70195ed77e594c63b33c5403f2e2885c/instances/ c74833d9-7092-4a28-99a9- b637aa9c968c", "rel": "self"}, {"href": "https://192.168.117.5:8779/ instances/c74833d9-7092-4a28-99a9-b637aa9c968c", "rel": "bookmark"}], "created": "2015-04-25T05:04:22", "id": "c74833d9- 7092-4a28-99a9-b637aa9c968c", "volume": {"size": 3}, "flavor": {"id": "2", "links": [{"href": "https://192.168.117.5:8779/ v1.0/70195ed77e594c63b33c5 403f2e2885c/flavors/2", "rel": "self"}, {"href": "https://192.168.117.5:8779/flavors/2", "rel": "bookmark"}]}, "datastore": {"version": "5.6", "type": "mysql"}, "replica_of": {"id": "86652695-f51b- 4c4e-815e-a4d102f334ad", "links": [{"href": "https://192.168.117.5:8779/ v1.0/70195ed77e594c63b33c5403f2e2885c/instances/86652695-f51b-4c4e-815e- a4d102f334ad", "rel": "self"}, {"href": "https://192.168.117.5:8779/ instances/86652695-f51b-4c4e-815e-a4d102f334ad", "rel": "bookmark"}]}}}

C.4.3　展示实例

标题	显示指定实例的详情
URL	/v1.0/{tenant-id}/instances/{id}
Method	GET
URL 参数	无
Headers	X-Auth-Token: <token> Accept: application/json Content-Type: application/json
数据参数	无
成功响应	实例详情 API 调用的响应结果是一个如下所示的实例详情字典。 Code: 200 { 　　"status": "ACTIVE", 　　"volume_used": 0.12, 　　"updated": "2015-04-25T22:19:33", 　　"datastore_version": "5.6", 　　"name": "m3-prime", 　　"created": "2015-04-25T22:19:03",

成功响应	`"ip": "10.0.0.5",`
	`"datastore": "mysql",`
	`"volume": 2,`
	`"flavor": "2",`
	`"id": "62154bfe-b6bc-49c9-b783-89572b96162d",`
	`"replica_of": "c399c99a-ee17-4048-bf8b-0ea5c36bb1cb"`
	`}`

注意事项	无

C.4.4　实例操作

标题	执行实例操作
URL	`/v1.0/{tenant-id}/instances/{id}/action`
Method	POST
URL 参数	无

Headers	`X-Auth-Token: <token>`
	`Accept: application/json`
	`Content-Type: application/json`

数据参数	执行下面的某个操作：
	`restart`
	`resize`
	`reset_password`
	`promote_to_replica_source`
	`eject_replica_source`
	只有 resize 操作需要如下的数据参数。

成功响应	Code：202
注意事项	无

调用实例操作 API 对一个实例进行 resize 操作需要如下数据参数：

```
{
    "resize": {
        "volume": volume
    }
```

```
    }
或
{
    "resize": {
        "flavorRef": flavorRef
    }
}

flavorref = {
    'oneOf': [
        non_empty_string,
        {
            "type": "integer"
        }]
}

volume = {
    "type": "object",
    "required": ["size"],
    "properties": {
        "size": volume_size,
        "required": True
    }
}
```

1. 实例操作：重启

restart 操作会重启用户机实例上的数据库服务（不会重启用户机实例的操作系统）。

```
ubuntu@trove-book:~/api$ cat ./restart.bash
curl -g -i -H 'Content-Type: application/json' \
-H 'X-Auth-Token: 772f29c631af4fa79edb8a970851ff8a' \
-H 'Accept: application/json' \
-X POST \
http://192.168.117.5:8779/v1.0/70195ed77e594c63b33c5403f2e2885c/
instances/582b4c38-8c6b-4025-9d1e-37b4aa50b25a/action \
-d '{"restart": {}}'

ubuntu@trove-book:~/api$ . ../restart.bash
HTTP/1.1 202 Accepted
Content-Length: 0
```

```
Content-Type: application/json
Date: Fri, 24 Apr 2015 14:38:10 GMT
```

2. 实例操作：修改卷的大小

resize volume 操作允许你修改实例存储数据所用到的 Cinder 卷的大小。

```
ubuntu@trove-book:~/api$ trove show m3-prime
+-------------------+-----------------------------------------+
| Property          | Value                                   |
+-------------------+-----------------------------------------+
| created           | 2015-04-24T14:11:39                     |
| datastore         | mysql                                   |
| datastore_version | 5.6                                     |
| flavor            | 2                                       |
| id                | 62dc0129-abc2-44a2-8f16-de62c34e53d9    |
| ip                | 10.0.0.3                                |
| name              | m3-prime                                |
| replica_of        | 582b4c38-8c6b-4025-9d1e-37b4aa50b25a    |
| status            | ACTIVE                                  |
| updated           | 2015-04-24T14:31:51                     |
| volume            | 2                                       |
| volume_used       | 0.12                                    |
+-------------------+-----------------------------------------+
ubuntu@trove-book:~/api$ cat ./resize-volume.bash
curl -g -i -H 'Content-Type: application/json' \
-H 'X-Auth-Token: 772f29c631af4fa79edb8a970851ff8a' \
-H 'Accept: application/json' \
-X POST \
http://192.168.117.5:8779/v1.0/70195ed77e594c63b33c5403f2e2885c/
instances/62dc0129-abc2- 44a2-8f16-de62c34e53d9/action \
-d '{"resize": {"volume": { "size": "3"}}}'
ubuntu@trove-book:~/api$ . ./resize-volume.bash
HTTP/1.1 202 Accepted
Content-Length: 0
Content-Type: application/json
Date: Fri, 24 Apr 2015 14:43:19 GMT
```

3. 实例操作：弹出复制源

eject replica source 的 API 的调用用于中断一个主从连接失败的复制集。弹出复制源操作需要通过添加如下数据参数进行调用：

```
ubuntu@trove-book:~/api$ cat ./eject.bash
curl -g -i -H 'Content-Type: application/json' \
-H 'X-Auth-Token: 772f29c631af4fa79edb8a970851ff8a' \
-H 'Accept: application/json' \
-X POST \
http://192.168.117.5:8779/v1.0/70195ed77e594c63b33c5403f2e2885c/
instances/582b4c38-8c6b-4025-9d1e-37b4aa50b25a/action \
-d '{"eject_replica_source": {}}'

ubuntu@trove-book:~/api$ . ./eject.bash
HTTP/1.1 202 Accepted
Content-Length: 0
Content-Type: application/json
Date: Fri, 24 Apr 2015 14:48:13 GMT
```

4. 实例操作：升级复制源

promote to replica source 的 API 调用使一个副本成为该副本集的主副本。升级复制源操作需要通过添加如下参数调用：

```
ubuntu@trove-book:~/api$ cat ./promote.bash
curl -g -i -H 'Content-Type: application/json' \
-H 'X-Auth-Token: 772f29c631af4fa79edb8a970851ff8a' \
-H 'Accept: application/json' \
-X POST \
http://192.168.117.5:8779/v1.0/70195ed77e594c63b33c5403f2e2885c/
instances/62dc0129-abc2-44a2-8f16-de62c34e53d9/action \
-d '{"promote_to_replica_source": {}}'

ubuntu@trove-book:~/api$ . ./promote.bash
HTTP/1.1 202 Accepted
Content-Length: 0
Content-Type: application/json
Date: Fri, 24 Apr 2015 14:48:13 GMT
```

C.4.5　修改实例

标题	修改特定实例的属性
URL	/v1.0/{tenant-id}/instances/{id}/action
Method	PATCH
URL 参数	无
Headers	X-Auth-Token: <token> Accept: application/json Content-Type: application/json
数据参数	```{ "name": "instance_edit", "type": "object", "required": ["instance"], "properties": { "instance": { "type": "object", "required": [], "properties": { "slave_of": {}, "name": non_empty_string, "configuration": configuration_id, } }}configuration_id = { 'oneOf': [uuid]}```
成功响应	Code：202
注意事项	在 API 调用中，你可以指定 name、configuration_id 和 slave_of 中的不止一个参数。 指定 name 参数会导致系统重命名该实例。在参数中提供新的实例名称。 指定 configuration 和 PUT 请求相同，它会尝试将 configuration_id 和实例关联，使用 null 值解除配置。 在一个副本中指定 slave_of 参数会使指定的副本从主副本中分离

以如下实例为例，注意，它现在没有关联配置组并且不属于任何复制集。

```
ubuntu@trove-book:~/api$ trove show m1
+-------------------+-------------------------------------+
| Property          | Value                               |
+-------------------+-------------------------------------+
| created           | 2015-04-24T11:04:34                 |
| datastore         | mysql                               |
| datastore_version | 5.6                                 |
| flavor            | 2                                   |
| id                | 0ccbd8ff-a602-4a29-a02c-ea93acd79095 |
| ip                | 10.0.0.2                            |
| name              | m1                                  |
| status            | ACTIVE                              |
| updated           | 2015-04-26T11:25:15                 |
| volume            | 3                                   |
| volume_used       | 0.11                                |
+-------------------+-------------------------------------+
ubuntu@trove-book:~/api$ curl -g -i -H 'Content-Type: application/json' \
> -H 'X-Auth-Token: a25bc5e2893645b6b7bcd3e2604dc4da' \
> -H 'Accept: application/json' \
> http://192.168.117.5:8779/v1.0/70195ed77e594c63b33c5403f2e2885c/
instances/0ccbd8ff-a602- 4a29-a02c-ea93acd79095 \
> -X PATCH -d '{ "instance": {"name": "new-m1" }}'
HTTP/1.1 202 Accepted
Content-Length: 0
Content-Type: application/json
Date: Sun, 26 Apr 2015 11:41:49 GMT

ubuntu@trove-book:~/api$ trove show 0ccbd8ff-a602-4a29-a02c-ea93acd79095
+-------------------+-------------------------------------+
| Property          | Value                               |
+-------------------+-------------------------------------+
| created           | 2015-04-24T11:04:34                 |
| datastore         | mysql                               |
| datastore_version | 5.6                                 |
| flavor            | 2                                   |
| id                | 0ccbd8ff-a602-4a29-a02c-ea93acd79095 |
| ip                | 10.0.0.2                            |
```

```
| name                | new-m1                                |
| status              | ACTIVE                                |
| updated             | 2015-04-26T11:41:49                   |
| volume              | 3                                     |
| volume_used         | 0.11                                  |
+-------------------+---------------------------------------+
```

注意下面两个实例已经成为被复制的实例的一部分。第 1 个实例 m3 是主副本，实例 m3-prime 是从副本。

```
ubuntu@trove-book:~/api$ trove show m3
+-------------------+---------------------------------------+
| Property          | Value                                 |
+-------------------+---------------------------------------+
| configuration     | 3226b8e6-fa38-4e23-a4e6-000b639a93d7 |
| created           | 2015-04-24T11:10:02                   |
| datastore         | mysql                                 |
| datastore_version | 5.6                                   |
| flavor            | 2                                     |
| id                | c399c99a-ee17-4048-bf8b-0ea5c36bb1cb |
| ip                | 10.0.0.4                              |
| name              | m3                                    |
| replicas          | 62154bfe-b6bc-49c9-b783-89572b96162d |
| status            | ACTIVE                                |
| updated           | 2015-04-24T11:27:40                   |
| volume            | 2                                     |
| volume_used       | 0.11                                  |
+-------------------+---------------------------------------+
ubuntu@trove-book:~/api$ trove show m3-prime
+-------------------+---------------------------------------+
| Property          | Value                                 |
+-------------------+---------------------------------------+
| created           | 2015-04-25T22:19:03                   |
| datastore         | mysql                                 |
| datastore_version | 5.6                                   |
| flavor            | 2                                     |
| id                | 62154bfe-b6bc-49c9-b783-89572b96162d |
| ip                | 10.0.0.5                              |
| name              | m3-prime                              |
```

```
| replica_of       | c399c99a-ee17-4048-bf8b-0ea5c36bb1cb |
| status           | ACTIVE                               |
| updated          | 2015-04-25T22:19:33                  |
| volume           | 2                                    |
| volume_used      | 0.12                                 |
+------------------+--------------------------------------+

ubuntu@trove-book:~/api$ cat ./detach.bash
curl -g -i -H 'Content-Type: application/json' \
-H 'X-Auth-Token: a25bc5e2893645b6b7bcd3e2604dc4da' \
-H 'Accept: application/json' \
http://192.168.117.5:8779/v1.0/70195ed77e594c63b33c5403f2e2885c/
instances/62154bfe-b6bc-
   49c9-b783-89572b96162d \
-X PATCH -d '{ "instance": {"slave_of": "" }}'
ubuntu@trove-book:~/api$ . ./detach.bash
HTTP/1.1 202 Accepted
Content-Length: 0
Content-Type: application/json
Date: Sun, 26 Apr 2015 11:49:23 GMT
```

　　调用这个 API 的结果如下所示，注意实例现在不再拥有复制点。trove detach-replica 命令会使用此 API。

```
ubuntu@trove-book:~/api$ trove show m3
+-------------------+--------------------------------------+
| Property          | Value                                |
+-------------------+--------------------------------------+
| configuration     | 3226b8e6-fa38-4e23-a4e6-000b639a93d7 |
| created           | 2015-04-24T11:10:02                  |
| datastore         | mysql                                |
| datastore_version | 5.6                                  |
| flavor            | 2                                    |
| id                | c399c99a-ee17-4048-bf8b-0ea5c36bb1cb |
| ip                | 10.0.0.4                             |
| name              | m3                                   |
| status            | ACTIVE                               |
| updated           | 2015-04-24T11:27:40                  |
| volume            | 2                                    |
| volume_used       | 0.11                                 |
```

```
+------------------+-----------------------------------+
ubuntu@trove-book:~/api$ trove show m3-prime
+------------------+-----------------------------------+
| Property         | Value                             |
+------------------+-----------------------------------+
| created          | 2015-04-25T22:19:03               |
| datastore        | mysql                             |
| datastore_version| 5.6                               |
| flavor           | 2                                 |
| id               | 62154bfe-b6bc-49c9-b783-89572b96162d |
| ip               | 10.0.0.5                          |
| name             | m3-prime                          |
| status           | ACTIVE                            |
| updated          | 2015-04-26T11:49:39               |
| volume           | 2                                 |
| volume_used      | 0.12                              |
+------------------+-----------------------------------+
```

下面的例子展示了如何将配置组附加到实例上：

```
ubuntu@trove-book:~/api$ trove configuration-show 3226b8e6-fa38-4e23-
a4e6-000b639a93d7
+---------------------+-------------------------------------------+
| Property            | Value                                     |
+---------------------+-------------------------------------------+
| created             | 2015-04-24T11:22:40                       |
| datastore_name      | mysql                                     |
| datastore_version_name | 5.6                                    |
| description         | illustrate a special configuration group  |
| id                  | 3226b8e6-fa38-4e23-a4e6-000b639a93d7      |
| instance_count      | 2                                         |
| name                | special-configuration                     |
| updated             | 2015-04-24T11:22:40                       |
| values              | {"wait_timeout": 240, "max_connections": 200} |
+---------------------+-------------------------------------------+
ubuntu@trove-book:~/api$ trove show new-m1
+------------------+-----------------------------------+
| Property         | Value                             |
+------------------+-----------------------------------+
| created          | 2015-04-24T11:04:34               |
```

```
| datastore          | mysql                                  |
| datastore_version  | 5.6                                    |
| flavor             | 2                                      |
| id                 | 0ccbd8ff-a602-4a29-a02c-ea93acd79095   |
| ip                 | 10.0.0.2                               |
| name               | new-m1                                 |
| status             | ACTIVE                                 |
| updated            | 2015-04-26T11:41:49                    |
| volume             | 3                                      |
| volume_used        | 0.11                                   |
+-------------------+----------------------------------------+
ubuntu@trove-book:~/api$ cat attach.bash
curl -g -i -H 'Content-Type: application/json' \
-H 'X-Auth-Token: ece5078f2d124b1d85286d4b5ddcb999' \
-H 'Accept: application/json' \
http://192.168.117.5:8779/v1.0/70195ed77e594c63b33c5403f2e2885c/
instances/0ccbd8ff-a602-4a29-a02c-ea93acd79095 \
    -X PATCH -d '{ "instance": {"configuration": "3226b8e6-fa38-4e23-a4e6-
000b639a93d7" }}'


ubuntu@trove-book:~/api$ . ./attach.bash
HTTP/1.1 202 Accepted
Content-Length: 0
Content-Type: application/json
Date: Sun, 26 Apr 2015 12:51:38 GMT


ubuntu@trove-book:/opt/stack/trove$ trove show new-m1
+-------------------+----------------------------------------+
| Property           | Value                                  |
+-------------------+----------------------------------------+
| configuration      | 3226b8e6-fa38-4e23-a4e6-000b639a93d7   |
| created            | 2015-04-24T11:04:34                    |
| datastore          | mysql                                  |
| datastore_version  | 5.6                                    |
| flavor             | 2                                      |
| id                 | 0ccbd8ff-a602-4a29-a02c-ea93acd79095   |
| ip                 | 10.0.0.2                               |
| name               | new-m1                                 |
| status             | ACTIVE                                 |
```

```
| updated          | 2015-04-26T13:25:13                |
| volume           | 3                                  |
| volume_used      | 0.11                               |
+------------------+------------------------------------+
```

下面的例子展示了如何通过指定 configuration_id 为 null，使用相同的 API 调用解除配置组。

```
ubuntu@trove-book:~/api$ cat ./detach-configuration.bash
curl -g -i -H 'Content-Type: application/json' \
-H 'X-Auth-Token: c0f6a0fc78604a50a1d23c19c4a0b1b0' \
-H 'Accept: application/json' \
http://192.168.117.5:8779/v1.0/70195ed77e594c63b33c5403f2e2885c/
instances/0ccbd8ff-a602-4a29-a02c-ea93acd79095 \
-X PATCH -d '{ "instance": {"configuration": null }}'

ubuntu@trove-book:~/api$ . ./detach-configuration.bash
HTTP/1.1 202 Accepted
Content-Length: 0
Content-Type: application/json
Date: Mon, 27 Apr 2015 17:07:28 GMT

ubuntu@trove-book:~/api$ trove show new-m1
+------------------+------------------------------------+
| Property         | Value                              |
+------------------+------------------------------------+
| created          | 2015-04-24T11:04:34                |
| datastore        | mysql                              |
| datastore_version | 5.6                               |
| flavor           | 2                                  |
| id               | 0ccbd8ff-a602-4a29-a02c-ea93acd79095 |
| ip               | 10.0.0.2                           |
| name             | new-m1                             |
| status           | RESTART_REQUIRED                   |
| updated          | 2015-04-27T17:07:28                |
| volume           | 3                                  |
| volume_used      | 0.11                               |
+------------------+------------------------------------+
```

注意，实例的状态显示为 RESTART_REQUIRED，为了让实例的状态重新变为 ACTIVE，你需要重启实例。

C.4.6　更新实例

标题	更新实例的配置组属性
URL	/v1.0/{tenant-id}/instances/{id}
Method	PUT
URL 参数	无
Headers	X-Auth-Token: \<token> Accept: application/json Content-Type: application/json

数据参数	GET 请求获取到实例详情字典。
	
	{
	　　　　"status": "ACTIVE",
	　　　　"volume_used": 0.12,
	　　　　"updated": "2015-04-25T22:19:33",
	　　　　"datastore_version": "5.6",
	　　　　"name": "m3-prime",
	　　　　"created": "2015-04-25T22:19:03",
	　　　　"ip": "10.0.0.5",
	　　　　"datastore": "mysql",
	　　　　"volume": 2,
	　　　　"flavor": "2",
	　　　　"id": "62154bfe-b6bc-49c9-b783-89572b96162d",
	　　　　"replica_of": "c399c99a-ee17-4048-bf8b-0ea5c36bb1cb",
	　　　　"configuration_id": "3226b8e6-fa38-4e23-a4e6-000b639a93d7"
	}

成功响应	Code: 202
注意事项	PUT 请求只更新配置组属性。 如果在数据参数中指定了 configuration_id 参数，则系统会尝试为实例附加配置组。 如果在数据参数中没有指定 configuration_id 参数，则系统会解除附加到实例上的配置组。 trove update 命令分化出了 PATCH 请求

下面的例子演示了如何使用这些命令。首先我们在一个实例（m2）上执行 GET 请求来获取它的详情信息。

```
ubuntu@trove-book:~/api$ cat ./get.bash
curl -g -i -H 'Content-Type: application/json' \
-H 'X-Auth-Token: ee9f1bece1294e07886517bd15c3a6d3' \
-H 'Accept: application/json' \
http://192.168.117.5:8779/v1.0/70195ed77e594c63b33c5403f2e2885c/
instances/822777ab-5542-4edb-aed6-73c83b0fdb8d -X GET
```

系统返回给该请求的响应结果如下：

```
ubuntu@trove-book:~/api$ . ./get.bash
HTTP/1.1 200 OK
Content-Type: application/json
Content-Length: 1097
Date: Mon, 27 Apr 2015 17:14:38 GMT
```

{"instance": {"status": "ACTIVE", "updated": "2015-04-24T11:27:24", "name": "m2", "links": [{"href": "https://192.168.117.5:8779/v1.0/70195ed7 7e594c63b33c5403f2e 2885c/instances/822777ab-5542-4edb-aed6-73c83b0fdb8d", "rel": "self"}, {"href": "https://192.168.117.5:8779/instances/822777ab-5542-4edb-aed6-73c83b0fdb8d", "rel": "bookmark"}], "created": "2015-04-24T11:07:40", "ip": ["10.0.0.3"], "id":"822777ab-5542-4edb-aed6-73c83b0fdb8d", "volume": {"used": 0.11, "size": 2}, "flavor": {"id": "2", "links": [{"href": "https://192.168.117.5:8779/v1.0/70195ed77e594c63b33c540 3f2e2885c/flavors/2", "rel": "self"}, {"href": "https://192.168.117.5:8779/flavors/2", "rel": "bookmark"}]}, **"configuration": {"id": "3226b8e6-fa38-4e23-a4e6-000b639a93d7", "links": [{"href": "https://192.168.117.5:8779/v1.0/70195ed7 7e594c63b33c5403f2e288 5c/configurations/3226b8e6-fa38-4e23-a4e6-000b639a93d7", "rel": "self"}, {"href": "https://192.168.117.5:8779/configurations/3226b8e6-fa38-4e23-a4e6-000b639a93d7", "rel": "bookmark"}], "name": "special-configuration"},** "datastore": {"version": "5.6", "type": "mysql"}}}

在上面的代码里，我们已经高亮显示了配置。为了解除配置，我们需要把配置信息中的 configuration 修改为 null。

```
ubuntu@trove-book:~/api$ cat ./put.bash
curl -g -i -H 'Content-Type: application/json' \
-H 'X-Auth-Token: ee9f1bece1294e07886517bd15c3a6d3' \
-H 'Accept: application/json' \
http://192.168.117.5:8779/v1.0/70195ed77e594c63b33c5403f2e2885c/
instances/822777ab-5542- 4edb-aed6-73c83b0fdb8d \
```

```
    -X PUT -d '{"instance": {"status": "ACTIVE", "updated": "2015-04-
24T11:27:24", "name": "m2", "links": [{"href": "https://192.168.117.5:8779/
v1.0/70195ed77e594c63b33c5403 f2e2885c/instances/822777ab-5542-4edb-
aed6-73c83b0fdb8d", "rel": "self"}, {"href": "https://192.168.117.5:8779/
instances/822777ab-5542-4edb-aed6-73c83b0fdb8d", "rel": "bookmark"}],
"created": "2015-04-24T11:07:40", "ip": ["10.0.0.3"], "id": "822777ab-
5542- 4edb-aed6-73c83b0fdb8d", "volume": {"used": 0.11, "size": 2},
"flavor": {"id": "2", "links": [{"href": "https://192.168.117.5:8779/
v1.0/70195ed77e594c63b33c5403f2e2885c/flavors/2", "rel": "self"},
{"href": "https://192.168.117.5:8779/flavors/2", "rel": "bookmark"}]},
"configuration": null, "datastore": {"version": "5.6", "type": "mysql"}}}'
```

```
    ubuntu@trove-book:~/api$ . ./put.bash
    HTTP/1.1 202 Accepted
    Content-Length: 0
    Content-Type: application/json
    Date: Mon, 27 Apr 2015 17:17:16 GMT
    ubuntu@trove-book:~/api$ trove show m2
    +------------------+------------------------------------+
    | Property         | Value                              |
    +------------------+------------------------------------+
    | created          | 2015-04-24T11:07:40                |
    | datastore        | mysql                              |
    | datastore_version| 5.6                                |
    | flavor           | 2                                  |
    | id               | 822777ab-5542-4edb-aed6-73c83b0fdb8d |
    | ip               | 10.0.0.3                           |
    | name             | m2                                 |
    | status           | RESTART_REQUIRED                   |
    | updated          | 2015-04-27T17:17:16                |
    | volume           | 2                                  |
    | volume_used      | 0.11                               |
    +------------------+------------------------------------+
```

　　PUT 请求的 API 调用只查看我们提供的配置参数，不会验证其他数据。因此，你可以仅仅通过类似下面的数据参数进行 API 调用，以达到相同的目的。

```
    '{"instance": {"configuration": null}}'
```

　　和 PATCH 请求调用一样，要注意这个操作会让实例处于 RESTART_REQUIRED 状态。

C.4.7　删除实例

标题	删除一个实例
URL	/v1.0/{tenant-id}/instances/{id}
Method	DELETE
URL 参数	无
Headers	X-Auth-Token: <token> Accept: application/json Content-Type: application/json
数据参数	无
成功响应	Code: 202
注意事项	DELETE 请求将开始处理实例的删除操作

```
ubuntu@trove-book:~/api$ trove show m3-prime
+-------------------+------------------------------------+
| Property          | Value                              |
+-------------------+------------------------------------+
| configuration     | 3226b8e6-fa38-4e23-a4e6-000b639a93d7 |
| created           | 2015-04-25T22:19:03                |
| datastore         | mysql                             |
| datastore_version | 5.6                               |
| flavor            | 2                                 |
| id                | 62154bfe-b6bc-49c9-b783-89572b96162d |
| ip                | 10.0.0.5                          |
| name              | m3-prime                          |
| status            | ACTIVE                            |
| updated           | 2015-04-26T13:34:41               |
| volume            | 2                                 |
| volume_used       | 0.12                              |
+-------------------+------------------------------------+
ubuntu@trove-book:~/api$ cat ./delete.bash
curl -g -i -H 'Content-Type: application/json' \
-H 'X-Auth-Token: ee9f1bece1294e07886517bd15c3a6d3' \
-H 'Accept: application/json' \
http://192.168.117.5:8779/v1.0/70195ed77e594c63b33c5403f2e2885c/
instances/62154bfe-b6bc-49c9-b783-89572b96162d \
  -X DELETE
```

```
ubuntu@trove-book:~/api$ . ./delete.bash
HTTP/1.1 202 Accepted
Content-Length: 0
Content-Type: application/json
Date: Mon, 27 Apr 2015 17:25:27 GMT
```

删除进程已经开始了，一段时间后实例就不存在了。

```
ubuntu@trove-book:~/api$ trove show m3-prime
+-------------------+------------------------------------+
| Property          | Value                              |
+-------------------+------------------------------------+
| created           | 2015-04-25T22:19:03                |
| datastore         | mysql                              |
| datastore_version | 5.6                                |
| flavor            | 2                                  |
| id                | 62154bfe-b6bc-49c9-b783-89572b96162d |
| ip                | 10.0.0.5                           |
| name              | m3-prime                           |
| status            | SHUTDOWN                           |
| updated           | 2015-04-27T17:25:27                |
| volume            | 2                                  |
+-------------------+------------------------------------+
ubuntu@trove-book:~/api$ trove show m3-prime
ERROR: No instance with a name or ID of 'm3-prime' exists.
```

C.4.8 备份列表

标题	列出实例的备份
URL	/v1.0/{tenant-id}/instances/{id}/backups
Method	GET
URL 参数	无
Headers	X-Auth-Token: <token> Accept: application/json Content-Type: application/json
数据参数	无
成功响应	Code: 200
注意	获取一个实例的备份列表

如下示例使用 API 调用获取备份列表：

```
ubuntu@trove-book:~/api$ cat ./get-backups.bash
curl -g -i -H 'Content-Type: application/json' \
-H 'X-Auth-Token: 179d38408bca417080b29249f845a1d1' -H 'Accept:
application/json' \
    http://192.168.117.5:8779/v1.0/70195ed77e594c63b33c5403f2e2885c/
instances/822777ab-5542-4edb-aed6-73c83b0fdb8d/backups -X GET

ubuntu@trove-book:~/api$ . ./get-backups.bash
HTTP/1.1 200 OK
Content-Type: application/json
Content-Length: 1704
Date: Mon, 27 Apr 2015 17:46:28 GMT
[...]
```

如下所示的返回的 JSON 对象已经使用 json.tool 格式化过了。这个实例有三个备份：一个名为 backup 1 的全备份，一个名为 backup 1 incr 的基于 backup 1 的增量备份，一个名为 backup 2 的备份。

```
{
    "backups": [
        {
            "created": "2015-04-27T17:45:18",
            "datastore": {
                "type": "mysql",
                "version": "5.6",
                "version_id": "b39198b7-6791-4ed2-ab27-e2b9bac3f7b1"
            },
            "description": "second full backup of m2",
            "id": "867878a8-e228-4722-b310-61bc0559e708",
            "instance_id": "822777ab-5542-4edb-aed6-73c83b0fdb8d",
            "locationRef": "http://192.168.117.5:8080/v1/AUTH_70195ed77e
594c63b33c5403f2e288
    5c/database_backups/867878a8-e228-4722-b310-61bc0559e708.xbstream.
gz.enc",
            "name": "backup 2",
            "parent_id": null,
            "size": 0.11,
```

```
                "status": "COMPLETED",
                "updated": "2015-04-27T17:45:23"
            },
            {
                "created": "2015-04-27T17:44:43",
                "datastore": {
                    "type": "mysql",
                    "version": "5.6",
                    "version_id": "b39198b7-6791-4ed2-ab27-e2b9bac3f7b1"
                },
                "description": "first incremental backup of m2",
                "id": "3498140e-5f0c-4b43-8368-80568b6d6e5d",
                "instance_id": "822777ab-5542-4edb-aed6-73c83b0fdb8d",
                "locationRef": "http://192.168.117.5:8080/v1/AUTH_70195ed77e
594c63b33c5403f2e288
    5c/database_backups/3498140e-5f0c-4b43-8368-80568b6d6e5d.xbstream.
gz.enc",
                "name": "backup 1 incr",
                "parent_id": "deb78f09-e4f5-4ebb-b0e7-4625c4f136f5",
                "size": 0.11,
                "status": "COMPLETED",
                "updated": "2015-04-27T17:44:50"
            },
            {
                "created": "2015-04-27T17:43:19",
                "datastore": {
                    "type": "mysql",
                    "version": "5.6",
                    "version_id": "b39198b7-6791-4ed2-ab27-e2b9bac3f7b1"
                },
                "description": "first full backup of m2",
                "id": "deb78f09-e4f5-4ebb-b0e7-4625c4f136f5",
                "instance_id": "822777ab-5542-4edb-aed6-73c83b0fdb8d",
                "locationRef": "http://192.168.117.5:8080/v1/
AUTH_70195ed77e594c63b33c5403
    f2e2885c/database_backups/deb78f09-e4f5-4ebb-b0e7-4625c4f136f5.xbstream.
gz.enc",
                "name": "backup 1",
                "parent_id": null,
```

```
        "size": 0.11,
        "status": "COMPLETED",
        "updated": "2015-04-27T17:43:30"
      }
    ]
  }
```

C.4.9   实例配置列表

标题	列出实例配置
URL	/v1.0/{tenant-id}/instances/{id}/configuration
Method	GET
URL 参数	无
Headers	X-Auth-Token: <token> Accept: application/json Content-Type: application/json
数据参数	无
成功响应	Code: 200
注意	获取一个实例的完整配置信息

如下所示为使用 API 调用获取实例配置列表。

```
ubuntu@trove-book:~/api$ cat get-configuration.bash
curl -g -H 'Content-Type: application/json' \
-H 'X-Auth-Token: 179d38408bca417080b29249f845a1d1' \
-H 'Accept: application/json' \
http://192.168.117.5:8779/v1.0/70195ed77e594c63b33c5403f2e2885c/
instances/822777ab-5542-4edb-aed6-73c83b0fdb8d/configuration -X GET
```

如下所示的返回的 JSON 对象已经使用 json.tool 格式化过了。

```
ubuntu@trove-book:~/api$ . ../get-configuration.bash | python -m json.tool
{
    "instance": {
        "configuration": {
            "basedir": "/usr",
            "connect_timeout": "15",
            "datadir": "/var/lib/mysql",
            "default_storage_engine": "innodb",
```

```
                "innodb_buffer_pool_size": "600M",
                "innodb_data_file_path": "ibdata1:10M:autoextend",
                "innodb_file_per_table": "1",
                "innodb_log_buffer_size": "25M",
                "innodb_log_file_size": "50M",
                "innodb_log_files_in_group": "2",
                "join_buffer_size": "1M",
                "key_buffer_size": "200M",
                "local-infile": "0",
                "max_allowed_packet": "4096K",
                "max_connections": "400",
                "max_heap_table_size": "64M",
                "max_user_connections": "400",
                "myisam-recover": "BACKUP",
                "open_files_limit": "2048",
                "pid_file": "/var/run/mysqld/mysqld.pid",
                "port": "3306",
                "query_cache_limit": "1M",
                "query_cache_size": "32M",
                "query_cache_type": "1",
                "read_buffer_size": "512K",
                "read_rnd_buffer_size": "512K",
                "server_id": "334596",
                "skip-external-locking": "1",
                "sort_buffer_size": "1M",
                "table_definition_cache": "1024",
                "table_open_cache": "1024",
                "thread_cache_size": "16",
                "thread_stack": "192K",
                "tmp_table_size": "64M",
                "tmpdir": "/var/tmp",
                "user": "mysql",
                "wait_timeout": "120"
            }
        }
    }
```

C.5　数据库类型的 API

在本节中描述了一系列数据库类型相关的 API。在 end point 的 /v1.0/{tenant-id}/ datastores 上它们都是可以访问的。

表 C-3　数据库类型相关的 API

操　作	URI	描　　述
GET	/v1.0/{tenant-id}/datastores	列出数据库类型
GET	/v1.0/{tenant_id}/datastores/{id}/versions	列出数据库类型的版本
GET	/v1.0/{tenant_id}/datastores/{did}/versions/ {vid}	显示指定版本 ID 和指定数据库类型 ID 的数据库类型
GET	/v1.0/{tenant_id}/datastores/versions/{uuid}	显示指定版本 UUID 的实例
GET	/v1.0/{tenant_id}/datastores/versions/ {version}/parameters	列出数据库类型版本的配置项
GET	/v1.0/{tenant_id}/datastores/versions/ {version}/parameters/{name}	显示数据库类型版本的配置项
GET	/v1.0/{tenant_id}/datastores/{datastore}/ versions/{id}/parameters	列出数据库类型版本的配置项
GET	/v1.0/{tenant_id}/datastores/{datastore}/ versions/{id}/parameters/{name}	显示数据库类型版本的配置项

数据库类型 API 提供了获取一些数据库类型、版本及其注册在 Trove 中的参数的信息的方法。

注意　第 2 行和第 4 行、第 5 行和第 7 行、第 6 行和第 8 行的 API 调用产生了相同的信息。不同的是第 4、5 和 6 行在 URI 中省略了数据库类型的 ID，并且隐含了版本 ID。

C.5.1　数据库类型列表

标题	列出数据库类型
URL	/v1.0/{tenant-id}/datastores
Method	GET
URL 参数	无
Headers	X-Auth-Token: <token> Accept: application/json Content-Type: application/json

数据参数	无
成功响应	Code：200
注意事项	列出租户可见的所有数据库类型

如下所示为使用 API 调用获取数据库类型列表：

```
ubuntu@trove-book:~/api$ cat ./get-datastores.bash
curl -g -i -H 'Content-Type: application/json' \
-H 'X-Auth-Token: cfc0afcccb1242709062c4f25b25060f' \
-H 'Accept: application/json' \
http://192.168.117.5:8779/v1.0/70195ed77e594c63b33c5403f2e2885c/
datastores \
-X GET
ubuntu@trove-book:~/api$ . ./get-datastores.bash
HTTP/1.1 200 OK
Content-Type: application/json
Content-Length: 2515
Date: Fri, 24 Apr 2015 11:29:52 GMT

[...]
```

输出结果如下：

```
{
    "datastores": [
        {
            "default_version": "15b7d828-49a5-4d05-af65-e974e0aca7eb",
            "id": "648d260d-c346-4145-8a2d-bbd4d78aedf6",
            "links": [...],
            "name": "mongodb",
            "versions": [
                {
                    "active": 1,
                    "id": "15b7d828-49a5-4d05-af65-e974e0aca7eb",
                    "image": "af347500-b62b-46df-8d44-6e40fd2a45c0",
                    "links": [...],
                    "name": "2.4.9",
                    "packages": "mongodb"
                }
```

```
            ]
        },
        {
            "default_version": "d51d3c44-846c-4cfe-838c-b3339e53746e",
            "id": "7f8dbd88-6b9a-4fc6-99aa-b3691d33cbac",
            "links": [...],
            "name": "percona",
            "versions": [
                {
                    "active": 1,
                    "id": "d51d3c44-846c-4cfe-838c-b3339e53746e",
                    "image": "036715fd-b140-4290-b502-1dde622e3784",
                    "links": [...],
                    "name": "5.5",
                    "packages": "percona-server-server-5.5"
                }
            ]
        },
        {
            "default_version": "b39198b7-6791-4ed2-ab27-e2b9bac3f7b1",
            "id": "a2a3b211-7b71-4a3e-b373-65b951f2587a",
            "links": [...],
            "name": "mysql",
            "versions": [
                {
                    "active": 1,
                    "id": "b39198b7-6791-4ed2-ab27-e2b9bac3f7b1",
                    "image": "3844de61-f5a6-4fb2-b0cb-2bb2004454e4",
                    "links": [...],
                    "name": "5.6",
                    "packages": "mysql-server-5.6"
                }
            ]
        }
    ]
}
```

可以看到系统中配置了三个数据库类型：MySQL、Percona 和 MongoDB。

C.5.2 数据库类型版本列表

标题	列出数据库类型版本
URL	/v1.0/{tenant-id}/datastores/{id}/versions
Method	GET
URL 参数	无
Headers	X-Auth-Token: <token> Accept: application/json Content-Type: application/json
数据参数	无
成功响应	Code: 200
注意事项	无

如下所示为使用 API 调用获取数据库类型版本列表：

```
ubuntu@trove-book:~/api$ cat ./get-datastore-versions.bash
curl -g -H 'Content-Type: application/json' \
-H 'X-Auth-Token: cfc0afcccb1242709062c4f25b25060f' \
-H 'Accept: application/json' \
http://192.168.117.5:8779/v1.0/70195ed77e594c63b33c5403f2e2885c/
datastores/648d260d-c346-4145-8a2d-bbd4d78aedf6/versions -X GET


ubuntu@trove-book:~/api$ . ./get-datastore-versions.bash | python -m
json.tool
{
    "versions": [
        {
            "active": 1,
            "datastore": "648d260d-c346-4145-8a2d-bbd4d78aedf6",
            "id": "15b7d828-49a5-4d05-af65-e974e0aca7eb",
            "image": "af347500-b62b-46df-8d44-6e40fd2a45c0",
            "links": [...],
            "name": "2.4.9",
            "packages": "mongodb"
        }
    ]
}
```

C.5.3　显示数据库类型版本（通过数据库类型和版本）

标题	显示数据库类型
URL	/v1.0/{tenant-id}/datastores/{id}/versions/{version-id}
Method	GET
URL 参数	无
Headers	X-Auth-Token: <token> Accept: application/json Content-Type: application/json
数据参数	无
成功响应	Code: 200
注意事项	显示一个指定的数据库类型。该 API 输出的结果和数据库类型列表是完全相同的。唯一的不同是该 API 只输出某个版本的信息，在输出结果字典中，该 API 输出的是 "version"，而数据库类型列表输出的是 "versions"。

如下所示为使用 API 调用获取数据库类型版本：

```
ubuntu@trove-book:~/api$ cat ./show-datastore-versions.bash
curl -g -H 'Content-Type: application/json' \
-H 'X-Auth-Token: cfc0afcccb1242709062c4f25b25060f' \
-H 'Accept: application/json' \
http://192.168.117.5:8779/v1.0/70195ed77e594c63b33c5403f2e2885c/
datastores/648d260d-c346-4145-8a2d-bbd4d78aedf6/versions/15b7d828-49a5-4d05-
af65-e974e0aca7eb -X GET


ubuntu@trove-book:~/api$ . ./show-datastore-versions.bash | python -m
json.tool
{
    "version": {
        "active": true,
        "datastore": "648d260d-c346-4145-8a2d-bbd4d78aedf6",
        "id": "15b7d828-49a5-4d05-af65-e974e0aca7eb",
        "image": "af347500-b62b-46df-8d44-6e40fd2a45c0",
        "links": [...],
        "name": "2.4.9",
        "packages": "mongodb"
    }
}
```

C.5.4　显示数据库类型版本（通过 UUID）

标题	显示数据库类型
URL	/v1.0/{tenant-id}/datastores/versions/{uuid}
Method	GET
URL 参数	无
Headers	X-Auth-Token: <token> Accept: application/json Content-Type: application/json
数据参数	无
成功响应	Code: 200
注意事项	显示指定 UUID 的数据库类型。除了 URI 中没有提供数据库类型 ID，只提供了数据库类型版本的 UUID，它的输出的信息和前面的显示数据库类型版本 API 完全一样

如下所示为使用 API 调用获取数据库类型版本：

```
ubuntu@trove-book:~/api$ cat ./show-datastore-versions-uuid.bash
curl -g -H 'Content-Type: application/json' \
-H 'X-Auth-Token: cfc0afcccb1242709062c4f25b25060f' \
-H 'Accept: application/json' \
http://192.168.117.5:8779/v1.0/70195ed77e594c63b33c5403f2e2885c/
datastores/versions/15b7d828-49a5-4d05-af65-e974e0aca7eb -X GET

ubuntu@trove-book:~/api$ . ./show-datastore-versions-uuid.bash | python
-m json.tool
    {
        "version": {
            "active": true,
            "datastore": "648d260d-c346-4145-8a2d-bbd4d78aedf6",
            "id": "15b7d828-49a5-4d05-af65-e974e0aca7eb",
            "image": "af347500-b62b-46df-8d44-6e40fd2a45c0",
            "links": [...],
            "name": "2.4.9",
            "packages": "mongodb"
        }
    }
```

C.5.5　数据库类型版本配置项列表

标题	列出数据库类型的配置项
URL	/v1.0/{tenant-id}/datastores/versions/{vid}/parameters
Method	GET
URL 参数	无
Headers	X-Auth-Token: <token> Accept: application/json Content-Type: application/json
数据参数	无
成功响应	Code: 200
注意事项	列出该数据库类型下可以使用 Trove 的配置组特性配置的所有参数。这些信息来源于和数据库类型一起配置的 validation-rules.json 文件。如果数据库类型不支持配置组，则列表将返回为空。 在该 API 的 URI 中只需提供数据库类型的版本 ID，数据库类型 ID 将会隐含在其中

如下所示为使用 API 调用获取数据库类型版本配置项：

```
ubuntu@trove-book:~/api$ cat show-datastore-versions-parameters.bash
curl -g -H 'Content-Type: application/json' \
-H 'X-Auth-Token: cfc0afcccb1242709062c4f25b25060f' \
-H 'Accept: application/json' \
http://192.168.117.5:8779/v1.0/70195ed77e594c63b33c5403f2e2885c/
datastores/versions/d51d3c44-846c-4cfe-838c-b3339e53746e/parameters -X GET


ubuntu@trove-book:~/api$ . ./show-datastore-versions-parameters.bash |
python -m json.tool
    {
        "configuration-parameters": [
            {
                "datastore_version_id": "d51d3c44-846c-4cfe-838c-
b3339e53746e",
                "max": 1,
                "min": 0,
                "name": "autocommit",
                "restart_required": false,
                "type": "integer"
            },
```

```
        {
                "datastore_version_id": "d51d3c44-846c-4cfe-838c-
b3339e53746e",
            "max": 65535,
            "min": 1,
            "name": "auto_increment_increment",
            "restart_required": false,
            "type": "integer"
        },
        {
                "datastore_version_id": "d51d3c44-846c-4cfe-838c-
b3339e53746e",
            "max": 65535,
            "min": 1,
            "name": "auto_increment_offset",
            "restart_required": false,
            "type": "integer"
        },...]
    }
```

上面的输出结果省略了部分输出，只显示了前三个配置参数。

C.5.6　显示数据库类型版本配置项

标题	显示一个指定数据库类型的配置项
URL	/v1.0/{tenant-id}/datastores/versions/{vid}/parameters/{name}
Method	GET
URL 参数	无
Headers	X-Auth-Token: <token> Accept: application/json Content-Type: application/json
数据参数	无
成功响应	Code: 200
注意事项	这些信息来源于和数据库类型一起配置的 validation-rules.json 文件。 在该 API 的 URI 中只需提供数据库类型的版本 ID，数据库类型 ID 将会隐含在其中

如下所示为使用 API 调用获取数据库类型 Percona 的 auto_increment_offset 配置项。

```
ubuntu@trove-book:~/api$ cat ./show-datastore-versions-parameter.bash
```

```
curl -g -H 'Content-Type: application/json' \
-H 'X-Auth-Token: cfc0afcccb1242709062c4f25b25060f' \
-H 'Accept: application/json' \
http://192.168.117.5:8779/v1.0/70195ed77e594c63b33c5403f2e2885c/
datastores/7f8dbd88-6b9a-4fc6-99aa-b3691d33cbac/versions/d51d3c44-846c-4cfe-
838c-b3339e53746e/parameters/auto_ increment_offset -X GET
    ubuntu@trove-book:~/api$ . ./show-datastore-versions-parameter.bash |
python -m json.tool
    {
        "datastore_version_id": "d51d3c44-846c-4cfe-838c-b3339e53746e",
        "max": 65535,
        "min": 1,
        "name": "auto_increment_offset",
        "restart_required": false,
        "type": "integer"
    }
```

C.5.7　数据库类型版本配置项列表

标题	列出数据库类型的配置项
URL	/v1.0/{tenant-id}/datastores/{id}/versions/{vid}/parameters
Method	GET
URL 参数	无
Headers	X-Auth-Token: <token> Accept: application/json Content-Type: application/json
数据参数	无
成功响应	Code: 200
注意事项	列出所有该数据库类型下可以使用 Trove 的配置组特性配置的参数。这些信息来源于和数据库类型一起配置的 validation-rules.json 文件。如果数据库类型不支持配置组，则列表将返回为空

如下所示为使用 API 调用获取数据库类型版本配置项：

```
ubuntu@trove-book:~/api$ cat show-datastore-versions-parameters.bash
curl -g -H 'Content-Type: application/json' \
-H 'X-Auth-Token: cfc0afcccb1242709062c4f25b25060f' \
-H 'Accept: application/json' \
http://192.168.117.5:8779/v1.0/70195ed77e594c63b33c5403f2e2885c/
```

```
datastores/7f8dbd88-6b9a-4fc6-99aa-b3691d33cbac/versions/d51d3c44-846c-4cfe-
838c-b3339e53746e/parameters -X GET
```

```
ubuntu@trove-book:~/api$ . show-datastore-versions-parameters.bash |
python -m json.tool
    {
        "configuration-parameters": [
            {
                "datastore_version_id": "d51d3c44-846c-4cfe-838c-b3339e53746e",
                "max": 1,
                "min": 0,
                "name": "autocommit",
                "restart_required": false,
                "type": "integer"
            },...
        ]
    }
```

这里的配置参数 autocommit 用来设置在 Percona 5.5 数据库类型中控制的事务提交。

C.5.8　显示数据库类型版本配置项

标题	显示一个指定数据库类型的配置项
URL	`/v1.0/{tenant-id}/datastores/{id}/versions/{vid}/parameters/{name}`
Method	GET
URL 参数	无

Headers	`X-Auth-Token: <token>`
	`Accept: application/json`
	`Content-Type: application/json`

数据参数	无
成功响应	Code: 200
注意事项	这些信息来源于和数据库类型一起配置的 `validation-rules.json` 文件

如下所示为使用 API 调用获取数据库类型的配置项。

```
ubuntu@trove-book:~/api$ cat ./show-datastore-versions-parameter.bash
curl -g -H 'Content-Type: application/json' \
-H 'X-Auth-Token: cfc0afcccb1242709062c4f25b25060f' \
-H 'Accept: application/json' \
```

```
    http://192.168.117.5:8779/v1.0/70195ed77e594c63b33c5403f2e2885c/
datastores/7f8dbd88-6b9a-4fc6-99aa-b3691d33cbac/versions/d51d3c44-846c-4cfe-
838c-b3339e53746e/parameters/max_user_ connections -X GET

    ubuntu@trove-book:~/api$ . ./show-datastore-versions-parameter.bash |
python -m json.tool
    {
        "datastore_version_id": "d51d3c44-846c-4cfe-838c-b3339e53746e",
        "max": 100000,
        "min": 1,
        "name": "max_user_connections",
        "restart_required": false,
        "type": "integer"
    }
```

上面的例子列出了 Percona 数据库类型中的 max_user_connections 配置参数。

C.6   实例类型 API

在本节中描述了实例类型相关的 API。在 end point/v1.0/{tenant-id}/flavors 和 /v1.0/{tenant-id}/flavors/{id} 上它们都是可以访问的。

表 C-4   实例类型相关的 API

操 作	URI	描 述
GET	/v1.0/{tenant-id}/flavors	列出实例类型
GET	/v1.0/{tenant-id}/flavors/{id}	显示实例类型

C.6.1   实例类型列表

标题	列出实例类型
URL	/v1.0/{tenant-id}/flavors
Method	GET
URL 参数	无
Headers	X-Auth-Token: <token>
	Accept: application/json
	Content-Type: application/json
数据参数	无

成功响应	Code: 200
注意事项	无

如下所示为使用 API 调用获取实例类型列表：

```
ubuntu@trove-book:~/api$ cat ./get-flavors.bash
curl -g -i -H 'Content-Type: application/json' \
-H 'X-Auth-Token: 5c63994f772940a28c6b6418eaa2db3b' \
-H 'Accept: application/json' \
-X GET \
http://192.168.117.5:8779/v1.0/70195ed77e594c63b33c5403f2e2885c/flavors

ubuntu@trove-book:~/api$ . ./get-flavors.bash
HTTP/1.1 200 OK
Content-Type: application/json
Content-Length: 1712
Date: Fri, 24 Apr 2015 13:32:35 GMT
```

{"flavors": [{"str_id": "1", "ram": 512, "id": 1, "links": [{"href": "https://192.168.117.5: 8779/v1.0/70195ed77e594c63b33c5403f2e2885c/ flavors/1", "rel": "self"}, {"href": "https://192.168.117.5:8779/ flavors/1", "rel": "bookmark"}], "name": "m1.tiny"}, {"str_id": "2", "ram": 2048, "id": 2, "links": [{"href": "https://192.168.117.5:8779/ v1.0/70195ed77e 594c63b33c5403f2e2885c/flavors/2", "rel": "self"}, {"href": "https://192.168.117.5:8779/ flavors/2", "rel": "bookmark"}], "name": "m1.small"}, {"str_id": "3", "ram": 4096, "id": 3, "links": [{"href": "https://192.168.117.5:8779/v1.0/70195ed77e594c63b33c5403f2e2 885c/flavors/3", "rel": "self"}, {"href": "https://192.168.117.5:8779/ flavors/3", "rel": "bookmark"}], "name": "m1.medium"}, {"str_id": "4", "ram": 8192, "id": 4, "links": [{"href": "https://192.168.117.5:8779/ v1.0/70195ed77e594c63b33c5403f2e2885c/flavors/4", "rel": "self"}, {"href": "https://192.168.117.5:8779/flavors/4", "rel": "bookmark"}], "name": "m1.large"}, {"str_id": "42", "ram": 64, "id": 42, "links": [{"href": "https://192.168.117.5:8779/ v1.0/70195ed77e594c63b33c5403f2 e2885c/flavors/42", "rel": "self"}, {"href": "https://192.168.117.5:8779/ flavors/42", "rel": "bookmark"}], "name": "m1.nano"}, {"str_id": "5", "ram": 16384, "id": 5, "links": [{"href": "https://192.168.117.5:8779/

v1.0/70195ed77 e594c63b33c5403f2e2885c/flavors/5", "rel": "self"}, {"href":
"https://192.168.117.5:8779/ flavors/5", "rel": "bookmark"}], "name": "m1.
xlarge"}, {"str_id": "84", "ram": 128, "id": 84, "links": [{"href":
"https://192.168.117.5:8779/v1.0/70195ed77e594c63b33c5403f2e288 5c/
flavors/84", "rel": "self"}, {"href": "https://192.168.117.5:8779/flavors/84",
"rel": "bookmark"}], "name": "m1.micro"}]}

Trove 命令行 trove flavor-list 显示的信息如下。

```
ubuntu@trove-book:~/api$ trove flavor-list
+----+-----------+-------+
| ID | Name      | RAM   |
+----+-----------+-------+
| 1  | m1.tiny   | 512   |
| 2  | m1.small  | 2048  |
| 3  | m1.medium | 4096  |
| 4  | m1.large  | 8192  |
| 5  | m1.xlarge | 16384 |
| 42 | m1.nano   | 64    |
| 84 | m1.micro  | 128   |
+----+-----------+-------+
```

C.6.2　显示实例类型

标题	显示实例类型
URL	/v1.0/{tenant-id}/flavors/{id}
Method	GET
URL 参数	无
Headers	X-Auth-Token: <token> Accept: application/json Content-Type: application/json
数据参数	无
成功响应	Code: 200
注意事项	无

如下所示为使用 API 调用获取一个实例类型的详情：

```
ubuntu@trove-book:~/api$ cat ./show-flavors.bash
```

```
curl -g -i -H 'Content-Type: application/json' \
-H 'X-Auth-Token: 5c63994f772940a28c6b6418eaa2db3b' \
-H 'Accept: application/json' \
-X GET \
http://192.168.117.5:8779/v1.0/70195ed77e594c63b33c5403f2e2885c/
flavors/84

ubuntu@trove-book:~/api$ . ../show-flavors.bash
HTTP/1.1 200 OK
Content-Type: application/json
Content-Length: 255
Date: Fri, 24 Apr 2015 13:35:19 GMT
```

```
{"flavor": {"str_id": "84", "ram": 128, "id": 84, "links": [{"href":
"https://192.168.117.5: 8779/v1.0/70195ed77e594c63b33c5403f2e2885c/
flavors/84", "rel": "self"}, {"href": "https://192.168.117.5:8779/
flavors/84", "rel": "bookmark"}], "name": "m1.micro"}}
```

C.7 限额 API

在本节中描述了限额相关的 API。该 API 提供了关联到租户的限额信息，可以通过 end point/v1.0/{tenant-id}/limits 访问该 API。

表 C-5 限额相关的 API

操　　作	URI	描　　述
GET	/v1.0/{tenant-id}/limits	列出限额

限额列表如下。

表 C-6 限额列表

标题	显示当前租户的限额信息
URL	/v1.0/{tenant-id}/limits
Method	GET
URL 参数	无
Headers	X-Auth-Token: <token> Accept: application/json Content-Type: application/json

数据参数	无
成功响应	Code：200
注意事项	该调用获得绝对限额（配合）及对 Trove API 的调用频率限制

如下所示为使用 API 调用获取限额列表：

```
ubuntu@trove-book:~/api$ cat get-limits.bash
curl -g -i -H 'Content-Type: application/json' \
-H 'X-Auth-Token: 675ca8e416514704a6e6319322bf7a05' \
-H 'Accept: application/json' \
-X GET \
http://192.168.117.5:8779/v1.0/70195ed77e594c63b33c5403f2e2885c/limits
ubuntu@trove-book:~/api$ . ./get-limits.bash
HTTP/1.1 200 OK
Content-Type: application/json
Content-Length: 781
Date: Fri, 24 Apr 2015 13:45:58 GMT
```

```
{"limits": [{"max_backups": 50, "verb": "ABSOLUTE", "max_volumes": 20,
"max_instances": 5}, {"regex": ".*", "nextAvailable": "2015-04-24T13:45:58Z",
"uri": "*", "value": 200, "verb": "POST", "remaining": 200, "unit":
"MINUTE"}, {"regex": ".*", "nextAvailable": "2015-04-24T13:45:58Z", "uri":
"*", "value": 200, "verb": "PUT", "remaining": 200, "unit": "MINUTE"},
{"regex": ".*", "nextAvailable": "2015-04-24T11:06:10Z", "uri": "*",
"value": 200, "verb": "DELETE", "remaining": 199, "unit": "MINUTE"},
{"regex": ".*", "nextAvailable": "2015-04-24T13:45:58Z", "uri": "*",
"value": 200, "verb": "GET", "remaining": 199, "unit": "MINUTE"}, {"regex":
"^/mgmt", "nextAvailable": "2015-04-24T13:45:58Z", "uri": "*/mgmt", "value":
200, "verb": "POST", "remaining": 200, "unit": "MINUTE"}]}
```

C.8　备份 API

在本节中描述了备份相关的 API。该 API 提供了关联到租户的限额信息，可以通过
end point/v1.0/{tenant-id}/backups 访问这些 API。

表 C-7　备份相关的 API

操　　作	URI	描　　述
GET	/v1.0/{tenant-id}/backups	列出备份
GET	/v1.0/{tenant-id}/backups/{id}	显示指定备份的详情
POST	/v1.0/{tenant-id}/backups	创建备份
DELETE	/v1.0/{tenant-id}/backups/{id}	删除备份

C.8.1　备份列表

标题	显示当前租户的限额信息
URL	/v1.0/{tenant-id}/backups
Method	GET
URL 参数	无
Headers	X-Auth-Token: <token> Accept: application/json Content-Type: application/json
数据参数	无
成功响应	Code: 200
注意事项	无

如下所示为使用 API 调用获取该租户所有可见的备份：

```
ubuntu@trove-book:~/api$ cat ./backup-list.bash
curl -g -i -H 'Content-Type: application/json' \
-H 'X-Auth-Token: 9e63fe4c76b6430190c4567f51420fd7' \
-H 'Accept: application/json' \
-X GET \
http://192.168.117.5:8779/v1.0/70195ed77e594c63b33c5403f2e2885c/backups

ubuntu@trove-book:~/api$ . ./backup-list.bash
HTTP/1.1 200 OK
Content-Type: application/json
Content-Length: 540
Date: Fri, 24 Apr 2015 13:48:57 GMT
```

{"backups": [{"status": "COMPLETED", "updated": "2015-04-24T13:47:44", "description": "backup 1", "datastore": {"version": "5.6", "type": "mysql", "version_id": "b39198b7-6791-4ed2-ab27-e2b9bac3f7b1"}, "id": "8b2c43ce-9e12-40ee-b277-05a77917404e", "size": 0.11, "name": "b1", "created": "2015-04-24T13:47:35", "instance_id": "582b4c38-8c6b-4025-9d1e-37b4aa50b25a", "parent_id": null, "locationRef": "http://192.168.117.5:8080/v1/AUTH_701 95ed77e594c63b33c5403f2e2885c/database_backups/8b2c43ce-9e12-40ee-b277-05a77917404e.xbstream.gz.enc"}]}

C.8.2　显示备份

标题	显示一个备份的详情
URL	/v1.0/{tenant-id}/backups/{id}
Method	GET
URL 参数	无
Headers	X-Auth-Token: <token> Accept: application/json Content-Type: application/json
数据参数	无
成功响应	Code: 200
注意事项	无

如下所示为使用 API 调用获取一个备份的详情：

```
ubuntu@trove-book:~/api$ cat ./backup-show.bash
curl -g -i -H 'Content-Type: application/json' \
-H 'X-Auth-Token: 9e63fe4c76b6430190c4567f51420fd7' \
-H 'Accept: application/json' \
-X GET \
http://192.168.117.5:8779/v1.0/70195ed77e594c63b33c5403f2e2885c/
backups/8b2c43ce-9e12-40ee-b277-05a77917404e

ubuntu@trove-book:~/api$ . ./backup-show.bash
HTTP/1.1 200 OK
Content-Type: application/json
Content-Length: 537
Date: Fri, 24 Apr 2015 13:51:02 GMT
```

    {"backup": {"status": "COMPLETED", "updated": "2015-04-24T13:47:44", "description": "backup 1", "datastore": {"version": "5.6", "type": "mysql", "version_id": "b39198b7-6791-4ed2-ab27-e2b9bac3f7b1"}, "id": "8b2c43ce-9e12-40ee-b277-05a77917404e", "size": 0.11, "name": "b1", "created": "2015-04-24T13:47:35", "instance_id": "582b4c38-8c6b-4025-9d1e-37b4aa50b25a", "parent_id": null, "locationRef": "http://192.168.117.5:8080/v1/AUTH_701 95ed77e594c63b33c5403f2e2885c/database_backups/8b2c43ce-9e12-40ee-b277-05a77917404e.xbstream.gz.enc"}}

C.8.3　创建备份

标题	创建一个备份
URL	/v1.0/{tenant-id}/backups
Method	POST
URL 参数	无
Headers	X-Auth-Token: <token> Accept: application/json Content-Type: application/json

数据参数	<pre>{
	    "backup": {
	        "type": "object",
	        "required": ["instance", "name"],
	        "properties": {
	            "description": non_empty_string,
	            "instance": uuid,
	            "name": non_empty_string,
	            "parent_id": uuid
	        }
	    }
	}</pre>

成功响应	Code: 202
注意事项	parent_id 参数是一个已经存在的备份 ID。如果指定了该参数，则表示要请求创建一个增量备份。 备份由数据参数 instance 指定的实例生成

如下所示为使用 API 调用创建一个备份：

```
ubuntu@trove-book:~/api$ trove show m3
+------------------+------------------------------------------+
| Property         | Value                                    |
+------------------+------------------------------------------+
| created          | 2015-04-24T13:43:02                      |
| datastore        | mysql                                    |
| datastore_version| 5.6                                      |
| flavor           | 2                                        |
| id               | 582b4c38-8c6b-4025-9d1e-37b4aa50b25a     |
| ip               | 10.0.0.2                                 |
| name             | m3                                       |
| status           | ACTIVE                                   |
| updated          | 2015-04-24T13:43:08                      |
| volume           | 2                                        |
| volume_used      | 0.11                                     |
+------------------+------------------------------------------+
ubuntu@trove-book:~/api$ cat ./backup-create.bash
curl -g -i -H 'Content-Type: application/json' \
-H 'X-Auth-Token: 9e63fe4c76b6430190c4567f51420fd7' \
-H 'Accept: application/json' \
-X POST \
http://192.168.117.5:8779/v1.0/70195ed77e594c63b33c5403f2e2885c/backups \
-d '{ "backup": { "description": "third backup", "instance": "582b4c38-
8c6b-4025-9d1e- 37b4aa50b25a", "name": "b3", "parent_id": "abdf7b3c-f974-
4669-a1fc-db0852fd4b4b" }}'

ubuntu@trove-book:~/api$ . ./backup-create.bash
HTTP/1.1 202 Accepted
Content-Type: application/json
Content-Length: 435
Date: Fri, 24 Apr 2015 14:03:46 GMT

{"backup": {"status": "NEW", "updated": "2015-04-24T14:03:46",
"description": "third backup", "datastore": {"version": "5.6", "type":
"mysql", "version_id": "b39198b7-6791- 4ed2-ab27-e2b9bac3f7b1"}, "id":
"57dc5726-75c6-400b-b8d0-3a5e54219db4", "size": null, "name": "b3",
"created": "2015-04-24T14:03:46", "instance_id": "582b4c38-8c6b-4025-
```

```
9d1e-37b4aa50b25a", "parent_id": "abdf7b3c-f974-4669-a1fc-db0852fd4b4b",
"locationRef": null}}
```

在一段时间后，你可以确认这个增量备份的请求（注意 parent_id 参数）已经完成了。

C.8.4　删除备份

标题	删除一个备份
URL	/v1.0/{tenant-id}/backups/{id}
Method	POST
URL 参数	无
Headers	X-Auth-Token: <token> Accept: application/json Content-Type: application/json
数据参数	无
成功响应	Code: 202
注意事项	如果你删除的备份是其他备份的父节点，则系统将删除它的所有子节点

如下所示为使用 API 调用删除一个备份：

```
ubuntu@trove-book:~/api$ cat ./backup-delete.bash
curl -g -i -H 'Content-Type: application/json' \
-H 'X-Auth-Token: 9e63fe4c76b6430190c4567f51420fd7' \
-H 'Accept: application/json' \
-X DELETE \
http://192.168.117.5:8779/v1.0/70195ed77e594c63b33c5403f2e2885c/
backups/8b2c43ce-9e12-40eeb277-05a77917404e

ubuntu@trove-book:~/api$ . ../backup-delete.bash
HTTP/1.1 202 Accepted
Content-Length: 0
Content-Type: application/json
Date: Fri, 24 Apr 2015 14:08:41 GMT
```

C.9 数据库扩展 API

Trove 提供了扩展 API，支持一些类似创建数据库和用户的功能。扩展 API 还可以用来控制在一个数据库上对数据库超级用户的访问。

表 C-8 扩展 API

操　作	URI	描　述
GET	/v1.0/{tenant-id}/instance/{id}/root	获取 root 用户的启用状态
POST	/v1.0/{tenant-id}/instance/{id}/root	启用数据库超级用户
GET	/v1.0/{tenant-id}/instance/{id}/databases	获取数据库列表
POST	/v1.0/{tenant-id}/instance/{id}/databases	创建数据库
DELETE	/v1.0/{tenant-id}/instance/{id}/databases/{name}	删除数据库
GET	/v1.0/{tenant-id}/instance/{id}/users	获取用户列表
POST	/v1.0/{tenant-id}/instance/{id}/users	创建用户
DELETE	/v1.0/{tenant-id}/instance/{id}/users/{name}	删除用户
GET	/v1.0/{tenant-id}/instance/{id}/users/{name}	展示用户信息
GET	/v1.0/{tenant-id}/instance/{id}/users/{name}/databases	获取用户可访问的数据库
POST	/v1.0/{tenant-id}/instance/{id}/users/{name}/databases	授权用户对数据库的访问
DELETE	/v1.0/{tenant-id}/instance/{id}/users/{name}/databases	取消用户对数据库的访问

C.9.1 获取 root 用户的激活状态

标题	获取实例中超级用户的状态
URL	/v1.0/{tenant-id}/instances/{instance}/root
Method	GET
URL 参数	无

Headers	X-Auth-Token: <token> Accept: application/json Content-Type: application/json
数据参数	无
成功响应	Code: 200 {"rootEnabled": boolean}
注意事项	响应结果展示了实例的超级用户是否启用

如下所示为使用 API 调用获取 root 用户的启用状态：

```
ubuntu@trove-book:~/api$ cat ./get-root.bash
curl -g -i -H 'Content-Type: application/json' \
-H "X-Auth-Token: $(./get-token.py)" \
-H 'Accept: application/json' \
-X GET \
http://192.168.117.5:8779/v1.0/$(./get-tenant.py)/instances/2bb174c4-
1272-42dc-b86ebd4370dcc85a/root
ubuntu@trove-book:~/api$ . ./get-root.bash
HTTP/1.1 200 OK
Content-Type: application/json
Content-Length: 22
Date: Sat, 25 Apr 2015 00:40:27 GMT

{"rootEnabled": false}
```

C.9.2　启用 root

标题	启用一个实例上的超级用户
URL	/v1.0/{tenant-id}/instances/{instance}/root
Method	POST
URL 参数	无
Headers	X-Auth-Token: <token> Accept: application/json Content-Type: application/json

数据参数	无

成功响应	<pre>Code: 200
	{
	　　"user": {
	　　　　"password": non-empty-string,
	　　　　"name": non-empty-string
	　　}
	}</pre>

注意事项	无

如下所示为使用 API 调用在一个 guest 实例中启用 root 用户：

```
ubuntu@trove-book:~/api$ cat ./enable-root.bash
curl -g -i -H 'Content-Type: application/json' \
-H "X-Auth-Token: $(./get-token.py)" \
-H 'Accept: application/json' \
-X POST \
http://192.168.117.5:8779/v1.0/$(./get-tenant.py)/instances/2bb174c4-
1272-42dc-b86ebd4370dcc85a/root

ubuntu@trove-book:~/api$ . ./enable-root.bash
HTTP/1.1 200 OK
Content-Type: application/json
Content-Length: 78
Date: Sat, 25 Apr 2015 00:43:20 GMT

{"user": {"password": "TGv4k2hah9UTyRwsWEuuPaF4FsJvccsxxcbu", "name":
"root"}}
```

C.9.3　数据库列表

标题	启用一个实例上的超级用户
URL	/v1.0/{tenant-id}/instances/{instance}/root
Method	POST
URL 参数	无

Headers	X-Auth-Token: <token>\nAccept: application/json\nContent-Type: application/json
数据参数	无

成功响应	Code: 200
	{
	    "databases": [
	        {
	            "name": non-empty-string
	        },...
	    ]
	}

注意事项	无

如下所示为使用 API 调用获取一个实例上的数据库列表：

```
ubuntu@trove-book:~/api$ cat ./get-databases.bash
curl -g -i -H 'Content-Type: application/json' \
-H "X-Auth-Token: $(./get-token.py)" \
-H 'Accept: application/json' \
-X GET \
http://192.168.117.5:8779/v1.0/$(./get-tenant.py)/instances/2bb174c4-
1272-42dc-b86ebd4370dcc85a/databases

ubuntu@trove-book:~/api$ . ./get-databases.bash
HTTP/1.1 200 OK
Content-Type: application/json
Content-Length: 47
Date: Sat, 25 Apr 2015 00:47:07 GMT

{"databases": [{"name": "performance:schema"}]}
```

C.9.4　创建数据库

标题	在实例上创建一个数据库
URL	/v1.0/{tenant-id}/instances/{instance}/databases
Method	POST
URL 参数	无

Headers	X-Auth-Token: <token> Accept: application/json Content-Type: application/json

数据参数	{
	　　"databases": [
	　　　　{
	　　　　　　"name": non-empty-string,
	　　　　　　"character_set": non-empty-string,
	　　　　　　"collate": non-empty-string
	　　　　},...
	　　]
	}

成功响应	Code: 202
注意事项	无

如下所示为使用 API 调用在一个实例上创建数据库：

```
ubuntu@trove-book:~/api$ cat ./create-database.bash
curl -g -i -H 'Content-Type: application/json' \
-H "X-Auth-Token: $(./get-token.py)" \
-H 'Accept: application/json' \
-X POST \
http://192.168.117.5:8779/v1.0/$(./get-tenant.py)/instances/2bb174c4-
1272-42dc-b86ebd4370dcc85a/databases \
-d '{"databases": [{ "name": "db1"}, {"name": "db2", "character_set":
"utf8", "collate": "utf8_general_ci"}]}'

ubuntu@trove-book:~/api$ . ./create-database.bash
HTTP/1.1 202 Accepted
Content-Length: 0
Content-Type: application/json
Date: Sat, 25 Apr 2015 01:00:56 GMT
```

C.9.5　删除数据库

标题	删除实例上的数据库
URL	/v1.0/{tenant-id}/instances/{instance}/databases/{name}
Method	DELETE
URL 参数	无
Headers	X-Auth-Token: <token> Accept: application/json Content-Type: application/json
数据参数	无
成功响应	Code: 202
注意事项	无

如下所示为使用 API 调用删除一个实例上的数据库：

```
ubuntu@trove-book:~/api$ cat ./delete-database.bash
curl -g -i -H 'Content-Type: application/json' \
-H "X-Auth-Token: $(./get-token.py)" \
-H 'Accept: application/json' \
-X DELETE \
http://192.168.117.5:8779/v1.0/$(./get-tenant.py)/instances/2bb174c4-
1272-42dc-b86ebd4370dcc85a/databases/db1

curl -g -i -H 'Content-Type: application/json' \
-H "X-Auth-Token: $(./get-token.py)" \
-H 'Accept: application/json' \
-X DELETE \
http://192.168.117.5:8779/v1.0/$(./get-tenant.py)/instances/2bb174c4-
1272-42dc-b86ebd4370dcc85a/databases/db2

ubuntu@trove-book:~/api$ . ../delete-database.bash
HTTP/1.1 202 Accepted
Content-Length: 0
Content-Type: application/json
Date: Sat, 25 Apr 2015 01:02:33 GMT
HTTP/1.1 202 Accepted
Content-Length: 0
```

```
Content-Type: application/json
Date: Sat, 25 Apr 2015 01:02:34 GMT
```

C.9.6 创建用户

标题	创建数据库用户并授权任意数据库的访问权限
URL	/v1.0/{tenant-id}/instances/{instance}/users
Method	POST
URL 参数	无
Headers	X-Auth-Token: <token> Accept: application/json Content-Type: application/json

数据参数	```users_list={
	    "type": "array",
	    "minItems": 0,
	    "items": {
	        "type": "object",
	        "required": ["name", "password"],
	        "additionalProperties": True,
	        "properties": {
	            "name": name_string,
	            "password": non_empty_string,
	            "host": host_string,
	            "databases": databases_ref_list
	        }
	    }
	}
	host_string={
	    "type": "string",
	    "minLength": 1,
	    "pattern": "^[%]?[\w(-).]*[%]?$"
	}
	name_string={
	    "type": "string",
	    "minLength": 1,
	    "maxLength": 16,
	    "pattern": "^.*[0-9a-zA-Z]+.*$"
	}
	    "items": {
	        "type": "object",```

数据参数	```
	        "required": ["name"],
	        "additionalProperties": True,
	        "properties": {
	            "name": non_empty_string
	        }
	    }
	}
	``

成功响应	Code: 202
注意事项	无

如下所示为使用 API 调用在一个实例上创建用户：

```
ubuntu@trove-book:~/api$ cat ./user-create.bash
curl -g -i -H 'Content-Type: application/json' \
-H "X-Auth-Token: $(./get-token.py)" \
-H 'Accept: application/json' \
-X POST \
http://192.168.117.5:8779/v1.0/$(./get-tenant.py)/instances/e0242146-
ee25-4e3d-ac41-01e0742fa066/users \
    -d '{"users": [{"name": "user1", "password": "password", "host": "%",
"databases": [ {"name": "db1"}, {"name": "db2"}]}]}'

ubuntu@trove-book:~/api$ . ./user-create.bash
HTTP/1.1 202 Accepted
Content-Length: 0
Content-Type: application/json
Date: Sat, 25 Apr 2015 03:54:30 GMT

ubuntu@trove-book:~/api$ trove user-list m4
+-------+------+-----------+
| Name  | Host | Databases |
+-------+------+-----------+
| user1 | %    | db1, db2  |
+-------+------+-----------+
```

C.9.7　用户列表

标题	获取实例上的用户列表并显示数据库和主机的权限
URL	/v1.0/{tenant-id}/instances/{instance}/users
Method	GET
URL 参数	无
Headers	X-Auth-Token: <token> Accept: application/json Content-Type: application/json
数据参数	无
成功响应	Code: 200
注意事项	无

如下所示为使用 API 调用获取一个实例上的用户列表：

```
ubuntu@trove-book:~/api$ more user-list.bash
curl -g -i -H 'Content-Type: application/json' \
-H "X-Auth-Token: $(./get-token.py)" \
-H 'Accept: application/json' \
-X GET \
http://192.168.117.5:8779/v1.0/$(./get-tenant.py)/instances/e0242146-
ee25-4e3d-ac41-01e0742fa06 6/users

ubuntu@trove-book:~/api$ . ./user-list.bash
HTTP/1.1 200 OK
Content-Type: application/json
Content-Length: 92
Date: Sat, 25 Apr 2015 04:06:44 GMT

{"users": [{"host": "%", "name": "user1", "databases": [{"name": "db1"},
{"name": "db2"}]}]}
```

C.9.8 查看用户的权限

标题	展示指定用户的信息并显示数据库和主机权限
URL	/v1.0/{tenant-id}/instances/{instance}/users/{name}
Method	GET
URL 参数	无
Headers	X-Auth-Token: <token> Accept: application/json Content-Type: application/json
数据参数	无
成功响应	Code: 200
注意事项	无

如下所示为使用 API 调用获取一个实例上指定用户的信息：

```
ubuntu@trove-book:~/api$ cat ./user-show.bash
curl -g -i -H 'Content-Type: application/json' \
-H "X-Auth-Token: $(./get-token.py)" \
-H 'Accept: application/json' \
-X GET \
http://192.168.117.5:8779/v1.0/$(./get-tenant.py)/instances/e0242146-
ee25-4e3d-ac41-01e0742fa066/users/user1

ubuntu@trove-book:~/api$ . ./user-show.bash
HTTP/1.1 200 OK
Content-Type: application/json
Content-Length: 89
Date: Sat, 25 Apr 2015 04:08:35 GMT


{"user": {"host": "%", "name": "user1", "databases": [{"name": "db1"},
{"name": "db2"}]}}
```

C.9.9　删除用户

标题	删除一个数据库用户
URL	/v1.0/{tenant-id}/instances/{instance}/users/{name}
Method	DELETE
URL 参数	无
Headers	X-Auth-Token: <token> Accept: application/json Content-Type: application/json
数据参数	无
成功响应	Code：202
注意事项	无

如下所示为使用 API 调用删除一个数据库上的用户：

```
ubuntu@trove-book:~/api$ cat ./user-delete.bash
curl -g -i -H 'Content-Type: application/json' \
-H "X-Auth-Token: $(./get-token.py)" \
-H 'Accept: application/json' \
-X DELETE \
http://192.168.117.5:8779/v1.0/$(./get-tenant.py)/instances/e0242146-
ee25-4e3d-ac41-01e0742fa066/users/user1

ubuntu@trove-book:~/api$ . ./user-delete.bash
HTTP/1.1 202 Accepted
Content-Length: 0
Content-Type: application/json
Date: Sat, 25 Apr 2015 04:12:51 GMT
```

C.9.10　用户访问授权

标题	授权给用户指定数据库的访问权限
URL	/v1.0/{tenant-id}/instances/{instance}/users/{name}/databases
Method	PUT
URL 参数	无

Headers	X-Auth-Token: <token>
	Accept: application/json
	Content-Type: application/json
数据参数	``` { "databases": databases_ref_list } databases_ref_list={ "type": "array", "minItems": 0, "uniqueItems": True, "items": { "type": "object", "required": ["name"], "additionalProperties": True, "properties": { "name": non_empty_string } } } ```
成功响应	Code: 202
注意事项	无

如下所示为使用 API 调用让授权的用户访问指定的数据库：

```
ubuntu@trove-book:~/api$ cat ./user-grant-access.bash
curl -g -i -H 'Content-Type: application/json' \
-H "X-Auth-Token: $(./get-token.py)" \
-H 'Accept: application/json' \
-X PUT \
http://192.168.117.5:8779/v1.0/$(./get-tenant.py)/instances/e0242146-
ee25-4e3d-ac41-01e0742fa066/users/user1/databases \
-d '{"databases": [ {"name": "db3"}]}'

ubuntu@trove-book:~/api$ trove user-list m4
+-------+------+-----------+
```

```
| Name  | Host | Databases |
+-------+------+-----------+
| user1 | %    | db1, db2  |
+-------+------+-----------+
ubuntu@trove-book:~/api$ . ./user-grant-access.bash
HTTP/1.1 202 Accepted
Content-Length: 0
Content-Type: application/json
Date: Sat, 25 Apr 2015 04:29:19 GMT

ubuntu@trove-book:~/api$ trove user-list m4
+-------+------+---------------+
| Name  | Host | Databases     |
+-------+------+---------------+
| user1 | %    | db1, db2, db3 |
+-------+------+---------------+
```

C.9.11　显示用户的访问权限

标题	显示用户可访问的数据库
URL	/v1.0/{tenant-id}/instances/{instance}/users/{name}/databases
Method	GET
URL 参数	无
Headers	X-Auth-Token: <token> Accept: application/json Content-Type: application/json
数据参数	无
成功响应	Code: 200
注意事项	无

如下所示为使用 API 调用显示用户的访问权限：

```
ubuntu@trove-book:~/api$ cat ./user-show-access.bash
curl -g -i -H 'Content-Type: application/json' \
-H "X-Auth-Token: $(./get-token.py)" \
-H 'Accept: application/json' \
-X GET \
```

```
http://192.168.117.5:8779/v1.0/$(./get-tenant.py)/instances/e0242146-
ee25-4e3d-ac41-01e0742fa066/users/user1/databases
ubuntu@trove-book:~/api$ . ./user-show-access.bash
HTTP/1.1 200 OK
Content-Type: application/json
Content-Length: 66
Date: Sat, 25 Apr 2015 04:32:07 GMT

{"databases": [{"name": "db1"}, {"name": "db2"}, {"name": "db3"}]}
```

C.9.12 解除用户的访问权限

标题	显示用户可访问的数据库
URL	/v1.0/{tenant-id}/instances/{instance}/users/{user-name}/databases/{db-name}
Method	DELETE
URL 参数	无
Headers	X-Auth-Token: <token> Accept: application/json Content-Type: application/json
数据参数	无
成功响应	Code: 202
注意事项	无

如下所示为使用 API 调用显示用户的访问权限：

```
ubuntu@trove-book:~/api$ cat ./user-delete-access.bash
curl -g -i -H 'Content-Type: application/json' \
-H "X-Auth-Token: $(./get-token.py)" \
-H 'Accept: application/json' \
-X DELETE \
http://192.168.117.5:8779/v1.0/$(./get-tenant.py)/instances/e0242146-
ee25-4e3d-ac41-01e0742fa066/users/user1/databases/db2

ubuntu@trove-book:~/api$ trove user-list m4
+-------+------+---------------+
| Name  | Host | Databases     |
```

```
+-------+------+--------------+
| user1 | %    | db1, db2, db3 |
+-------+------+--------------+
ubuntu@trove-book:~/api$ . ./user-delete-access.bash
HTTP/1.1 202 Accepted
Content-Length: 0
Content-Type: application/json
Date: Sat, 25 Apr 2015 04:34:28 GMT

ubuntu@trove-book:~/api$ trove user-list m4
+-------+------+-----------+
| Name  | Host | Databases |
+-------+------+-----------+
| user1 | %    | db1, db3  |
+-------+------+-----------+
```

C.10　集群 API

本节描述了 Trove 的集群 API。Trove 通过这些 API 提供了管理数据库实例集群的功能。数据库集群技术用于提高数据库的性能，使数据库具备弹性伸缩能力。Trove 目前支持 MongoDB 和 Vertica 集群。

表 C-9　集群相关的 API

操　作	URI	描　述
GET	/{tenant-id}/clusters	集群列表
GET	/{tenant-id}/clusters/{id}	显示集群详情
POST	/{tenant-id}/clusters	创建集群
DELETE	/{tenant-id}/clusters/{id}	删除集群

C.11　集群列表

标题	列出数据库集群
URL	/{tenant-id}/clusters
Method	GET

355

URL 参数	无
Headers	X-Auth-Token: <token> Accept: application/json Content-Type: application/json
数据参数	无
成功响应	Code: 202
注意事项	无

如下所示为使用 API 调用显示集群列表：

```
GET /v1.0/70195ed77e594c63b33c5403f2e2885c/cluster
```

```
{
    "cluster": {
        "created": "2015-04-24T11:36:11",
        "datastore": {
            "type": "mongodb",
            "version": "2.4.9"
        },
        "id": "b06473c0-7509-4e6a-a15f-4456cb817104",
        "instances": [
            {
                "id": "6eead1b5-3801-4d47-802e-fea7e9be6639",
                "links": [...],
                "name": "mongo1-rs1-2",
                "shard_id": "c1bea1ee-d510-4d70-b0e4-815f5a682f34",
                "type": "member"
            },
            {
                "id": "86d7f7f8-fdd0-4f85-86a7-1fe4abd704cd",
                "links": [...],
                "name": "mongo1-rs1-3",
                "shard_id": "c1bea1ee-d510-4d70-b0e4-815f5a682f34",
                "type": "member"
            },
```

```
        {
            "id": "c5cbff7f-c306-4ba5-9bf0-a6ad49a1b4d0",
            "links": [...],
            "name": "mongo1-rs1-1",
            "shard_id": "c1bea1ee-d510-4d70-b0e4-815f5a682f34",
            "type": "member"
        }
    ],
    "links": [...],
    "name": "mongo1",
    "task": {
        "description": "Building the initial cluster.",
        "id": 2,
        "name": "BUILDING"
    },
    "updated": "2015-04-24T11:36:11"
    }
}
```

C.11.1　集群详情

标题	显示集群详情
URL	/{tenant-id}/clusters/{id}
Method	GET
URL 参数	无
Headers	X-Auth-Token: <token> Accept: application/json Content-Type: application/json
数据参数	无
成功响应	Code: 202
注意事项	无

如下所示为使用 API 调用显示集群详情：

```
GET /v1.0/70195ed77e594c63b33c5403f2e2885c/clusters/b06473c0-7509-4e6a-
a15f-4456cb817104
```

```json
{
    "cluster": {
        "created": "2015-04-24T11:36:11",
        "datastore": {
            "type": "mongodb",
            "version": "2.4.9"
        },
        "id": "b06473c0-7509-4e6a-a15f-4456cb817104",
        "instances": [
            {
                "flavor": {
                    "id": "10",
                    "links": [...]
                },
                "id": "6eead1b5-3801-4d47-802e-fea7e9be6639",
                "ip": [
                    "10.0.0.5"
                ],
                "links": [...],
                "name": "mongo1-rs1-2",
                "shard_id": "c1bea1ee-d510-4d70-b0e4-815f5a682f34",
                "status": "BUILD",
                "type": "member",
                "volume": {
                    "size": 2
                }
            },
            {
                "flavor": {
                    "id": "10",
                    "links": [...],
                    "links": [...],
                    "name": "mongo1-rs1-3",
                    "shard_id": "c1bea1ee-d510-4d70-b0e4-815f5a682f34",
                    "status": "BUILD",
                    "type": "member",
                    "volume": {
                        "size": 2
```

```
                    }
                },
                {
                    "flavor": {
                        "id": "10",
                        "links": [...]
                    },
                    "id": "c5cbff7f-c306-4ba5-9bf0-a6ad49a1b4d0",
                    "ip": [
                        "10.0.0.2"
                    ],
                    "links": [...],
                    "name": "mongo1-rs1-1",
                    "shard_id": "c1bea1ee-d510-4d70-b0e4-815f5a682f34",
                    "status": "BUILD",
                    "type": "member",
                    "volume": {
                        "size": 2
                    }
                }
            ],
            "ip": [
                "10.0.0.6"
            ],
            "links": [...],
            "name": "mongo1",
            "task": {
                "description": "Building the initial cluster.",
                "id": 2,
                "name": "BUILDING"
            },
            "updated": "2015-04-24T11:36:11"
        }
    }
```

C.11.2 创建集群

标题	创建一个集群
URL	/{tenant-id}/clusters

Method	POST
URL 参数	无
Headers	X-Auth-Token: <token> Accept: application/json Content-Type: application/json
数据参数	<pre>{
"type": "object",
"required": ["cluster"],
"additionalProperties": True,
"properties": {
"cluster": {
"type": "object",
"required": ["name", "datastore", "instances"],
"additionalProperties": True,
"properties": {
"name": non_empty_string,
"datastore": {
"type": "object",
"required": ["type", "version"],
"additionalProperties": True,
"properties": {
"type": non_empty_string,
"version": non_empty_string
}
},
"instances": {
"type": "array",
"items": {
"type": "object",
"required": ["flavorRef"],
"additionalProperties": True,
"properties": {
"flavorRef": flavorref,
"volume": volume
}
}
}
}
}
}
}</pre>
成功响应	Code: 202
注意事项	无

创建集群 API 被用来创建一个如下所示的数据库集群实例。

在 MongoDB 中，API 假设要创建一个分片，并且指定的实力将被作为该分片的副本集使用。下面的数据参数将创建一个三节点的副本集，每个节点是一个类型为 10 的实例，并拥有一块 2GB 的数据卷。集群名为"mongo1"。

```
'{"cluster": {"instances": [{"volume": {"size": "2"}, "flavorRef":
"10"}, {"volume": {"size": "2"}, "flavorRef": "10"}, {"volume": {"size":
"2"}, "flavorRef": "10"}], "datastore": {"version": "2.4.9", "type":
"mongodb"}, "name": "mongo1"}}
```

系统对请求返回如下响应：

```
{
    "cluster": {
        "created": "2015-04-24T11:36:11",
        "datastore": {
            "type": "mongodb",
            "version": "2.4.9"
        },
        "id": "b06473c0-7509-4e6a-a15f-4456cb817104",
        "instances": [
            {
                "id": "6eead1b5-3801-4d47-802e-fea7e9be6639",
                "links": [...],
                "name": "mongo1-rs1-2",
                "shard_id": "c1bea1ee-d510-4d70-b0e4-815f5a682f34",
                "type": "member"
            },
            {
                "id": "86d7f7f8-fdd0-4f85-86a7-1fe4abd704cd",
                "links": [...],
                "name": "mongo1-rs1-3",
                "shard_id": "c1bea1ee-d510-4d70-b0e4-815f5a682f34",
                "type": "member"
            },
            {
                "id": "c5cbff7f-c306-4ba5-9bf0-a6ad49a1b4d0",
                "links": [...],
                "name": "mongo1-rs1-1",
```

```
                "shard_id": "c1bea1ee-d510-4d70-b0e4-815f5a682f34",
                "type": "member"
            }
        ],
        "links": [...],
        "name": "mongo1",
        "task": {
            "description": "Building the initial cluster.",
            "id": 2,
            "name": "BUILDING"
        },
        "updated": "2015-04-24T11:36:11"
    }
}
```

C.11.3　集群操作：添加实例

标题	集群添加实例
URL	/{tenant-id}/clusters/{id}/action
Method	POST
URL 参数	无
Headers	X-Auth-Token: <token> Accept: application/json Content-Type: application/json

数据参数	{
	　"add_shard": {}
	}

成功响应	Code: 202
注意事项	在现有集群中加入一个分片。该功能目前只在 MongoDB 用户机代理中实现

　　集群操作 API 提供了在现有集群中加入分片的功能。该功能将实现向集群中加入一个和现有分片相同的集群分片。

```
curl -g -i -H 'Content-Type: application/json' -H 'X-Auth-
Token: 1f2419810dd54fd6974bca4407fca50a' -H 'Accept: application/json'
http://192.168.117.5:8779/v1.0/70195ed77e594c63b33c5403f2e2885c/clusters/
b06473c0-7509-4e6a-a15f-4456cb817104 -X POST
```

```
-d '{ "add_shard": {} }'
```

```
HTTP/1.1 202 Accepted
Content-Length: 0
Content-Type: application/json
Date: Fri, 24 Apr 2015 23:48:46 GMT
```

C.11.4　删除集群

标题	删除一个数据库集群
URL	/{tenant-id}/clusters/{id}
Method	DELETE
URL 参数	无
Headers	X-Auth-Token: <token> Accept: application/json Content-Type: application/json
数据参数	无
成功响应	Code: 202
注意事项	无

如下所示为使用 API 调用删除一个集群：

```
ubuntu@trove-book:~/api$ curl -g -i
-H 'Content-Type: application/json'
-H 'X-Auth-Token: 1f2419810dd54fd6974bca4407fca50a'
-H 'Accept: application/json'
http://192.168.117.5:8779/v1.0/70195ed77e594c63b33c5403f2e2885c/
clusters/b06473c0-7509-4e6a-a15f-4456cb817104
-X DELETE
```

```
HTTP/1.1 202 Accepted
Content-Length: 0
Content-Type: application/json
Date: Fri, 24 Apr 2015 23:59:35 GMT
```

C.12 总结

Trove API 服务提供的 RESTful 接口对外暴露了完整的 Trove 功能。本附录提供了关于 Trove API 的详细描述。

为了和 API 交互，请求中必须提供一个 Keystone 的认证 token。该 token 由用户端通过 Keystone 的公共 API 直接获得。

一旦获得授权，用户端就可以向 Trove 发起请求。Trove 的 API 大致可以分为以下几组。

- 实例 API
- 数据库类型 API
- 实例类型 API
- 限额 API
- 备份 API
- 数据库扩展 API
- 集群 API

除了版本列表，其他 API 调用都可以在 /v1.0/URI 下被找到。大多数 API 需要指定 tenant-id，因为它们可以在 /v1.0/{tenant-id}/ 下被找到。

许多 API 在成功后返回 200，Trove API 服务会同步处理这些 API 的请求。返回 202 的其他 API，Trove 的任务管理器会异步处理这些请求。